Sass & Compass 徹底入門
CSS のベストプラクティスを効率よく実現するために
導入方法から環境構築、現場での使いこなし、チューニング、中上級テクニックまで

Wynn Netherland/Nathan Weizenbaum/Chris Eppstein/Brandon Mathis
監修：石本光司（株式会社サイバーエージェント）　監訳・翻訳：株式会社トップスタジオ

 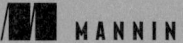 Published by SHOEISHA CO.,LTD.
WWW.SHOEISHA.CO.JP

D&WT DESIGN & WEB TECHNOLOGY

本書内容に関するお問い合わせについて

このたびは翔泳社の書籍をお買い上げいただき、誠にありがとうございます。弊社では、読者の皆様からのお問い合わせに適切に対応させていただくため、以下のガイドラインへのご協力をお願い致しております。下記項目をお読みいただき、手順に従ってお問い合わせください。

▶ご質問される前に

弊社Webサイトの「正誤表」をご参照ください。これまでに判明した正誤や追加情報を掲載しています。

正誤表　http://www.shoeisha.co.jp/book/errata/

▶ご質問方法

弊社Webサイトの「刊行物Q&A」をご利用ください。

刊行物Q&A　http://www.shoeisha.co.jp/book/qa/

インターネットをご利用でない場合は、FAXまたは郵便にて、下記"翔泳社 愛読者サービスセンター"までお問い合わせください。
電話でのご質問は、お受けしておりません。

▶回答について

回答は、ご質問いただいた手段によってご返事申し上げます。ご質問の内容によっては、回答に数日ないしはそれ以上の期間を要する場合があります。

▶ご質問に際してのご注意

本書の対象を越えるもの、記述個所を特定されないもの、また読者固有の環境に起因するご質問等にはお答えできませんので、予めご了承ください。

▶郵便物送付先およびFAX番号

送付先住所　〒160-0006　東京都新宿区舟町5
FAX番号　　03-5362-3818
宛　　先　　（株）翔泳社 愛読者サービスセンター

※本書に記載されたURL等は予告なく変更される場合があります。
※本書の出版にあたっては正確な記述につとめましたが、著者や出版社などのいずれも、本書の内容に対してなんらかの保証をするものではなく、内容やサンプルに基づくいかなる運用結果に関してもいっさいの責任を負いません。
※本書に掲載されているサンプルプログラムやスクリプト、および実行結果を記した画面イメージなどは、特定の設定に基づいた環境にて再現される一例です。
※本書に記載されている会社名、製品名はそれぞれ各社の商標および登録商標です。

Original English language edition published by Manning Publications, USA
copyright© 2013 by Manning Publications Co.
Japanese-language edition copyright© 2014 by SHOEISHA CO., LTD, All right reserved.
Japanese translation rights arranged with Waterside Production, Inc., as agents for
Manning Publication though Japan UNI Agency, Inc., Tokyo

Webを作り上げ、創作に喜びを感じる方へ

はじめに

　ほんの数年前であれば、SassやCompassに関する本を書くなど夢物語だと思われたことでしょう。アーリーアダプターとしての私たちは、スタイルシート作成の未来を感じていましたが、Sassが生まれたRubyコミュニティ以外に普及させることに苦戦していました。ほとんどの開発者は、動的なWebページを作成するフレームワークを使うことと、静的なCSSをまだ手で書いているという矛盾に気付いていませんでした。当時Sassの唯一の構文であった、空白に意味のあるインデント構文に疑念を持っている人もいました。それは、CSSからあまりにかけ離れており、融通が利かなすぎるように感じられたのです。

　2010年には、デザイナーの友人にSassの利点を口説き（追加すべき変更も加えつつ）、SassとCSSプリプロセッサという概念が、開発者やデザイナーの間にも広がり始めました。SassにSCSS構文が導入されると、Sassを導入することに対する抵抗はほとんどなくなり、スタイルシート作成にSassを使ったプロジェクトにおける真の転換点の到来を目にすることになりました。

　そのときには、同様の構想を持った言語が他にも多く登場しました。ちょうどシリウス社とXM社によって衛星ラジオが一般化したように、健全な競争によってCSSプリプロセッサの概念が浸透してきました。そのように、業界での関心が高まり始めた頃、Manning社からSassとCompassについての本を書いてみないかと打診されました。私たちは、Sassをもっと多くの人に知ってもらいたかったので、本書を書くことを引き受けました。それぞれに転職や大きな人生の出来事があったため、当初の予想よりも長く執筆期間はかかりましたが、Sassを中心にできあがったコミュニティに本書を提供できることを大変嬉しく思います。

　Sassを使用した経験がない方は、本書でこの言語の基礎を固め、新しい技術に触れていただければと思います。Sassを長く利用されている方も、本書を通じてSassとCompassの高度な機能に関する理解を深め、自分のプロジェクトで活用していただけることでしょう。

本書について

たくさんの人が、ブログやスクリーンキャストでCSSハックやその他の技術を学びながら、コミュニティからテクニックを探しています。本書は、SassとCompassという2つのツールの概要から詳細まで紹介し、読者がこのCSSツールを利用・拡張して、より良いスタイルシート作成者となっていただくことを狙っています。実践的な例に焦点を当て、Sassの構文とCompassフレームワークの適用を示すのには系統立ったアプローチをとることにしました。読者がSassとCompassの両方により深い理解が得られることを期待しています。

▶対象読者

本書は、主に2つのタイプの読者を対象としています。まず、多くのCSSを書いているがスタイルシート作成プロセスの一部を自動化する方法については考えたことがないWebデザイナーに本書を読んでいただきたいと思います。次に、開発者の方には、本書を通じて、スタイルシート、画像、フォントを他のプロジェクトアセットと同じように扱う方法、開発から本番までプロジェクトのライフサイクル全体を通じてそれらを扱う方法について学んでいただければと思います。

▶ロードマップ

SassとCompassに初めて触れる方は、まず序章を参照してください。序章では、本書で必要になるセットアップの手順やその他の要件について説明しています。

1章では、Sass言語の便利な機能について早速説明しています。胸躍るような機能だけでなく、静的なスタイルシートのわずらわしさから解放されたときのCSSの楽しさを感じていただければと思います。また、Sassの機能の実践的な応用例から、Compassフレームワークの概要を掴んでもらいます。

2章では、Sassについてもっと掘り下げて、変数、ミックスイン、その他の言語機能について説明します。これが、本書の他の部分を理解する基礎となります。

3章では、CSSのもっとも一般的な用途の1つであるグリッドシステムの構成について説明します。読めば分かりますが、Sassを使えばもう電卓は必要ありません。

4章では、少し話を戻して、Compassフレームワークによってどのようにスタイルシート作成に伴う面倒な作業を減らすことができるかを見ていきます。

5章では、CompassのCSS3モジュールを紹介し、それがどのように（CSS3で一番よく使われている）ベンダー依存実装を実現するかを説明します。

6章では、すべてのデザイナーが知っておくべき技術であるCSSスプライトを試してみます。

7章では、Compassのコンパイル機能を使って、開発デバッグと本番展開の両方に合わせてスタイルシートを最適化する方法を示します。さらに8章では、このテーマを足がかりとして、展開用のスタイルシートアセットを圧縮および縮小する一歩進んだ技術を紹介します。

9章は、Sassの高度なスクリプティング技術を使用したい上級開発者を対象にしています。さらに10章では、このトピックについて話を広げ、独自のCompassプラグインを作成する手順を

追うことで理解を深めてもらいます。

▶コードの慣例とダウンロード

　リストおよび本文内のソースコードは、通常の文と区別するため、**fixed-width font like this**のような等幅フォントになっています。リストの大半には重要な概念を強調する意味で注釈を付記しています。いくつかについては、リストの後の説明文と結び付く数字が入っているものもあります。

　本書掲載の例のソースコードは、原書出版社のWebサイト（http://www.manning.com/netherland/）からダウンロードできます。更新されたコードについては、https://github.com/pengwynn/sass-and-compass-in-actionから取得可能です。

▶日本語版サンプルダウンロードについて

　本書日本語訳の刊行にあたり、サンプルコードを整理し直し、あらたに更新したものを翔泳社のサイトからダウンロードできるようにしています。本書をお読みの際は、こちらの参考にしてください。

　http://www.shoeisha.co.jp/book/download

著者について

Wynn Netherland(ウィン ニーザーランド)は、約20年間にわたってWebを制作してきました。彼は、Web開発からオープンガバメントに至るまで、さまざまな話題について本を書いたり、寄稿したりしてきました。彼がGitHubにいないときは、業界のカンファレンスで講演をしているか、開発者ミーティングに顔を出しているか、または裏のベランダでギターでも弾いたりしているでしょう。

Chris Eppstein(クリス エプスタイン)は、カリフォルニア工科大学を卒業したエンジニアであり、10年以上にわたってシリコンバレーの新規事業向けのWebサイトやアプリケーションを構築してきました。彼はフロントエンドエンジニアリングに情熱をかけており、現在LinkedInのフロントエンドアーキテクチャと開発者コミュニティに携わっています。Rubyオープンソースコミュニティの活動的なメンバーとして、ChrisはCompass Stylesheet Authoring Frameworkを作成しました。また、彼はSassコアチームのメンバーでもあり、多くのオープンソースプロジェクトに携わっており、他にもさまざまな活動に関わっています。

Nathan Weizenbaum(ネイサン ワイゼンバウム)は、ワシントン大学の卒業生で、コンピュータサイエンスと哲学を専攻していました。彼は、Sassの構想が登場して以来、リード開発者として活動してきました。現在、彼はソフトウェアエンジニアとしてGoogleのGmailに携わっています。

Brandon Mathis(ブランドン マティス)は、Compassコアチームに所属しており、Jekyllをベースにしたハッカー向けの素晴らしく拡張性の高いブログフレームワークであるOctopressの制作者でもあります。現在、彼はMongoHQでデザイナーを務めています。

謝　辞

　Hampton Catlin氏の協力がなければ、Sass（およびCompass拡張）についての本を書くことはできませんでした。Sassの登場によって、CSSは再び多くの人が楽しんで使えるものになりました。この構文は進歩してきましたが、Sassはそれを積極的に拡張しつつも常にCSSの精神に従ってきました。Hampton氏の先見性と尽力により、プロジェクトとコミュニティに確かな足跡を残すことができました。

　共著者のChris Eppstein氏にも心から感謝を述べたいと思います。過去数年間にわたるSassとCompassの拡張と保守における彼の尽力がなければ、このコミュニティはこれほど発展していなかったでしょう。

　本書の出版にこぎつけるまで、長きにわたり私たちを支援してくれたManning社の皆さんにも感謝いたします。状況が常に変わるため、動きの速いオープンソースソフトウェアに関する本を書くのは非常に難しいことでした。フロントエンドツールのレベルアップを望んでいるデザイナーと開発者の手に本書を届けられることを大変嬉しく思います。

　最後に、技術査読リーダーのMatt Martini氏に感謝を述べたいと思います。彼は、本書を出版する直前に最終原稿を注意深く確認してくれました。また、執筆中、各段階で原稿を何度も読み、貴重なフィードバックをいただいた以下の査読者の方々にも感謝しております。Adam Michela、Adam Yonk、Andrea Ferretti、David A. Mosher、David Landau、Ezekiel Templin、Graham Ashton、Jacob Rohde、Jake Stutzman、James Hafner、Jason J. W. Williams、Jeremiah Stover、Jeroen van Dijk、Ken Paulsen、Kerrick Long、Kevin Sylvestre、Kyle Wild、Ron Chloupek、Ryan Kelln、William Dodson。

　私のストレスを解消し、他の原稿の締切についても気にかけてくれた妻のPollyに感謝の意を。こんな変わり者の私を愛してくれてありがとう。

　また、ご自身もManning社から著書を出版されているJason J. W. Williams氏には多国語オーサリングツールチェーンを共有し、技術サポートに数えきれないほどの時間を費やしていただいたことを感謝いたします。

Wynn Netherland

日本語版監修にあたって

　2007年頃に登場したSassですが、本来CSSを記述するデザイナーの手に取ってもらうには時間がかかりました。元々、CSSをエンジニアがプログラマブルに書きたい要望のもとに生まれたSassは多くのデザイナーにとっては取っつきにくいものだったからです。

　しかし今では日本の大手IT企業でもSassを採用している事例が多く見受けられますし、Sassについて書かれた書籍は洋書、和書ともに複数あります。Sass以外にも多くのCSSプリプロセッサーが登場しましたが、その中でSassはデファクト・スタンダードになったと言ってもよいのではないでしょうか。

　CSSは今日のWebアプリケーションを開発するにはあまりにも貧弱な言語ですが、Sassを使用することで開発の助けとなるでしょう。私自身もSassを使用し、大変助けられたとともにCSSの理解不足やプログラム的知識のなさから痛い目にもあいました。しかし、Nathan Weizenbaum氏やChris Eppstein氏、SassとCompassの開発者自らが解説する本書はまさにSassを正しく学習する上ではうってつけの教材と言えます。

　2013年、ニューヨークで初のCSSプリプロセッサーのカンファレンス、SassConfが開催され世界各国から150名もの開発者が参加しました。デザイナー・エンジニアが分け隔てなくSassについて議論し合う光景を見て、私はWebアプリケーション制作の理想の姿にも思えました。Sassは、その性質上デザイナーとエンジニアの両方が使用するものなので、デザイナーがエンジニアリングを、エンジニアがデザインに対して理解を深める橋渡しとなることを期待しています。

　本書が皆様の開発の一助となれば幸いでありますとともに、監修に携われたことに感謝したいと思います。

監修者について

石本 光司（いしもと こうじ）

Front-end Developer。1983年石川県生まれ。大学でデザインを専攻後、晴れてWebデザイナーになるが、コーディング好きが高じてデベロッパーに転身。主要な業務としてはHTML/CSS/JavaScriptといったフロントエンド全般を担当。また社内教育やマークアップ監査なども担当している。　また、個人ブログ「MOL - Designing for a Mobile World!」ではWebパフォーマンスやモバイルに関する記事を書いている。不定期でフロントエンドデベロッパーコミュニティ「Frontrend」を主催している。

目 次

INTRODUCTION　序章 013
- i-1　SassとCompassのインストール 013
- i-2　Compass入門 018
- i-3　Gruntからの利用 026
- i-4　GUIアプリからの利用 032

PART-1　SassとCompassの紹介 035

CHAPTER 1　スタイルシートを楽しくするSassとCompass 036
- 1-1　Sass入門 037
- 1-2　Sassの基本：スタイルシートの繰り返しの回避 039
- 1-3　Compassの概要 047
- 1-4　Compassプロジェクトの作成 050
- 1-5　Compassを使った、CSSに関するよくある問題の解決 052

CHAPTER 2　基本的なSass構文 065
- 2-1　変数の利用 066
- 2-2　CSSルールのネスト化 069
- 2-3　Sassファイルのインポート 076
- 2-4　サイレントコメント 080
- 2-5　ミックスインの紹介 081
- 2-6　セレクタの継承を使用したCSSの削減 086

PART-2　SassとCompassの実践 093

CHAPTER 3　数式を使用しないCSSグリッド 094
- 3-1　グリッドの概要 094
- 3-2　グリッド入門 098
- 3-3　Blueprintの使用 100
- 3-4　960 Grid Systemの使用 107
- 3-5　Compassにおけるバーティカルリズム 113

CHAPTER 4	Compassを使用した退屈な作業の簡略化	119
4-1	ターゲットリセットを使って白紙状態にするメリット	120
4-2	タイポグラフィのためのユーティリティ	123
4-3	レイアウトヘルパー	134
CHAPTER 5	Compassを使ってCSS3を作成する	137
5-1	CSS3の概要	137
5-2	Compassを活用したCSS3の使用	140
5-3	CSS PIEを使ったInternet Explorerへの対応	152

PART-3 本番のための調整 ... 157

CHAPTER 6	スプライト	158
6-1	CSSスプライトの機能	158
6-2	スプライトが必要な理由	160
6-3	Compassを使用したスプライト	163
6-4	Compassスプライトの設定	168
6-5	スプライトヘルパーの利用	177
CHAPTER 7	プロトタイプから本番環境への移行	181
7-1	URLの抽象化	182
7-2	SassとCompassを使用したプロトタイピング	187
7-3	本番環境へのデプロイ	190
CHAPTER 8	ハイパフォーマンススタイルシート	197
8-1	クライアント側のパフォーマンス測定	198
8-2	サーバー側の@importによるHTTPリクエストの回避	199
8-3	圧縮による転送時間の短縮	202
8-4	アセットホストによるページ読み込みの高速化	203
8-5	インラインデータURI	206
8-6	セレクタのパフォーマンス	208

PART-4　SassとCompassの高度な機能 211

CHAPTER 9　Sassを使用したスクリプティング 212
- 9-1　式の利用 213
- 9-2　データ型 214
- 9-3　関数 219
- 9-4　セレクタとプロパティ名における式の使用 224
- 9-5　制御ディレクティブ 226

CHAPTER 10　Compassの拡張機能の作成と共有 230
- 10-1　スタイルシートの共有と再利用 230
- 10-2　シンプルな拡張機能 233
- 10-3　拡張機能のデモプロジェクトの作成 235
- 10-4　高度な拡張機能の作成 238
- 10-5　テンプレートの作成 248
- 10-6　拡張機能の配布 250

APPENDIX　付録 257
- a-1　インデントSass対SCSS 257
- a-2　現場で陥りやすい落とし穴 261

索　引 269

Sass と Compass のインストール

本書で扱う Sass と Compass はどちらも、プログラミング言語「Ruby」で書かれたコマンドラインツールです。これらを使うには、利用される環境に Ruby をインストールすることに加え、コマンドライン操作の基礎を理解することが必要です。Ruby、Sass、Compass は、Windows、Mac OS X、Linux にインストールできます。

i.1.1 Windows へのインストール

Windows には Ruby はプリインストールされていないので、まだインストールしていなければまずは Ruby を新たにインストールする必要があります。

Windows への Ruby のインストール

1. http://rubyinstaller.org/downloads/ にアクセスし、最新の Ruby のバージョン（2014年1月時点では 2.0.0-p247）をクリックして、[実行] をクリックします。

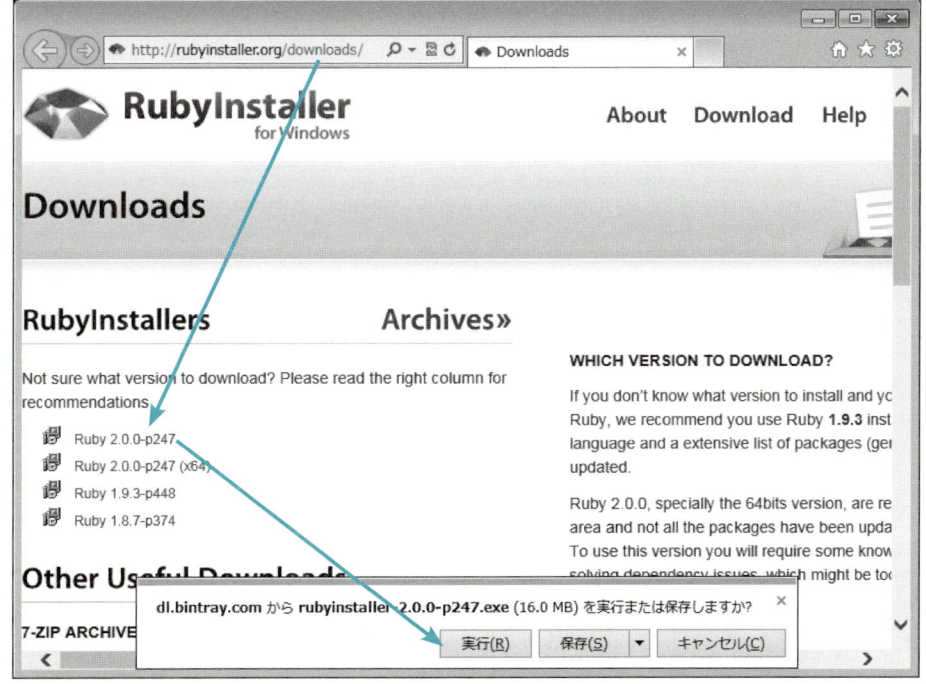

図0.1　Ruby インストーラーのダウンロード

2 インストーラーの指示に従ってインストールを進めていきます。3つ目の画面でRubyをインストールする場所を確認されるので、「Rubyの実行ファイルへ環境変数PATHを設定する」と「.rbと.rbwファイルをRubyに関連づける」の2つのチェックボックスにチェックを入れて、[インストール]をクリックし、インストールを進めてください。

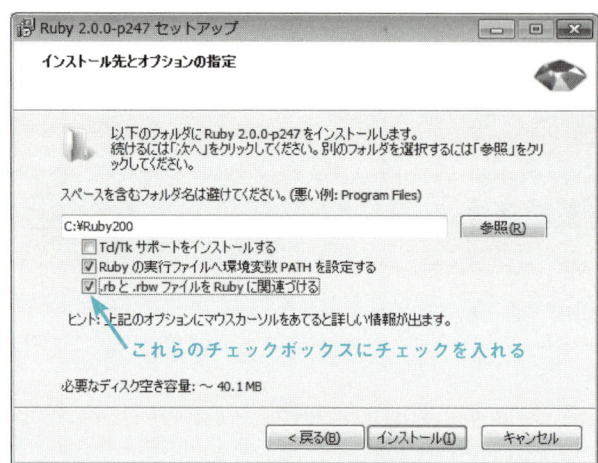

図0.2　Rubyインストーラーの設定

Windowsコマンドプロンプトの起動

　RubyやSass、Compassは、GUIではなくコマンドプロンプトを利用して操作します。

　Windows 7では、[すべてのプログラム] → [アクセサリ] → [コマンド プロンプト] と選択することで、Windowsスタートメニューからコマンドプロンプトを起動します。あるいは、検索ボックスに**command**と入力して、その結果から [コマンドプロンプト] を選択します。

　より古いバージョンのWindowsでは、[すべてのプログラム] → [アクセサリ] → [コマンドプロンプト] を選択してコマンドプロンプトを起動します。あるいは、[実行]を選択した後、**cmd**と入力し、Returnキーを押します。

　コマンドプロンプトを起動すると、図0.3のようなコマンドプロンプトウィンドウが表示されます。

図0.3　Windowsコマンドプロンプト

　図中で「**C:¥Users¥Chris Eppstein>**」となっている箇所は、プロンプトです。プロン

Introduction

プトはユーザーからのコマンドの入力を待っている状態を示します。「`C:¥Users¥Chris Eppstein`」は現在自分がいるディレクトリで、読者の環境によってこの部分は変わるでしょう。本節の以降では省略形として「`>`」でプロンプトを表します。

Rubyの確認

では、プロンプトに`ruby -v`と入力し、Returnキーを押してください。Rubyが正常にインストールされていれば、Rubyのバージョンが表示されます（図0.4）。

図0.4　Rubyのバージョンが表示される

> **MEMO**
> Rubyがインストールされていないか、インストールに失敗している場合、「`'ruby' は、内部コマンドまたは外部コマンド、操作可能なプログラムまたはバッチ ファイルとして認識されていません。`」というメッセージが返されます。

> **MEMO**
> SassとCompassの実行のためにはRubyのバージョンが1.8.7以降でなければなりません。インストールされているのが1.8.6以前のバージョンの場合、前掲の手順で最新のRubyをインストールしてください。

WindowsへのSassとCompassのインストール

Rubyには、「RubyGems」と呼ばれるRubyのソフトウェアパッケージを簡易にインストールするシステムが用意されています。このシステムを使用して、SassとCompassのどちらも簡単にインストールできます。Sassの最新バージョンをRubyGemsからインストールするには、次のようにgemコマンドを実行します。

```
> gem install sass ←──── Sassのパッケージをインストール
Fetching: sass-3.2.12.gem (100%)
Successfully installed sass-3.2.12
Parsing documentation for sass-3.2.12
Installing ri documentation for sass-3.2.12
1 gem installed
```

```
> gem install compass ←──── Compassのパッケージをインストール
Fetching: chunky_png-1.2.9.gem (100%)
Successfully installed chunky_png-1.2.9
Fetching: fssm-0.2.10.gem (100%)
```

```
Successfully installed fssm-0.2.10
Fetching: compass-0.12.2.gem (100%)
Successfully installed compass-0.12.2
  ...
Installing ri documentation for compass-0.12.2
3 gems installed
```

インストール後、次のコマンドを実行して、アプリケーションが正しくインストールされているか確認します。

```
> sass -v ●──── Sassのバージョンを確認
Sass 3.2.12 (Media Mark)

> compass -v ●──── Compassのバージョンを確認
Compass 0.12.2 (Alnilam)
Copyright (c) 2008-2013 Chris Eppstein
Released under the MIT License.
Compass is charityware.
Please make a tax deductable donation for worthy cause: http://umdf.org/compass
```

i.1.2　Mac OS Xへのインストール

Max OS Xには元々Rubyがプリインストールされているので、Rubyを新規にインストールする必要はおそらくなく、SassとCompassのインストールをするだけで済みます。

Mac OS Xターミナルの起動とRubyのインストール

Finderから［アプリケーション］→［ユーティリティ］を選択し、ターミナルアプリケーションをダブルクリックすると、ターミナルアプリケーションを起動できます。

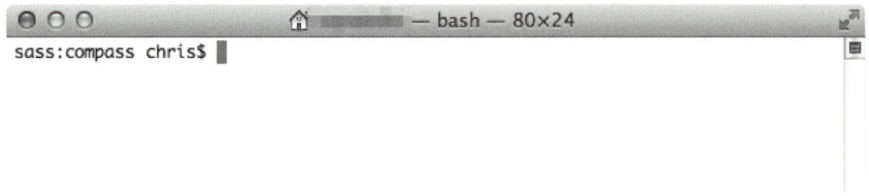

図0.5　Mac OS Xターミナルの起動

Mac OS Xターミナルを使い慣れていない方は『Linuxコマンドビギナーズブック』（翔泳社 ISBN 978-4-7981-1402-6）など、他の解説書を読んでおくことことをおすすめします。「`sass:compass chris$`」となっている箇所がプロンプトで、「`sass:compass chris`」の部分は環境によって異なります。

> **MEMO**
> 以降、本書では全体にわたってプロンプトの表記に「$」を使います。Windows環境では、「$」を「>」で読み替えてください。

ターミナルに `ruby -v` と入力し、Returnキーを押してください。Rubyがインストールされていない場合は、コマンドプロンプトに `bash: ruby: command not found` と表示されます。これはめったにないケースですが、もしインストールされていなければ、http://rubyosx.rubyforge.org/のインストール手順に従ってください。インストール後、ターミナルを再起動してください。

Mac OS XでのSassとCompassのインストール

Windowsと同様、RubyGemsを使ってSassの最新バージョンをインストールするには、次のコマンドを実行します。

```
$ sudo gem install sass
$ sudo gem install compass
```

> **MEMO**
> sudoコマンドは、管理者特権で実行するための命令です。
> パスワードが求められる場合はMac OS Xのパスワードを入力してください。

インストール後、次のようにアプリケーションが正しくインストールされているか確認してください。

```
$ sass -v
Sass 3.2.12 (Media Mark)

$ compass -v
Compass 0.12.2 (Alnilam)
Copyright (c) 2008-2013 Chris Eppstein
Released under the MIT License.
Compass is charityware.
Please make a tax deductable donation for worthy cause: http://umdf.org/compass
```

i.1.3　Linuxでのインストール

Rubyがインストールされていない場合、お使いのLinuxディストリビューションの指示に従ってください。ターミナルの起動や操作についてはLinuxユーザーであればよくご存じのはずです。

例えばUbuntuでは次のようにターミナルからRubyをインストールできます。

```
$ sudo apt-get install ruby
```

LinuxでのSassとCompassのインストール

これまでと同様、RubyGemsを使ってSassとCompassの最新バージョンをインストールします。

```
$ sudo gem install sass
$ sudo gem install compass
```

インストール後、次のようにアプリケーションが正しくインストールされているか確認してください。

```
$ sass -v
Sass 3.2.12 (Media Mark)

$ compass -v
Compass 0.12.2 (Alnilam)
Copyright (c) 2008-2013 Chris Eppstein
Released under the MIT License.
Compass is charityware.
Please make a tax deductable donation for worthy cause: http://umdf.org/compass
```

Introduction SECTION 序章

i.2 Compass入門

SassとCompassの詳しい内容についてはこれから本書の各章で説明していきますが、ここではごく簡単にCompassの使い方と、各種オプション、フレームワーク統合について紹介しておきます。

i.2.1 本書のサンプルコードのダウンロードとコンパイル

本書で利用しているサンプルコードを、翔泳社のサンプルダウンロードページで提供しています。

- ダウンロードファイル一覧：http://www.shoeisha.co.jp/book/download/

Introduction

ダウンロードしたSaCiA-source-code.zipファイルを適当なディレクトリに展開してください。展開後のディレクトリ構成は、図0.6のようになります。

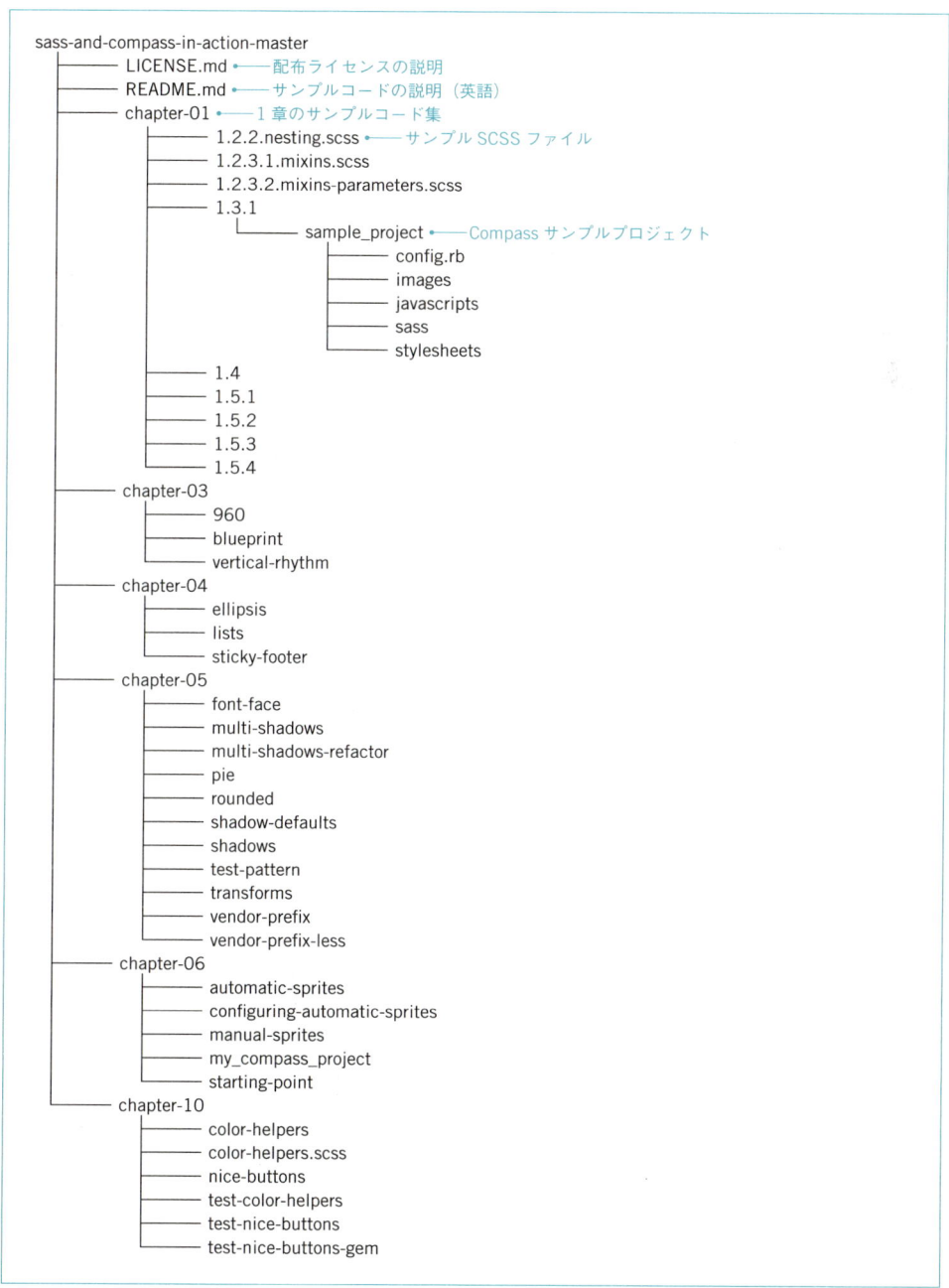

図0.6　サンプルコードのディレクトリ構成

i.2.2　新しいプロジェクトの作成

本書のサンプルを利用するのではなく、新しいプロジェクトでCompassを使い始めるには、ターミナルを起動し、プロジェクトを作成したい適当なディレクトリに移動して、次のコマンドを実行します。

```
$ compass create my-project
```

これは、現在のディレクトリにmy-projectディレクトリが存在しない場合にそれを作成し、次のファイルを置きます。

```
my-project/
  config.rb
  - sass/
    - ie.scss
    - print.scss
    - screen.scss
  - stylesheets/
    - ie.css
    - print.css
    - screen.css
```

`config.rb`では、アセットの保存場所や、圧縮レベルなど、Compassの構成（詳しくは後述）を変更できます。sassディレクトリには編集、名前変更、あるいは廃棄して構わないいくつかの初期スタイルシートが含まれていますが、ここがユーザーのSassスタイルシートの置かれる場所です。コンパイルされたCSSファイルが書き込まれるstylesheetsディレクトリもあります。

セットアップ中のオプションの構成

プロジェクトを構成する際に、**compass create**コマンドとともに使用できるいくつかのオプションがあります。

```
--bare                  (Install without default stylesheets)
--syntax sass           (Use the indented syntax for default stylesheets)
--sass-dir "cool"       (Use the `cool` directory for Sass)
--css-dir "style"       (Use the `style` directory for CSS)
--images-dir "img"      (Use the `img` directory for images)
--fonts-dir "type"      (Use the `type` directory for fonts)
--javascripts-dir "js"  (Use the `js` directory for javascripts)
```

いくつかオプションを追加すると、次のようになります。

```
$ compass create my-project --bare --sass-dir "cool" --css-dir "style"
```

なぜJavaScriptディレクトリが設定できるのか不思議に思われるかもしれませんが、Compass拡張機能が関連するJavaScriptファイルもパッケージ化でき、その設定によって拡張機能のインストール時にそれらを置く場所をCompassに指示できるからです。

RailsプロジェクトへのCompassの追加

RailsプロジェクトにCompassをインストールするには、プロジェクトディレクトリに**cd**コマンドで入り、次の内容をGemfileに追加します。

```
group :assets do
  gem 'compass-rails'
  # Add any compass extensions here
end
```

そして、ターミナルから次のコマンドを実行します。

```
$ bundle
$ bundle exec compass init rails
```

Railsにおいては、Compassの設定ファイルは**config/compass.rb**に保存されます。

プロジェクトがRails 2.3または3.0のものの場合、**compass-rails** README（https://github.com/Compass/compass-rails/blob/master/README.md）に記載されている追加ステップを実施する必要があります。

i.2.3 Compass拡張機能のインストール

Compass拡張機能は、RubyGemsまたはアドホック拡張機能として配布されます。どちらも簡単にインストールでき、あらゆるプロジェクトで使えます。拡張機能の開発方法に関心があるなら、10章を参照してください。

RubyGemsとして公開された拡張機能のインストール

次のようなコマンドで拡張機能をシステムのgem環境にインストールできます。

```
$ sudo gem install extension-name
```

Bundlerを使っているなら、次の行をGemfileに追加します。

```
gem 'extension-name'
```

そして、ターミナルからgemをインストールします。

```
$ bundle install
```

これでシステムにgemがダウンロードされたので、次はこれをプロジェクトにインストールする必要があります。

既存のプロジェクトのための拡張機能のインストール

gemをダウンロードしたら、次の行を**config.rb**に追加してCompassにそれを知らせます。

```
require 'extension-name'
```

そして、ターミナルからprojectディレクトリ上で次のコマンドを実行します。

```
$ compass install -r extension-name -f extension-name
```

> **MEMO**
> 各拡張機能に-rと-fを付けることで、一度に複数の拡張機能をインストールできます。

これで、プロジェクトで拡張機能を使用できるようになりました。

新しいプロジェクトのための拡張機能のインストール

拡張機能のgemをすでにインストールしている場合、その拡張機能を使った新しいプロジェクトを、次のコマンドで作成できます。

```
$ compass create my-project -r extension-name --using extension-name
```

これで新しいCompassプロジェクトが作成され、かつ拡張機能を使用するように構成されます。

アドホックCompass拡張機能のインストール

アドホック拡張機能は、Sassスタイルシートと、Compassにそれがどのように動作するかを示したいくつかのファイルを含む、単なるディレクトリです。プロジェクトにまだextensionsディレクトリがない場合、それを作成し、拡張機能のフォルダーをその中にコピーします。プロジェクトのディレクトリ構造は次のようになります。

```
my-project/
  config.rb
  extensions/
    some-extension/
```

```
sass/
    stylesheets/
```

> **MEMO**
> プロジェクトの構成ファイルで **extensions_dir** を設定することで、extensionsディレクトリをカスタマイズできます。

Railsアプリにアドホック拡張機能をインストールするには、vendor/plugins/compass_extensionsにextensionsディレクトリを作成します。

拡張機能パターンのインストール

ほとんどの拡張機能は、その拡張機能とともに使われるスタイルシートまたはアセットで構成されたデフォルトパターンを提供しています。これらのパターンは、**compass install** スクリプトで自動的にインストールされます。しかし、拡張機能の作成者の中には、使用例を提示したり、便利なアセットや定型コードを提供したりする追加パターンを作っている人もいます。拡張機能のパターンをインストールするコマンドは、次のようになります。

```
$ compass install extension-name/pattern-name
```

Compassは、（もしあれば）パターンとともにインストールされた新しいファイルの一覧と、作成者による手順書を表示します。

拡張機能とフレームワークの展開

RubyGemsとしてインストールされた拡張機能を使用することに違和感を感じる方もいるかもしれません。拡張機能のソースを読めるのは便利なこともありますが、RubyGemsの場合、ソースコードはコンピュータ内の別の場所に保存されています。そのような場合に備え、Compassには、拡張機能を（さらにはCompassフレームワーク自体でさえ）プロジェクトディレクトリに展開できる機能があります。これを行うには、次のコマンドを実行します。

```
$ compass unpack extension-name
$ compass unpack compass
```

これで拡張機能とCompassフレームワークのファイルがプロジェクトのextensionsディレクトリに展開されます。プロジェクトは次のようになるでしょう。

```
your-project/
    extensions/
        compass-13.0/
        extension-name-1.0/
```

Compassは、そのコードは見るだけにとどめて絶対に改変しないよう指示する警告も表示し

ます。展開したコードを改変したくなる気持ちは分かりますが、それは良くないことであり、カスタマイズした部分を諦めない限り拡張機能の更新ができなくなってしまいます。この機能の最適な用途は、勉強またはトラブルシューティングのためにソースを読むことです。

i.2.4 Compassプロジェクトの構成

CompassはSassのライブラリであり、拡張機能のプラットフォームであり、プロジェクト環境との統合のためのシステムでもあります。Compassの構成によって、これらすべてが1つに統合され、スムーズなワークフローと高い柔軟性が実現されています。

アセットの扱い

スタイルシートの作成者は、スタイルシートの作成に加え、画像、フォント、JavaScriptも頻繁に扱います。そして多くの場合、これらのファイルには相互依存性があります。例えば背景画像を表示するためには、スタイルシートがブラウザにその画像の場所を厳密に伝える必要があります。プロジェクトの再編成またはディレクトリ名の変更を行った経験がある方は、URLを更新する手間をご存じでしょう。

Compassを使えば、アセットURLを書くことですべてが同期した状態にできます。構成ファイル内で、Compassにプロジェクトアセットが置かれている場所と生成したいURLの場所を指示できます。Compassは、スタイルシートのコンパイル時に見つからないものがあれば、警告することもできます。

アセットの場所の構成

Compassにファイルシステム上のアセットが置かれている場所を指定するには、次の構成を設定する必要があります。

- `images_dir`——デフォルトは<project>/images
- `sass_dir`——デフォルトは<project>/sass
- `css_dir`——デフォルトは<project>/stylesheets
- `fonts_dir`——デフォルトは<project>/<css_dir>/fonts
- `javascripts_dir`——デフォルトは<project>/javascripts

これらはプロジェクトディレクトリに対して相対的なので、`images_dir = img`と設定すると、Compassはyour-project/img/からプロジェクトの画像を探します。そして、スタイルシートでは、`image-url()`ヘルパー関数を使用して画像を参照できます。

```
#logo { background: image-url('logo.png') }
```

Compassは、`your-project/img/logo.png`で画像を探し、次のCSSを生成します。

Introduction

```
#logo { background: url('/img/logo.png') }
```

プロジェクトがWebサーバー上のサブディレクトリに展開された場合、`http_path`構成を設定してURLをカスタマイズできます。CSS、画像、JavaScript、フォントのURL構成も設定できます。

Compassが構成に使用している値を確認したい場合、次のように要求できます。

```
$ compass config -p sass_dir
app/stylesheets
$ compass config -p css_dir
public/stylesheets
```

Compassの構成の詳細については、8章を参照してください。

i.2.5 コマンドライン

Compassの主要なコマンドは次のとおりです。

- `compass create`——新しいCompassプロジェクトの作成
- `compass init`——既存のプロジェクト（Rails）へのCompassの追加
- `compass clean`——生成されたファイルとキャッシュの削除
- `compass compile`——スタイルシートの生成
- `compass watch`——Sassファイルの作成と変更時の再生成

他にも、次のような便利なコマンドがあります。

- `compass stats`——スタイルシートについての統計の表示
- `compass unpack <extension>`——プロジェクトへの拡張機能の展開
- `compass validate`——生成されたCSSの検証
- `compass version`——バージョン、ライセンスなどの表示
- `compass interactive`——CompassでSassScriptをテストするコンソールに入る

ヘルプの利用

Compassを利用する際には覚えておくべきことが多数ありますが、コマンドラインでヘルプを表示できることも覚えておくと良いでしょう。`compass help`を実行すると、次の情報が一覧表示されます。

- 説明付きのコマンド
- 利用可能なフレームワークと拡張機能
- `compass`コマンドのグローバルオプション

次のように個別のサブコマンドの詳細なヘルプも利用できます。

```
$ compass help watch
```

これを実行すると、`compass watch`の機能の詳細な説明、その構文、説明付きのオプションの詳細な一覧が表示されます。

また、拡張機能または拡張機能のパターンのヘルプも利用できます。

```
$ compass help extension-name
$ compass help extension-name/pattern
```

拡張機能の作成者が拡張機能にヘルプテキストを提供していない場合、デフォルトのCompassヘルプ画面が表示されます。

Introduction SECTION 序章
i.3 Gruntからの利用

i.3.1 Rubyプロジェクト以外からの利用

前述のとおり、SassとCompassはRubyで記述されたツールのため、Ruby on Railsプロジェクトなどで導入するといろいろ都合がよいです。しかし、世の中のアプリケーションすべてがRubyで記述されている、もしくはRailsを使用しているわけではありません。例えばNode.jsのプロジェクトも最近では増えてきました。バックエンドのシステムにNode.jsを使わなくてもGrunt（JavaScript製のタスクランナー）を利用しているフロントエンドエンジニアも多いことでしょう。GruntはSassとCompassのコンパイルはもちろん、その他にも面倒なタスクを実行してくれる便利なツールです。そこで、ここではGruntからのSassおよびCompassの利用を解説します。

i.3.2　Gruntのインストール

Node.jsのインストール

Gruntの利用にはNode.jsを必要とするので、まずはNode.jsをインストールします。公式サイト（http://nodejs.org/）からダウンロードしてください。Node.jsのインストーラーをダウンロードできたら、後は画面の指示に従ってインストールを進めていけば完了です。Node.jsをインストールすると、同時にNPM（Node Package Manager）もインストールされます。

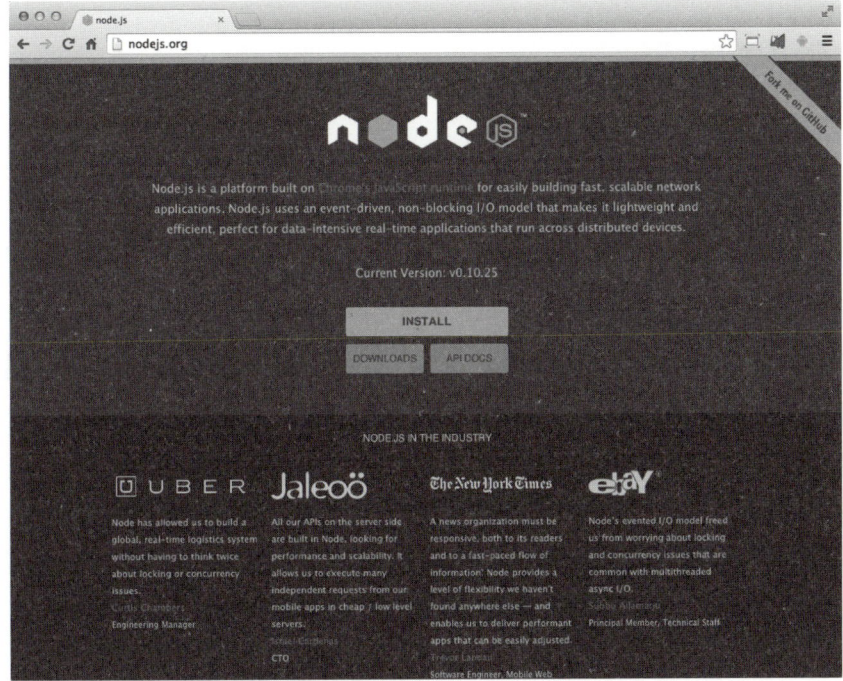

図0.7　Node.js公式サイト

正しくインストールされているか、Mac OS Xであればターミナルを、Windowsであればコマンドプロンプトで次のコマンドを実行して確認しましょう。

```
$ node --version
v0.10.25

$ npm --version
1.3.24
```

grunt-cliのインストール

次にGruntをコマンドラインから利用するために、grunt-cliというパッケージをインストールします。

```
$ npm install grunt-cli -g
```

　-gのオプションはグローバルにインストールするという意味で、このオプションのおかげで**grunt**というコマンドがどの場所（ディレクトリ）にいても実行できるようになります。

Grunt本体のインストール

　続いてGrunt本体のインストールをします。まずNPMでインストールしたパッケージを管理するためのpackage.jsonを作成します。適当なプロジェクトディレクトリを作成し、そのディレクトリ内に移動してください。

```
$ mkdir grunt-test
$ cd grunt-test
```

　次のコマンドを実行すると、対話形式でいくつか尋ねられますが、すべてYesを選択、もしくはEnterキーを押して進めます。これでpackage.jsonが作成されます。

```
$ npm init
```

　次に、Grunt本体をインストールします。grunt本体はこのローカルディレクトリにインストールするので、**-g**のオプションは不要です。

```
$ npm install grunt --save-dev
```

　--save-devオプションはpackage.jsonに依存性を記録する指定です。package.jsonを作成しておくと依存性を記録できるので、複数人で開発するときなど、依存性を記述したpackage.jsonを受け渡しすることで、同じ環境を簡単に再現できます（package.jsonがあるディレクトリで**npm install**を実行すると、記録してあるパッケージ群がインストールされます）。

Gruntfileの作成

　Gruntfile.jsには、Gruntにしてほしいタスク（処理）を記述します。試しに、何もしないGruntfile.jsを作成してみましょう。

```
module.exports = function(grunt) {
  grunt.initConfig({});
  grunt.registerTask('default', []);
};
```

このファイルを実行すると、次のような結果になります。

```
$ grunt
Done, without errors.
```

`grunt.initConfig`に対して、タスクを記述していきます。

i.3.3　GruntからSassを実行

　Gruntを使用するための下準備は整ったので、今度は実際にGruntからSassを実行してみましょう。

grunt-contrib-sassのインストール

　Gruntでは実行してほしいタスクに合わせて必要なGruntプラグイン（パッケージ）をインストールします。今回はSassを実行したいので、grunt-contrib-sassプラグインをインストールします。

```
$ npm install grunt-contrib-sass --save-dev
```

　grunt本体をインストールしたように、`install`の後の文字列をプラグイン名に変更するだけです。
　Gruntfile.jsにインストールしたプラグインを読み込む記述と、デフォルトのタスク実行を`sass`にします。

```
module.exports = function(grunt) {
  grunt.initConfig({});
  grunt.loadNpmTasks('grunt-contrib-sass');
  grunt.registerTask('default', ['sass']);
};
```

　これで`grunt sass`もしくは`grunt`コマンドを実行すれば、sassタスクで定義した内容が実行されます。

Sassタスクの定義

　実行するタスクを定義していきます。ここではmain.scssをmain.cssにコンパイルする処理を記述しています。

```
module.exports = function(grunt) {
  grunt.initConfig({
```

```
      // タスク設定
      sass: {                                    // タスク
        dist: {                                  // ターゲット
          files: {                               // ファイルのディレクトリ
            'main.css': 'main.scss',             // 'アウトプット': 'インプット'
          }
        }
      }
    });
    grunt.loadNpmTasks('grunt-contrib-sass');
    grunt.registerTask('default', ['sass']);
};
```

　ファイルパスはGruntfile.jsからの相対パスとなります。Gruntfile.jsと同じディレクトリに、簡単なSassファイルをmain.scssというファイル名で保存して、**grunt**コマンドを実行してみてください。次のような結果になれば成功です。

```
$ grunt
Running "sass:dist" (sass) task
File main.css created.
Done, without errors.
```

　以上が、基本的なGruntからのSassの実行です。もちろん、sassタスク内にoptionを指定することによって、もっと詳細にSassの実行を制御することも可能です。詳しくはgrunt-contrib-sassのReadmeを参照してください（https://github.com/gruntjs/grunt-contrib-sass）。このサンプルは私のGitHubのリポジトリにありますので、ぜひダウンロードして確認してみてください（https://github.com/t32k/grunt-contrib-sass-project）。

Gruntの可能性

　ここまで読んだ方は、Gruntからの実行はNode.jsのインストールや面倒な記述をしなければならず、手間をかける割にはメリットがないように思えたかもしれません。それもそのはずで、Gruntは何もSassを利用するためだけのツールではありません。前述のとおり、Gruntは任意のプラグインをインストールすることで、さまざまなタスクを実行できます。例えばGruntの公式サイト（http://gruntjs.com/）でプラグインを検索してみてください。何千というプラグインがあることが分かるはずです。もちろん、そこにないプラグインならば自作することも可能です。

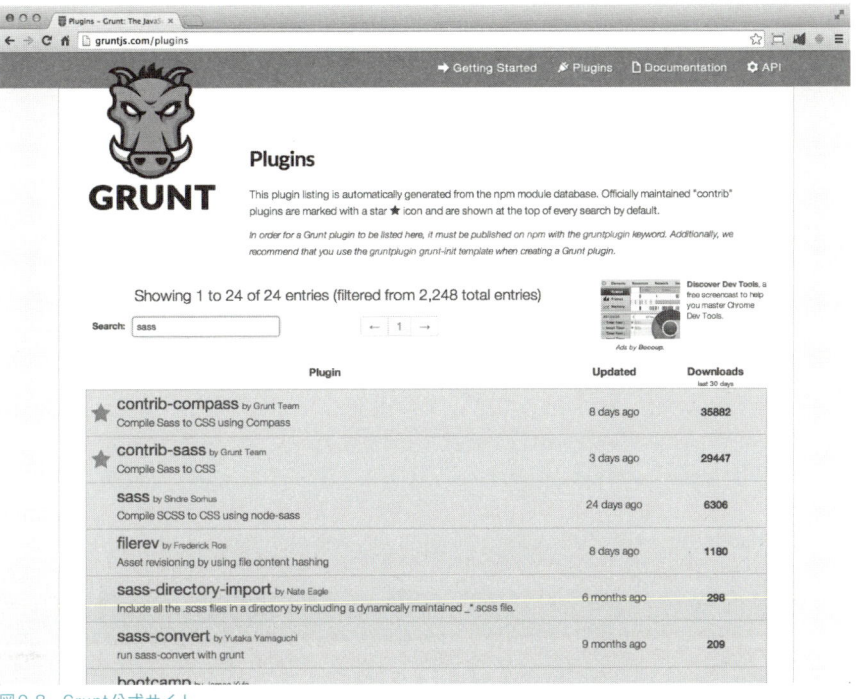

図0.8　Grunt公式サイト

　このようにいくつかのプラグインを駆使することで、例えばSassのコンパイルをしてその結果をローカルサーバーに反映してブラウザに再読み込みさせるといったタスクも考えられますし、Sass以外にもLessやStylusなどの他のCSSプリプロセッサのコンパイルやCoffeeScriptのコンパイルなども可能であり、可能性はほぼ無限大です。ぜひとも利用してみてください。

Introduction	SECTION	序章
i	4	**GUIアプリからの利用**

　Sassを触るようになって初めてターミナルやコマンドプロントと呼ばれる「黒い画面」に触れたデザイナーの方も多いかと思います。デザイナーの方には「黒い画面」、いわゆる文字だけで結果を表示するCUI（Character User Interface）に抵抗があるかもしれません。ただ、CUIに慣れないからといってSassとCompassの使用まで諦めてしまうのは、少々もったいない気がします。ここではそのような方のためにGUIアプリからSassおよびCompassを利用する方法について説明します。

i.4.1　Compass.app

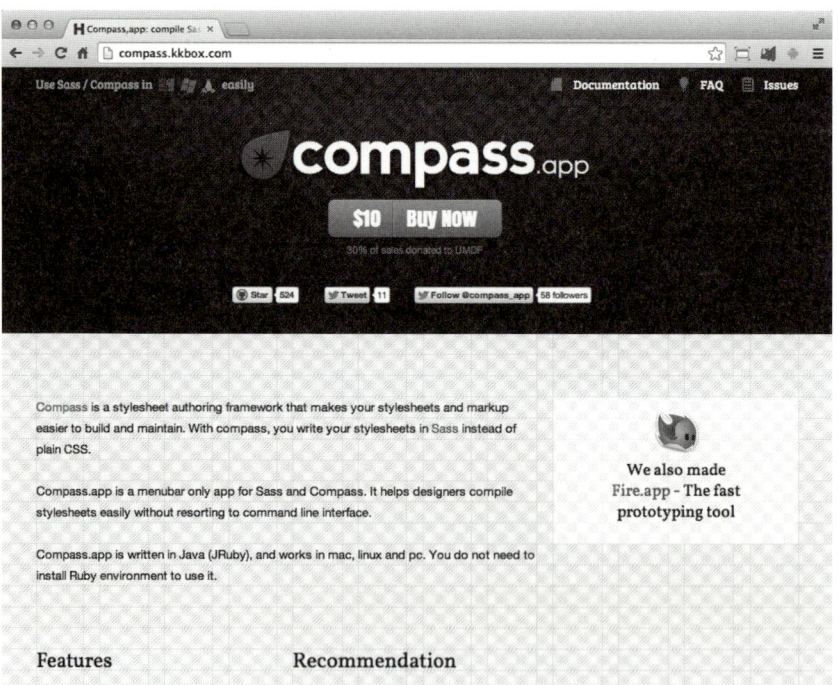

図0.9　Compass.app：compile Sass/Compass easily without resorting to command line interface

　Compass.appはその名のとおり、SassとCompassをGUIで利用できるアプリです。10ドルと有料のアプリですが、Compassの公式サイトで本書の原書『Sass and Compass in Action』とともに推奨されている、確かなGUIアプリです。

　Compass.appのサイト（http://compass.kkbox.com/）から購入手続きをして、アプリを

ダウンロードします。アプリはMac OS X、Windows、Linuxの各OSに対応しています。ダウンロードしたアプリをダブルクリックするとメニューバーにCompassのアイコンマークが表れるので、そこをクリックし、表示されたメニューを選択していくだけで、Compassのプロジェクトを作成したり、プロジェクト設定を変更したりできるだけでなく、拡張プラグインのインストールをコマンドラインに入力せずに実行したりすることもできます。

またCompassの機能以外にもローカルサーバーの立ち上げとライブリロードの機能も備わっており、Sassのコードを変更して保存すればブラウザに反映が更新されます。

i.4.2 Koala

Koala（http://koala-app.com/）は、Compass.appのようにSassおよびCompass専用のGUIアプリというわけではありません。もちろん、SassやCompassのコンパイルもできますが、CSSプリプロセッサであるLessや、JavaScriptを簡潔に記述することができるCoffeeScriptもコンパイル可能です。Mac OS X、Windows、Linuxの各OSに対応しています。

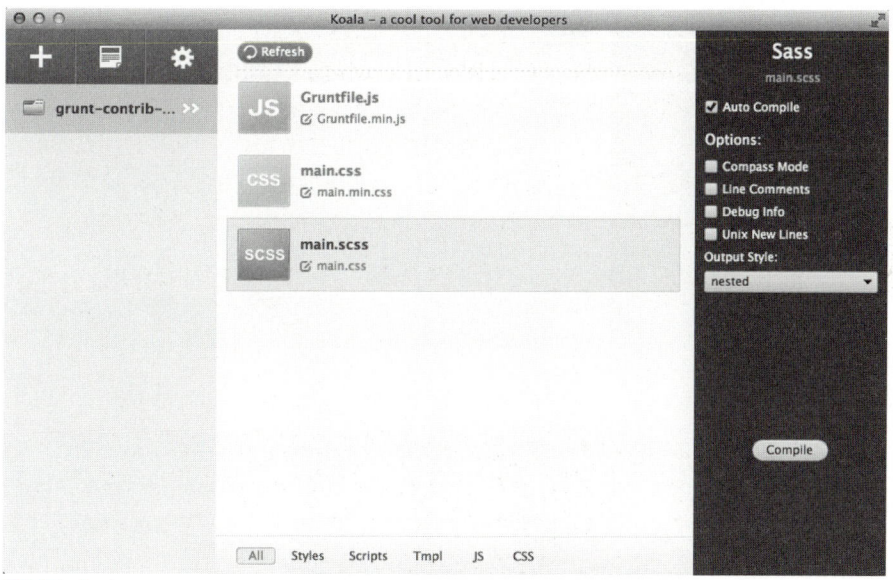

図0.10　Koala

使い方は簡単で、SassファイルがあるプロジェクトフォルダーをKoalaのウィンドウにドラッグアンドドロップするだけで、Koalaは認識します。後はKoalaのメニュー画面から各種設定やコンパイルを実行すれば良いでしょう。

i.4.3　Prepros

　最後に紹介するPrepros（http://alphapixels.com/prepros/）は、もっともいろいろな機能を備えた、Mac OS XとWidowsで動作するGUIアプリです。使い方はKoalaと同じく、Sassファイルがあるプロジェクトフォルダーをドラッグアンドドロップして設定していく流れになります。Preprosがすごいのは、Sassだけでなく、Less、Stylus、Jade、Slim、CoffeeScript、LiveScript、Haml、Markdownなどほとんどのファイルをコンパイルすることが可能な点です。さらに、ローカルサーバーの立ち上げやライブリ読み込みはもちろん、JavaScriptファイルの結合や画像の最適化などもPrepros単体でできてしまいます。

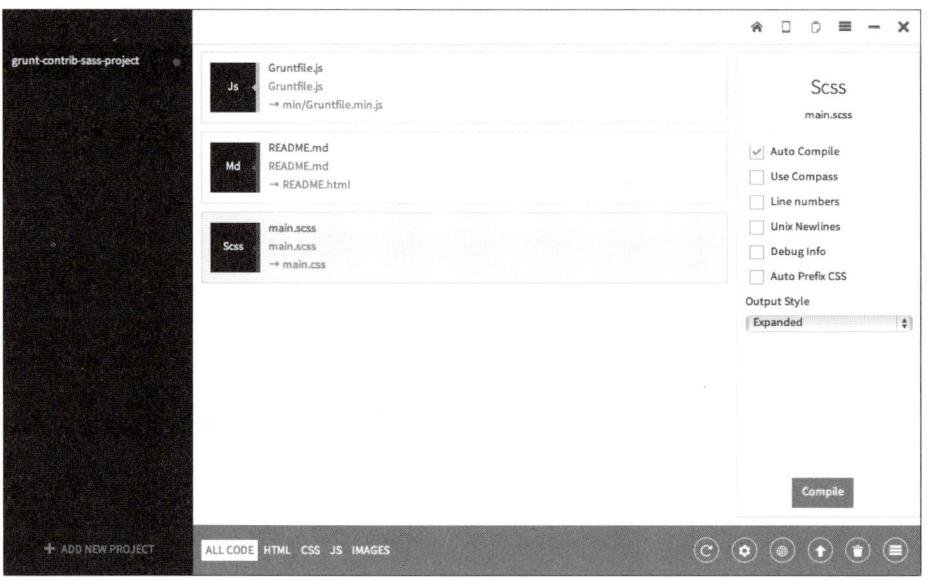

図0.11　Prepros

　さらに、24ドルのPro版を購入すれば、リモートデバイスのデバッグやマルチデバイステスティングなども可能です。ただ、本書の範囲ではSassやCompassがコンパイル可能であれば問題ないので、ご自身の開発スタイルにあわせて導入するかどうかを検討してみてください。

　ここで紹介したのは比較的有名な3つだけですが、他にもSassおよびCompassをコンパイルするGUIアプリはたくさんあるので、実際に試してみてください。もちろん、GUIアプリに慣れてSassおよびCompassもある程度理解してきたら、もう一度CUIから利用してみることをおすすめします。SassおよびCompassの新機能の対応やバグの修正などの面でGUIアプリはCUIと比べて対応が遅れがちなので、GUIとCUIのどちらからでもSassとCompassを利用できるようにしておくのが良いでしょう。

PART-1：SassとCompassの紹介

　ここでは、SassとCompassの紹介として、Sassの主な特徴と、動的なスタイルシートを書く上での基本について説明します。

　1章は、スタイルシートを動的に書くとはどういうことか、その特徴を活かすにはどうしたらよいかという説明と、Sassの変数とセレクタのネストを使って繰り返しを回避しながらスタイルシートの管理を容易にする方法、@extendとミックスインを使って共通のスタイルとパターンを効果的に再利用する方法、そしてCompassのフレームワークでWebサイトを円滑かつ効率的に作る方法の紹介です。

　2章は、Sassの構文といろいろな便利機能についてです。まずはSassで変数を使う方法を説明します。次に適用範囲について説明します。セレクタやサブプロパティをネストにすることで、スタイルシートをどのようにきれいで読みやすくできるのかを理解できます。続いて、CSSでほとんど使われていないインポート機能がSassで改善され、大量のスタイルシートを1つに統合できることを解説します。これにより、スタイルをより小さく管理しやすいファイルに分割できるようになります。さらに、繰り返し同じことを書く代わりに共通のスタイルを簡単に共有できるミックスインの利用方法や、ミックスインに引数を渡すことでパターンを保存しつつも変数でスタイルをカスタマイズする方法について説明します。その他、@extendでセレクタを継承する方法、繰り返しを減らすための別の方法、継承あるいはミックスインを使用すべき状況、そしてベストプラクティスと紹介していきます。

　1章と2章を読めば、Sassの構文を理解でき、既存のスタイルシートの改善における良いアイデアが浮かぶはずです。「スタイルシートを動的に捉える」という考え方をしっかりと身に付けてください。

PART-1　SassとCompassの紹介

CHAPTER 1　スタイルシートを楽しくするSassとCompass

本章で学ぶこと

- Sassと動的なスタイルシートの紹介
- Sassの機能を使用した、より効率的なスタイルシートの作成
- Compassの簡単な紹介
- 現実のスタイルシートにまつわる問題に対するCompassの解決方法

　Sassは、より少ない労力でより優れたスタイルシートの作成を可能にする、CSS3向けの拡張機能です。Sassを使えば、退屈な繰り返しの作業から解放され、クリエイティブに集中できるようになります。変更の実施がこれまでよりもずっと迅速になるので、デザインにおいて変更を恐れることなく自由に作業できるようになります。この新しいスタイルシートでは、色やHTMLマークアップに変更があったとしても、それに合わせて常にあらゆる環境で使用できる標準のCSSを提供できます。SassプロセッサはRubyで書かれていますが、言語自体を改造するつもりでもない限り、気にする必要はありません。

　本書は全体を通して、次の2つの読者を想定して説明を行い、それぞれに共通する領域を探っていきたいと思います。両方のグループに属する方であれば、本書の内容はより有益なものとなるでしょう。

Webデザイナーの方

　デザイン作業よりも、退屈な繰り返しの作業に時間を費やされることにうんざりしている方も多いはずです。本書ではSassとCompassによって繰り返しを減らし、より迅速にスタイルシートを作成する方法を紹介します。グラフィックソフトウェアでの作業を減らし、スタイルシートでの作業を増やしましょう。

エンジニアの方

　プロジェクトが大きくなればなるほど、スタイルシートの整理に問題があると感じる方も多いのではないでしょうか。変数、再利用可能なパーツ、制御フローを使用して、ソフトウェアプロジェクトで他のコードを書くのと同じようにスタイルシートも書ければよいのにと思っているかもしれません。まさに、そういう方におすすめなのが、SassとCompassです。

　本章を読めば、ネストルール、変数、ミックスイン、セレクタの継承などの便利なSassの機能と、Compassがどのようにそれらの機能を活用して退屈な繰り返し作業を解消するかを理解でき、スタイルではなく本来のデザインに集中できるようになるでしょう。Sassをまだインストールしていない場合、序章の1に示す手順を実行してください。

> **MEMO**
> SassのWebサイト（http://sassmeister.com/）では、本書で説明するような基本的なサンプルをブラウザ上で実行できます。

CHAPTER 1 SECTION 1

スタイルシートを楽しくするSassとCompass

Sass入門

ここではSassを効果的に使用するためのポイントを押さえておきます。まず全体像を見てみましょう。図1.1に示すとおり、Sassを導入した場合、開発ワークフローの中でSassエンジンがスタイルシートソースファイルを文法的に妥当なCSSにコンパイルします。

Sassエンジンを実行する方法はいくつかありますが、いずれにせよ重要なポイントは、Sassは開発ワークフロー中にCSSを作成するという点です。後は生成された静的なCSSを普通にアップロードするだけです。このようにSassを導入することで、Sass言語機能の恩恵によってCSSをより迅速に書き、より簡単に保守できるようになります。

MEMO
Sassエンジンの実行方法は、コマンドライン、サーバーフレームワーク統合、GUIツールなど複数あります。

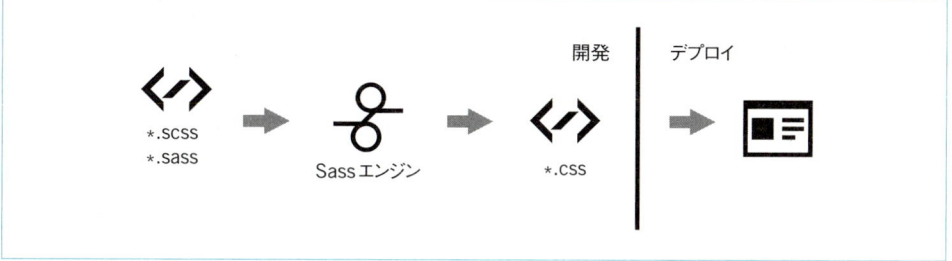

図1.1　Sassによるオーサリングとコンパイルのワークフロー

1.1.1　CSSからSassへの移行

Sassは2つの構文に対応しています。元からある「インデント構文」は.sassファイル拡張子を持ちます。空白文字に意味があり、プロパティは括弧で囲む代わりに、セレクタ下でインデントして記述します。セミコロンは使わず、各プロパティは改行で区切ります。

```
h1
  color: #000
  background: #fff
```

「SCSS（Sassy CSS）」は、Sass 3.0から導入されたもので、CSS3の上位互換に相当します。SCSSファイルのファイル拡張子は.scssで、CSSと同様に括弧とセミコロンを使います。

```
h1 {color:#000; background:#fff}
```

これは、2つの構文の主な違いを示しています。他の違いについては付録で説明します。

今後もSassはこれら両方の構文に対応することになっているので、各構文を、単一ファイル内だけでなく、Sassプロジェクト内に混在させることも可能です。自分と自分のチームに合った構

> **MEMO**
>
> Sassは、スタイルシートの中身に凝るのではなく、優れたスタイルシートを作成するための手法に重点を置いています。CSSのベストプラクティスを可能にするCompassなどのツールについても説明しますが、CSSの基本をしっかり理解してから本書を読まれることをおすすめします。CSSコーディングに慣れている方は、本書を読めば、すぐにSassを使いこなせるでしょう。

文を選択することが大切です。例えばPythonまたはRuby環境で作業をしているならば、おそらく空白に意味のあるインデント構文が適しています。チームが外部のデザイナーと協業しているならば、Sassy CSSを使ったほうがやり取りしやすいでしょう。

　CSSのスキルを高め、Sass構文を理解し、そしてスタイルシートを動的に捉えることが重要です。

1.1.2　動的な考え方

　単純なカタログサイトでもなければ、完全に静的なHTMLを書く人はもうほとんどいないでしょう。今では、HTMLを使うときは通常、ブログエンジン、CMS、あるいはアプリケーションフレームワークといった種類に切り分け、マークアップと動的コンテンツを混合して「前処理（preprocess）」をします。これらのツールがHTMLに生命を吹き込みます。もはや、それらなしにはWebは成り立ちません。このように動的な生成が主流の中で、静的なスタイルシートをまだ書き続ける理由はあるでしょうか？

　ここで「静的なマークアップの動的な使用」という概念が「静的なスタイルシートの動的な使用」に適用できることを見ていきたいと思います。動的なスタイルシートを書くとは、一体どういうことでしょうか？　それは、Sassのスタイルシートを書く際に、CSSをブラウザがどう扱うかにとらわれる必要はないということです。条件付きロジック、再利用可能なスニペット、変数、その他さまざまなツールを使用して、スタイルシートに生命を吹き込むことができます。いくつかの変数を微調整するだけで、簡単にWebサイトのレイアウトと配色を変更できます。Sassを使えばスタイルシートを動的に書くことができますが、そこから生成されるのは100％純粋な静的CSSファイルです。

1.1.3　繰り返しの回避

　SassはスタイルシートCSS作成者向けに、従来のCSSで何度も繰り返される退屈な作業を解消してくれる、便利なツールを提供しています。Sassの機能の多くは、スタイルシートでの繰り返しを減らすために、有名な「繰り返しを避けよ（Don't Repeat Yourself：DRY）」のプログラミング哲学を反映しています。スタイルシートを作成する際、繰り返しには注意すべきです。常に自分自身に「ただがむしゃらに作業するだけでなく、よりスマートに作業するにはどうすればよいか？」と問い続けましょう。次の数節では、Sassを使ってスタイルシートの再利用をさらに活用する方法について説明します。

CHAPTER 1 | SECTION 2　スタイルシートを楽しくするSassとCompass

Sassの基本：スタイルシートの繰り返しの回避

先ほど「繰り返しを避けよ」と述べましたが、では無駄の多いスタイルシートとはどんなスタイルシートなのでしょうか？ 次のCSSを見てください。

リスト1.1　繰り返しを減らす必要がある無駄の多いスタイルシート

```
h1#brand {color: #1875e7}

#sidebar { background-color: #1875e7}

ul.nav {float: right}
ul.nav li {float: left;}
ul.nav li a {color: #111}
ul.nav li.current {font-weight: bold;}

#header ul.nav {float:right;}
#header ul.nav li {float:left;margin-right:10px;}
#footer ul.nav {margin-top:1em;}
#footer ul.nav li {float:left;margin-right:10px;}
```

― #1875e7が2個重複
― ul.navが8個重複

この単純な例でも、重複は明らかです。マーケティングチームが美しい青の色合いを`#1875e7`から`#0f86e3`にちょっと調整したいとすると、どうしたら良いでしょうか？ リスト1.1のように2か所だけであれば変更は簡単ですが、複数のスタイルシートにわたって10か所以上ある場合、検索して置換していくのは原始的すぎる気がします。また、たった10行のスタイルシートの中に`ul.nav`のインスタンスが8個もあるのも、過剰に感じます。

次の数項では、変数、ミックスイン、ネストセレクタ、セレクタの継承など、スタイルシートの繰り返しを回避する便利なシンタックスシュガー（糖衣構文）を説明します。

> **MEMO**
> 本書の進行が遅いように感じても焦らないでください。2章では、それぞれのコンセプトについてもっと掘り下げて説明します。

1.2.1　変数を使ったプロパティ値の再利用

カラーを示す16進コード値を入れ替えたりカラーパレットを管理したりするのに検索置換を常用していた方も、Sassならば、値を変数に割り当てることで、色や枠線の太さなどほぼすべてのスタイルシートプロパティ値を集約して管理できます。

```
$company-blue: #1875e7;
```
company-blueという名前の変数に#1875e7という色の値を割り当て、管理する

```
h1#brand {
color: $company-blue;
}
```
「#1875e7」という値を繰り返す代わりに、company-blue変数を参照する

```
#sidebar {
background-color: $company-blue;
}
```

 Sassの変数は`$`記号で始まり、下線やダッシュなど、CSSクラス名でも有効な文字であれば何でも変数名に使用できます。
 前掲の簡単な例では、青（#1875e7）の色合いを微調整したいというときに、CSSファイルに検索置換をかけることなく、`$company-blue`ただ1か所を更新するだけで、その変数を参照しているスタイルシート設定すべてに反映できます。開発の経験がある方ならば、変数は馴染み深いものでしょう。デザイン分野の方にとっては、初めのうちは変数という代物に戸惑うかもしれません。しかし、実は変数はまったく新しいものというわけではありません。従来のCSSでも、**blue**、**green**、**inherit**、**block**、**inline-block**、**serif**、**sans-serif**といった、実際の値への参照名、つまり変数を使用しているのです。

1.2.2 ネストを使って長いセレクタ作成を時間短縮

 次は、ネストセレクタを使って、記述する内容を短くしつつも、階層の深いCSSセレクタを作成してみましょう。
 次のCSSを見てください。

リスト1.2　深い階層を記述したCSS

```
ul.nav {float: right}
ul.nav li {float: left;}
ul.nav li a {color: #111}
ul.nav li.current {font-weight: bold;}
```

 深い階層を表現するために、ずらずらと同じような記述を繰り返しています。
 Sassを使えば、この冗長さをいくらか削減できます。リスト1.3を見てください（chapter-01/1.2.2.nesting.scssを参照）。

リスト1.3　ネストCSSセレクタの利用

```
ul.nav {
```

CHAPTER 1　スタイルシートを楽しくする Sass と Compass

```
  float: right;

  li {
    float: left;
    a {
      color: #111;
    }
    &.current {
      font-weight: bold;
    }
  }
}
```

- `li {` … `ul.navの子`
- `a {` … `ul.nav liの子`
- `&.current {` … 親セレクタ

ターミナル上で次のように`sass`コマンドにファイル名を付けて実行してください。

```
$ sass 1.2.2.nesting.scss
```

ターミナルにはリスト1.4のようなCSSが出力されるはずです。

リスト1.4　ネストセレクタ使用後に得られるCSS

```
ul.nav {
  float: right; }
  ul.nav li {
    float: left; }
    ul.nav li a {
      color: #111; }
    ul.nav li.current {
      font-weight: bold; }
```

　インデントや改行位置といったフォーマット上の違いを除けば、これはリスト1.2のCSSと同じです（今はフォーマットについては気にしないでください。Sassの出力オプションについては後述します）。
　Sassを使うことで、ルールをネストにでき、セレクタ内で同じ要素が重複するのを回避できます。これは時間を節約できるだけでなく、後で`ul.nav`を番号なしリストから番号付きリストに変更する場合もただ1行変更するだけで済むという利点もあります。リスト1.3の最後のセレクタは特に有効です。`&`は「親セレクタ」を表し、この例の場合`&.current`は`li.current`になります。親要素の名前を`li`から別のものにすれば、`current`クラスを持つその要素に対して適用されることになります。

1.2.3 ミックスインを使用したスタイルのコードの再利用

前項のとおり、変数を使えば値を再利用できますが、大きいルールのブロックはどうすれば再利用できるでしょうか。従来のCSSでは、リスト1.5のように共通のルールを新しいCSSクラスとして作成していました。

リスト1.5　従来のCSSリファクタリング

```
ul.horizontal-list li {      ← 共通化のための新しいCSSクラス
    float: left;
    margin-right: 10px;
}

#header ul.nav {             ← この要素のli子要素には上記のスタイルを適用したい
    float: right;
}

#footer ul.nav {             ← この要素のli子要素には上記のスタイルを適用したい
    margin-top: 1em;
}
```

この後、コンテンツの`ul.nav`要素に`horizontal-list`クラスを追加する必要があります。確かにこれはうまく動きはしますが、`horizontal-list`クラスというダミーのクラスを作ったりコンテンツを修正したりするのはスマートではありません。

そこでSassのミックスインの登場です。リスト1.6を見てください（サンプルのchapter-01/1.2.3.1.mixins.scssを参照）。

リスト1.6　@mixinと@includeによるコードの再利用

```
@mixin horizontal-list {
  li {                           ← horizontal-listという名前のミックスインを用意する
    float: left;
    margin-right: 10px;
  }
}

#header ul.nav {
  @include horizontal-list;      ← horizontal-list ミックスインを取り込む
  float: right;
}

#footer ul.nav {
  @include horizontal-list;
```

CHAPTER 1 スタイルシートを楽しくするSassとCompass

```
    margin-top: 1em;
}
```

名前から分かるとおり、Sassnのミックスインは複数のルールを混ぜ合わせるものです。`@mixin`ディレクティブを使って、リストのルールをミックスインにしました。次に、`@include`ディレクティブを使用して、それらのルールを他のルールに含めます。ミックスインのルールは、出力結果のCSSの`ul.nav`ルールに統合されているので、リスト1.7のようにもう`horizontal-list`クラスのようなクラスを作成する必要はありません。

リスト1.7　ミックスインは重複するスタイル定義を削減してくれる

```
#header ul.nav {
  float: right;
}

#header ul.nav li {
  float: left;
  margin-right: 10px;
}

#footer ul.nav {
  margin-top: 1em;
}

#footer ul.nav li {
  float: left;
  margin-right: 10px;
}
```

このようにSassのミックスインは便利ですが、その真価は、変数と組み合わせて、再利用可能でパラメータによって変更可能なスタイルブロックを作成する際に発揮されます。例えば、リストの左右項目間のマージンを変更したい場合を考えてみましょう。リスト1.6を、リスト1.8のように変更してみます（サンプルのchapter-01/1.2.3.2.mixins-parameters.scssを参照）。

リスト1.8　変数を使用したミックスイン

```
@mixin horizontal-list($spacing: 10px) {    ← $spacingパラメータを取り、デフォルトは10px
  li {
    float: left;
    margin-right: $spacing;                  ← $spacingの値で置き換えられる
  }
}
```

```
#header ul.nav {
  @include horizontal-list;      ← デフォルト値を使う
  float: right;
}

#footer ul.nav {
  @include horizontal-list(20px);  ← $spacingに20pxを指定
  margin-top: 1em;
}
```

デフォルト値**10px**の**$spacing**パラメータを追加しました。パラメータは変数と同じ扱いです。ここでは、ヘッダーのナビゲーションリストはデフォルトと同じ間隔（**10px**）にしたいので、パラメータを指定していません。フッターは値**20px**を渡し、リスト要素間の間隔を広げることにします。出力すると、リスト1.9のようになります。

リスト1.9	ミックスイン使用後の最終的なCSS出力

```
#header ul.nav {
  float: right;
}

#header ul.nav li {
  float: left;
  margin-right: 10px;
}

#footer ul.nav {
  margin-top: 1em;
}

#footer ul.nav li {
  float: left;
  margin-right: 20px;
}
```

このように、Sassのミックスインを使えば、プロパティの固まりを再利用でき、作業時間を大幅に節約できます。しかし、お気付きのように、ミックスインスタイルはそれが含まれる各要素内に重複して出力されるので、生産性が向上した分、スタイルシートは肥大化してしまっています。でも、心配は無用です。これは次に紹介するセレクタの継承によって解決できます。

1.2.4 セレクタの継承を使用したプロパティの重複の回避

見てきたとおり、Sassのミックスインはスタイルシートを書く際の重複を避けるには非常に便利です。しかし、コンパイル済みCSSではルールが他のクラスに統合されるので、重複を完全には回避できません。CSSファイルのサイズ縮小は重要なテーマであり、Sassでは（少し複雑ですが）重複を完全に避ける方法も用意されています。この方法では、CSSプロパティを重複させることなく、あるセレクタに他のセレクタのすべてのスタイルを継承させることができます。例として、フォームエラーメッセージのスタイルを見てみましょう。

リスト1.10　エラーメッセージのスタイル

```
.error {
  border: 1px #f00;
  background: #fdd;
}

.error.intrusion {
  font-size: 1.2em;
  font-weight: bold;
}

.badError {
  @extend .error;
  border-width: 3px;
}
```

セレクタの継承を使用すれば、`.badError`に基本の`.error`クラスから設定を継承させることができ、リスト1.11のような結果が得られます。

リスト1.11　セレクタの継承による重複の削減

```
.error, .badError {
  border: 1px #f00;
  background: #fdd;
}

.error.intrusion,
.badError.intrusion {
  font-size: 1.2em;
  font-weight: bold;
}

.badError {
```

```
  border-width: 3px;
}
```

　errorクラスと**badError**クラスは両方ともコンテンツで使われる可能性があるので、ここで両方が存在することは理にかなっていますが、基本クラスがコンテンツで使われることは想定していない場合もあります。Sass 3.2では、使い捨ての基本クラスを作成せずにセレクタの継承を使用できるよう、「プレースホルダーセレクタ」が導入されました。プレースホルダーは何らかの値で置き換えられることを想定した場所のことです。プレースホルダーは変数と似ていますが**$**の代わりに**%**から始まる名前で、**@extend**でそのプレースホルダー名を持つクラス名が値として配置されることになります。リスト1.12では、最初の行の**%button-reset**というプレースホルダーセレクタの箇所が、「**@extend %button-reset;**」を持つ**.save**および**.delete**というクラス名で、Sassの変換時に置き換えられます。

リスト1.12　　　プレースホルダーセレクタによるセレクタの継承

```
%button-reset {           ← プレースホルダーセレクタ
  margin: 0;
  padding: .5em 1.2em;
  text-decoration: none;
  cursor: pointer;
}

.save {
  @extend %button-reset;  ← %button-resetプレースホル
  color: white;              ダーに.saveクラスを加える
  background: blue;
}

.delete {
  @extend %button-reset;  ← %button-resetプレースホル
  color: white;              ダーに.deleteクラスを加える
  background: red;
}
```

```
.save, .delete {
  margin: 0;
  padding: .5em 1.2em;
  text-decoration: none;
  cursor: pointer;
}

.save {
  color: white;
  background: #blue;
}

.delete {
  color: white;
  background: red;
}
```

　プレースホルダーを利用すれば、他のクラス名への干渉を気にすることなく共通のスタイルを安全に保守できます。プレースホルダーに対する**@extend**が定義されなければ、プレースホルダーセレクタ内のスタイルはCSSにコンパイルされないので、スタイルシートを軽量に保つことができ、未使用のスタイルであふれることもありません。
　このように、セレクタの継承を少し工夫するだけで、Sassの「繰り返しを避けよ」の原則を徹底し、CSSをスリムに保てます。Sassがどのように繰り返しの回避に役立つかについて見てきたので、次節では、Compassによって何が実現できるかを見てみましょう。

CHAPTER 1 / SECTION 3　スタイルシートを楽しくするSassとCompass

Compassの概要

Compassは、簡単に言えば、Webのスタイル作成作業を円滑で効率的にするよう設計されたSassフレームワークです。

MEMO
Webアプリケーションフレームワークの Rails に類似して、CompassはSass用の便利なツールと、実用的なベストプラクティスを集約しています。RailsもCompassもRuby言語で記述されたフレームワークです。

Compassは3つの基本要素で構成されています。1つ目はSassのミックスインとユーティリティのライブラリ、2つ目はアプリケーション環境との統合用のシステム、3つ目はフレームワークと拡張機能構築用のプラットフォームです。Compassでの開発ワークフローを図1.2に示します。

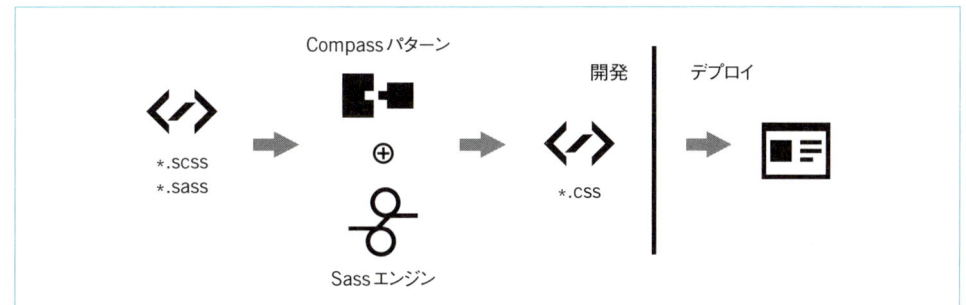

図1.2　Compassを使ったコンパイル

Compassの主な特徴を次に挙げます。詳細についてはこの後の各章で解説していきます。

1.3.1　Compassライブラリ

Compassはモジュールとして構成されたSassのミックスインおよび関数をひと揃いライブラリ化しており、それらはすべてCompassのWebサイト（http://compass-style.org/）で例も交えながらドキュメント化されています。このライブラリは、ブラウザ間の実装の差異を吸収し、リセット、グリッドレイアウト、リストスタイル、テーブルヘルパー、バーティカルリズムといった実績のあるデザインパターンを多数提供します。また、CompassにはCSS3のヘルパーも含まれているので、CSSのベンダープレフィックスを処理して、新しいCSS3の機能をブラウザごとに実装する手間を省き、最先端のスタイルシートの作成を簡単にしてくれます。

さらにCompassには、画像ファイルの幅と高さを測定し、それをスタイルシートへ書き込むといったとても便利な機能があります。また、スタイルシートを手で書き直す必要なく、簡単にプロジェクト内でアセットを移動させ、コンテンツ配信ネットワーク（CDN）にも切り替えられるようにするアセットURL機能もあります。さらに、画像のディレクトリを1つのスプライト画像に統合する機能を使えば、面倒な座標の計算やCSSのスプライト化の作業をすべて代行して

くれます。

　もちろんこれらの作業は自分で行うこともできなくはないのですが、Compassはデザインコミュニティの中で実績のあるソリューションをまとめており、ユーザーがより短時間でより多くの成果を上げることに集中できるようにしてくれます。

1.3.2　シンプルなスタイルシートプロジェクト

　CompassのスタイルシートフレームワークはWebサイトを華やかに飾り立てるためのものではありません。実際、あらゆるWebデザインに使用できるよう、コアフレームワークのすべての機能はデザインに依存していません。あらゆるファッションと同様、Webサイトデザインの美しさの観点は移り変わるものです。そのため、うまく設計されたWebサイト機能をプラグインを使って提供するのは、フロントエンド開発者とデザイナーのCompassコミュニティの役割です。

　SassとCompassはどちらもRuby言語で書かれており、Ruby on Railsコミュニティに起源がありますが、CompassはRubyベースプロジェクト以外でもSassを簡単に書けるようにするためのツールと構成オプションを提供しています。単にHTMLモックアップを作成するだけでよい場合であれ、SassをDjango、Drupal、.NETなどの大きなアプリケーションフレームワークに統合する必要がある場合であれ、Compassはその作業を簡単にしてくれます（図1.3を参照）。

　スタイルシート設計の目的はデザインのためであり、スタイルシートそれ自体の細々としたところを知りたいからではありません。Compassは、画像、フォント、JavaScriptファイルなどのファイルの管理や参照をスタイルシート内から簡単にできるように手助けしてくれます。例えば、参照している画像が見つからない場合には警告します。さらに、ブラウザが画像やフォントの取得を繰り返さずに済むように、それらをCSSに埋め込むこともできます。

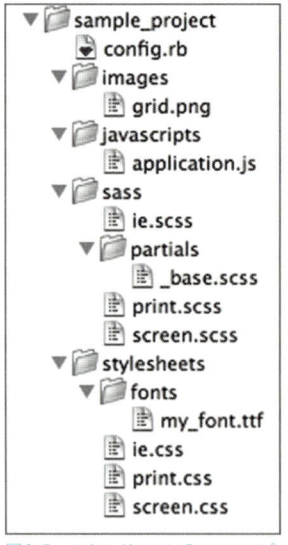

図1.3　スタンドアロンCompassプロジェクト　　図1.4　Compassの公式サイト（http://compass-style.org/）

1.3.3　コミュニティエコシステム

　しばらくWeb開発に携わってきた方であれば、JavaScriptフレームワークが登場する前の暗黒時代を覚えている方もいるでしょう。それは、本当に恐ろしい世界でした。DOM内の些末な挙動に、何時間ものバグ追跡作業が必要になることもありました。今は、JavaScriptフレームワークの登場によりブラウザ間の非互換性に悩まされることもなくなり、ユーザーが作ったものをプラグインを介して他のユーザーが簡単にプロジェクトに組み込めるような、コード共有の基盤もあります。Web開発コミュニティの尽力のおかげで、JavaScriptでの開発は今は本当に楽しいものになっています。

　SassのフレームワークとしてのCompassは、デザイナーと開発者がライブラリおよびフレームワークを共有するための基盤となっており、またデザイナーや開発者がオープンソース型のスタイルシート開発のエコシステムへ参加するのを促進します。CSSの黒魔術の一端を共有することが、ブログにコードスニペットとデモファイルを埋め込むことを意味した時代は過ぎさりました。ブログでは、ユーザー各自がそれぞれコードを手元に持つことになり、元の開発者が後からバグを修正したり、拡張機能を追加したりする術はありません。Compassであれば、他の普通のソフトウェアと同じようにスタイルシートライブラリを配布することができます。つまり、バグの修正や最新ブラウザへの対応は単にライブラリを更新して、手元のスタイルシートを再コンパイルするだけで済むわけです。

　また、多数のコミュニティメンバーが、他の人が面倒な静的なスタイルシートの書き直しを行わなくてもすぐに使用できるよう、さまざまな手法をCompassの拡張機能としてパッケージ化してくれています（自分でCompassの拡張機能を書く方法については10章を参照）。レスポンシブレイアウト、タイポグラフィスケール、カスタムアニメーション、魅力的なボタン、アイコンセット、カラーパレットといったものがすべて、Sassで書かれたCompassの拡張機能として用意されています。Compassの拡張機能を使えば、基礎構築のための面倒な作業から解放され、自分のWebサイト固有の特別な作業に集中できます。Sassの初心者から達人へと成長するにつれ、時間の節約に貢献してくれたSass、Compass、そしてコミュニティに感謝の念を感じたら、自分の努力の成果を他の人と共有することで恩返しをしましょう！

CHAPTER 1 SECTION 4 スタイルシートを楽しくするSassとCompass

Compassプロジェクトの作成

　Compassをまだインストールしていない場合、序章の1に示したインストール手順を実行し、Compassを使う準備を整えておいてください。

　よくできたコマンドラインインタフェース（CLI）の例に漏れず、Compassもその多彩なオプションに関するヘルプメッセージが十分に用意されています。インストールされたCompassを確認しましょう。ターミナルウィンドウを開き、新しいスタイルシートプロジェクトを格納したいフォルダーに移動して、**compass help**を実行します。ヘルプテキストとコマンドラインオプションが表示されましたか。

```
$ compass help
Usage: compass help [command]

Description:
  The Compass Stylesheet Authoring Framework helps you
  build and maintain your stylesheets and makes it easy
  for you to use stylesheet libraries provided by others.
  ...
```

　まず、新しいCompassプロジェクトを作成しましょう。Compassプロジェクトは、設定ファイルおよびSassソースとCSS出力のフォルダーとして構成されます。ここでは「sample」というプロジェクトを作成することにします。**compass sample**を実行します。

```
$ compass create sample        ← sample Compassプロジェクトを作成
directory sample/
directory sample/sass/
directory sample/stylesheets/
  ...
*********************************************************************
Congratulations! Your compass project has been created.
  ...
  <![endif]-->
</head>
```

　作成された**sample**フォルダーの中身を見てみましょう。

```
$ cd sample        ← sampleフォルダーに入る
$ ls -l            ← sampleフォルダーの中を詳細表示（Mac OS X、Linuxの場合。
total 8               Windowsではエクスプローラーを利用してください）
drwxr-xr-x  6 wynn  staff  204 Jan  3 12:11 .
drwxr-xr-x  3 wynn  staff  102 Jan  3 12:12 ..
```

CHAPTER 1　スタイルシートを楽しくするSassとCompass

```
drwxr-xr-x  4 wynn  staff  136 Jan  3 12:11 .sass-cache
-rw-r--r--  1 wynn  staff  315 Jan  3 12:11 config.rb
drwxr-xr-x  5 wynn  staff  170 Jan  3 12:11 sass
drwxr-xr-x  5 wynn  staff  170 Jan  3 12:11 stylesheets
```

　デフォルトではCompassは、**config.rb**設定ファイル、Sassソースが配置される**sass**フォルダー、コンパイル後のCSS出力が置かれる**stylesheets**フォルダーを展開します。

　SassソースファイルからCSSファイルにコンパイルするには、Compassプロジェクトのフォルダー（ここでは**sample**フォルダー）内で**compass compile**コマンドを実行します。

```
$ compass compile ←──── CSSファイルへのコンパイルを実行
    create stylesheets/print.css
    create stylesheets/screen.css
    create stylesheets/ie.css
```

　メッセージのとおり、**stylesheets**フォルダーにSassソースをコンパイルしたCSSファイルが作成されました。

> **MEMO**
> Compass設定オプションおよびコンパイルオプションの詳細な一覧については、序章の2を参照してください。

> **MEMO**
> 詳細表示中の.sass-cacheフォルダーは、コンパイルの効率化のために生成されるキャッシュファイルを置く場所であり、特に気にする必要はありません。

CHAPTER 1 SECTION 5

スタイルシートを楽しくする Sass と Compass

Compassを使った、CSSに関する よくある問題の解決

　初期Compassプロジェクトの作成方法について説明したので、次は、日常的に発生すると思われるスタイルシートの問題を解決する上でCompassがどのように役立つかを見ていきましょう。以降では、Compassの組み込みモジュール（Sassのミックスインとその他の関数のセット）が、CSSリセット、グリッドレイアウト、テーブルフォーマット、そしてCSS3機能にどのように適用されるかを解説します。

1.5.1　リセットを使用したデフォルトスタイルのクリア

　Eric Meyerらの提唱者によって有名になりましたが、スタイルシートを作成する際にデザイナーが最初によく行うのが「CSSリセット」の宣言です。CSSリセットは、単純にすべての要素からあらゆるデフォルトのブラウザスタイルを削除してキャンバスをまっさらな状態にし、任意のスタイルを追加できるようにすることです。CSSグリッドフレームワークを使用した経験があるなら、おそらく皆、知らず知らずCSSリセットを利用していたことでしょう。

　Ericの提唱した一般的なリセットは、リスト1.13のようなものです。

リスト1.13　一般的なCSSリセット

```
/* v1.0 | 20080212 */

html, body, div, span, applet, object, iframe,
h1, h2, h3, h4, h5, h6, p, blockquote, pre,
a, abbr, acronym, address, big, cite, code,
del, dfn, em, font, img, ins, kbd, q, s, samp,
small, strike, strong, sub, sup, tt, var,
b, u, i, center,
dl, dt, dd, ol, ul, li,
fieldset, form, label, legend,
table, caption, tbody, tfoot, thead, tr, th, td {
  margin: 0;
  padding: 0;
  border: 0;
  outline: 0;
  font-size: 100%;
  vertical-align: baseline;
 background: transparent;
}
body {
  line-height: 1;
```

| CHAPTER 1 | スタイルシートを楽しくするSassとCompass |

```
}
ol, ul {
  list-style: none;
}
blockquote, q {
  quotes: none;
}
blockquote:before, blockquote:after,
q:before, q:after {
  content: '';
  content: none;
}

/* フォーカスのスタイルの定義も忘れないこと! */
:focus {
  outline: 0;
}

/* ins要素やdel要素のハイライトを忘れないこと! */
ins {
  text-decoration: none;
}
del {
  text-decoration: line-through;
}

/* マークアップ上ではテーブルに「cellspacing="0"」がまだ必要 */
table {
  border-collapse: collapse;
  border-spacing: 0;
}
```

デフォルトのSassファイル（screen.scss）では、最初の1行でEricのリセットに基づくリセットを実行し、すべてのブラウザで同じようにまっさらなキャンバスとして扱えるようにしています。

```
@import "compass/reset"
```

この1行には多くの意味があるので、説明を加えます。これは、Sassの`@import`ルールを使用して、Compass Resetモジュールをインポートしています。「モジュール」は、独立してプロジェクトに追加できるCompassフレームワークの部品です。この1行により、CSS出力ファイルにCSSリセットが展開されます（リスト1.14）。

リスト1.14　**CSSリセットが展開されたCSS出力ファイル**

```
html, body, div, span, applet, object, iframe,
h1, h2, h3, h4, h5, h6, p, blockquote, pre,
a, abbr, acronym, address, big, cite, code,
del, dfn, em, img, ins, kbd, q, s, samp,
small, strike, strong, sub, sup, tt, var,
b, u, i, center,
dl, dt, dd, ol, ul, li,
fieldset, form, label, legend,
table, caption, tbody, tfoot, thead, tr, th, td,
article, aside, canvas, details, embed,
figure, figcaption, footer, header, hgroup,
menu, nav, output, ruby, section, summary,
time, mark, audio, video {
  margin: 0;
  padding: 0;
  border: 0;
  font: inherit;
  font-size: 100%;
  vertical-align: baseline;
}

html {
  line-height: 1;
}

ol, ul {
  list-style: none;
}

table {
  border-collapse: collapse;
  border-spacing: 0;
}

caption, th, td {
  text-align: left;
  font-weight: normal;
  vertical-align: middle;
}

q, blockquote {
  quotes: none;
}
q:before, q:after, blockquote:before, blockquote:after {
  content: "";
```

CHAPTER 1　スタイルシートを楽しくするSassとCompass

```
  content: none;
}

a img {
  border: none;
}

article, aside, details, figcaption, figure, footer, header, hgroup, menu,
nav, section, summary {
  display: block;
}
```

　Compass Resetモジュールはインポート時に**global-reset**ミックスインを適用しています。このミックスインの内容を見てみましょう（リスト1.15）。

リスト1.15　　CSS global-resetミックスイン

```
@mixin global-reset {
  html, body, div, span, applet, object, iframe,
  h1, h2, h3, h4, h5, h6, p, blockquote, pre,
  a, abbr, acronym, address, big, cite, code,
  del, dfn, em, font, img, ins, kbd, q, s, samp,
  small, strike, strong, sub, sup, tt, var,
  dl, dt, dd, ol, ul, li,
  fieldset, form, label, legend,
  table, caption, tbody, tfoot, thead, tr, th, td {
    @include reset-box-model;
    @include reset-font; }
  body {
    @include reset-body; }
  ol, ul {
    @include reset-list-style; }
  table {
    @include reset-table; }
  caption, th, td {
    @include reset-table-cell; }
  q, blockquote {
    @include reset-quotation; }
  a img {
    @include reset-image-anchor-border; } }
```

　前出のSassの**@mixin**および**@include**機能を使用して、リセットを実現しています。**global-reset**に加え、Resetモジュールには、HTML5要素用のものなど、より詳細なリセットミックスインが多数含まれます。例えば**@include reset-html5;**をSassファイルに加

えれば、基本スタイリングが必要なHTML5要素すべてに対するCSSルールが出力に追加されます（リスト1.16）。

```
@import "compass/reset"
@include reset-html5;         ← reset-html5ミックスインを追加
```

リスト1.16　reset-html5ミックスインで追加されたコード

```
...
article, aside, details, figcaption, figure, footer, header, hgroup, menu,
nav, section, summary {
  display: block;
}

article, aside, details, figcaption, figure, footer, header, hgroup, menu,
nav, section, summary {
  display: block;         ← HTML5要素のリセット
}
```

Compass Resetモジュールに追加可能なミックスインについては、Compassのオンラインドキュメントをよく読んでください。

1.5.2　計算機いらずのレイアウト作成

最近のCSS界隈の主なトレンドの1つは、Blueprintや960 Grid Systemなどの有名なCSSグリッドフレームワークの登場です（図1.5を参照）。長年良い紙面デザインの基礎とされていたグリッドレイアウトは、媒体の成熟に合わせてオンラインでも導入されるようになりました。グリッドフレームワークを使用すれば、一定数のカラムをレイアウトに割り当て、ガター（溝、カラムとカラムのスペース）を統一したカラムベースレイアウトをコンテンツに適用できます。

CHAPTER 1 スタイルシートを楽しくするSassとCompass

図1.5 960.gs—960 Grid System CSSフレームワーク

　グリッドフレームワークを使えば、きれいに揃ったカラムレイアウトの作成に必要となる計算をフレームワーク側に任せることができます。これは、コンテナー要素のレイアウトと幅に加え、グリッド内の各カラム幅を設定するCSSルールによって実現されます。その1つであるBlueprintのスニペットについて説明しましょう。

リスト1.17　　　**Blueprintグリッドレイアウト**

```
.container {
  width: 950px;
  margin: 0 auto;
}

/* 基本のグリッドフロートとマージンを設定する */
.column, .span-1, .span-2, .span-3, .span-4, .span-5,
.span-6, .span-7, .span-8, .span-9, .span-10, .span-11,
.span-12, .span-13, .span-14, .span-15, .span-16,
.span-17, .span-18, .span-19, .span-20, .span-21,
.span-22, .span-23, .span-24 {
```

```css
  float: left;
  margin-right: 10px;
}

/* 行の最後のカラムにはこのクラスが必要 */
.last { margin-right: 0; }

/* カラム幅を設定するのに以下のクラスを利用する */
.span-1 {width: 30px;}
.span-2 {width: 70px;}
.span-3 {width: 110px;}
.span-4 {width: 150px;}
.span-5 {width: 190px;}
.span-6 {width: 230px;}
.span-7 {width: 270px;}
.span-8 {width: 310px;}
.span-9 {width: 350px;}
.span-10 {width: 390px;}
.span-11 {width: 430px;}
.span-12 {width: 470px;}
.span-13 {width: 510px;}
.span-14 {width: 550px;}
.span-15 {width: 590px;}
.span-16 {width: 630px;}
.span-17 {width: 670px;}
.span-18 {width: 710px;}
.span-19 {width: 750px;}
.span-20 {width: 790px;}
.span-21 {width: 830px;}
.span-22 {width: 870px;}
.span-23 {width: 910px;}
.span-24 {width:950px; margin-right:0;}
```

このCSSルールを適用すると、コンテナー要素に**container**クラス、グリッドに置きたい各要素に**span-xx**クラスをそれぞれ追加するだけで、16カラムレイアウトを実現できます。また、このようにコンテンツをレイアウトすることで、30から950までの40ずつのカウントを覚えなくても、より迅速にプロトタイプを作成できるようになります。

では、CompassはどのようにCSSグリッドフレームワークに改善をもたらすのでしょうか。まず、Compassはミックスインでグリッドフレームワークスタイルに対応することで、HTMLコンテンツが追加クラスで乱雑になるのを避けつつ、使用したい機能だけを組み込むことができます。次に、(この点がもっとも重要ですが) Compassがグリッドフレームワークに対応することで、フレームワークの作成方法が変わります。この点については、3章で後述します。

Blueprintを使ったCompassプロジェクトを作成してみましょう。ターミナルウィンドウで次のコマンドを実行してください。

CHAPTER 1　スタイルシートを楽しくするSassとCompass

```
$ compass create my_grid --using blueprint
```

　本章の4と同じく新しいCompassプロジェクトとしてmy_gridというフォルダーが生成されますが、screen.scssファイルにはいろいろな内容が入っています（リスト1.18）。基本レイアウトのスタイルセットの他にも、このファイルにはコメントがたくさん付けられており、ほとんどのBlueprintモジュールについてざっと把握できます。

リスト1.18　Blueprintを使ったCompassプロジェクトのscreen.scss

```
// This import applies a global reset to any page that imports this
stylesheet.
@import "blueprint/reset";

// To configure blueprint, edit the partials/base.sass file.
@import "partials/base";

// Import all the default blueprint modules so that we can access their
mixins.
@import "blueprint";

// Import the non-default scaffolding module.
@import "blueprint/scaffolding";

// To generate css equivalent to the blueprint css but with your
// configuration applied, uncomment:
// @include blueprint

// If you are doing a lot of stylesheet concatenation, it is suggested
// that you scope your blueprint styles, so that you can better control
// what pages use blueprint when stylesheets are concatenated together.
body.bp {
  @include blueprint-typography(true);
  @include blueprint-utilities;
  @include blueprint-debug;
  @include blueprint-interaction;
  // Remove the scaffolding when you're ready to start doing visual design.
  // Or leave it in if you're happy with how blueprint looks out-of-the-box
}

form.bp {
  @include blueprint-form;
  // You'll probably want to remove the scaffolding once you start styling
your site.
  @include blueprint-scaffolding;
}
```

```
// Page layout can be done using mixins applied to your semantic classes and
IDs:
body.two-col {
  #container {
    @include container;
  }
  #header, #footer {
    @include column($blueprint-grid-columns);
  }
  #sidebar {
    // One third of the grid columns, rounding down. With 24 cols, this is 8.
    $sidebar-columns: floor($blueprint-grid-columns / 3);
    @include column($sidebar-columns);  ●――❶
  }
  #content {
    // Two thirds of the grid columns, rounding up.
    // With 24 cols, this is 16.
    $content-columns: ceil(2 * $blueprint-grid-columns / 3);
    // true means it's the last column in the row
    @include column($content-columns, true);
  }
}
```

まず注目すべき点は、カラムのレイアウトはスタイルセットに統合できることです。そのため、HTMLコンテンツに**span-8**クラスを設定する代わりに、**column** Sassのミックスインを使用します❶。

$sidebar-columnsという変数にも注意してください。Sassではレイアウトを変数で調整できるので、これはとても便利です。Sassファイルの冒頭にあるいくつかの変数を変更するだけで、カラムの数、ガター幅、サイドバーのサイズを含むさまざまなレイアウトをすぐに試作し、試行錯誤できます。

本章ではBlueprintグリッドのすべての特徴については言及しませんが、6章でCompassと併せてBlueprintを使用します。

> **MEMO**
> 従来のCSSグリッドフレームワークでレイアウトを調整する場合は、まず計算機で計算してCSSレイアウトを作成してから、HTMLコンテンツのCSSクラスを変更する必要がありました。

1.5.3　テーブルヘルパーを使用したゼブラ模様

次に、HTMLテーブルを簡単に装飾できるSassのミックスインのセットである、Compassテーブルヘルパーについて説明します。例を見てみましょう（リスト1.19）。

CHAPTER 1 スタイルシートを楽しくするSassとCompass

リスト1.19　　Compassテーブルヘルパーの利用例

```
@import "compass/reset";
@import "compass/utilities/tables";          ❶
table {
  $table-color: #666;
  @include table-scaffolding;                ❷
  @include inner-table-borders(1px, darken($table-color, 40%));  ❸
  @include outer-table-borders(2px);         ❹
  @include alternating-rows-and-columns($table-color,            ❺
           adjust-hue($table-color, -120deg), #222222); }
```

　1つずつ見ていきましょう。@importルールを使用してテーブルヘルパーをインポートします❶。これで4つのミックスインを利用できるようになります。
　1つ目のミックスインのtable-scaffolding❷は、CSSリセットされたthおよびtd要素への基本スタイルに加え、数値を表現する際に使用頻度の高い、右揃えのパターンも提供します。このミックスインのソースをリスト1.20に示します。

リスト1.20　　テーブルヘルパーミックスイン

```
@mixin table-scaffolding {
  th {
    text-align: center;
    font-weight: bold; }
  td,
  th {
    padding: 2px;
    &.numeric {
      text-align: right; } } }
```

　2つ目のinner-table-bordersミックスイン❸および3つ目のouter-table-bordersミックスイン❹は、テーブル内のセルおよびテーブル全体に枠線を追加します。
　最後に、4つ目のalternating-rows-and-columnsミックスイン❺を使えば、HTMLテーブルにゼブラ模様（行または列の色が交互に変わる装飾表現）を簡単に追加できます。なぜこの作業によく使われる:nth-child、:even、:oddといったCSS擬似セレクタを使っていないのか疑問を持たれるのも不思議ではありません。実はこのミックスインはそのような単純なクラス名ベースのゼブラ模様にも対応していますし、色の交差のような複雑な表現にも対応しています。参考に、ミックスインのソースを見てみましょう（リスト1.21）。

PART 1　SassとCompassの紹介

リスト1.21　行または列ごとに色を変更するミックスイン

```scss
@mixin alternating-rows-and-columns(
        $even-row-color,
        $odd-row-color,
        $dark-intersection,
        $header-color: white,
        $footer-color: white) {
  th {
    background-color: $header-color;
    &.even, &:nth-child(2n) {
    background-color: $header-color - $dark-intersection; }
  }
  tr.odd {
    td {
      background-color: $odd-row-color;
      &.even, &:nth-child(2n) {
        background-color: $odd-row-color - $dark-intersection; }
    }
  }
  tr.even {
    td {
      background-color: $even-row-color;
      &.even, &:nth-child(2n) {
        background-color: $even-row-color - $dark-intersection; }
    }
  }
  tfoot {
    th, td {
      background-color: $footer-color;
      &.even, &:nth-child(2n) {
        background-color: $footer-color - $dark-intersection; }
    }
  }
}
```

MEMO
2章では、Sassがどのように変数と四則演算を扱っているかを説明します。

　変数化されているのは色彩値のみではない点に注目です（色彩値は少し計算をして、読みやすい適切なコントラストを保つようになっています）。

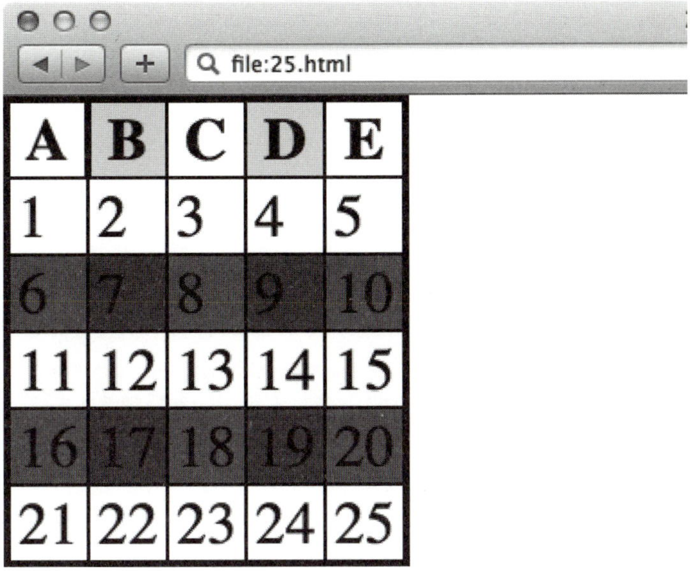

図1.6　ゼブラ模様のテーブル装飾

1.5.4　ベンダープレフィックスを使用しない簡単なCSS3

　各ブラウザがCSS3をサポートし始めたことで、デザイナーたちは、角丸表現のようにこれまではさまざまな小細工を必要としていたコンテンツが、CSS3の機能ですっきりと表現できることに喜び、使用し始めました。ただ、ベンダープレフィックスについて気にしていたデザイナーはそう多くなかったのではないでしょうか。「ベンダープレフィックス」とは、ブラウザが実験的にサポートしているCSS機能の名前の先頭に付けられた **-webkit-**（WebKit系ブラウザ）や **-moz-**（Mozilla系ブラウザ）といった文字列です。例えば **rounded** クラスを持つ要素の枠に半径が **5px** の角丸を付けるという単純なCSSは、次のようになります。

```
.rounded {
  -webkit-border-radius: 5px;   ← WebKit系ブラウザ用のCSS機能
  -moz-border-radius: 5px;      ← Mozilla系ブラウザ用のCSS機能
}
```

　ベンダープレフィックスには他にもInternet Explorer用（**-ie-**）やOpera用（**-o-**）もあり、CSSのそれぞれのクラスに毎回この列挙を手で記述するのは「繰り返しを避けよ」の哲学に反します。
　Compassでは、Compass CSS3モジュールにある **border-radius** ミックスインのセットを使うことでブラウザごとの記述が不要になります。このモジュールをSassファイルにインポートし、ミックスインを呼び出します。次の例を見てください。

```
@import "compass/css3";
.rounded {
  @include border-radius(5px);
}
```

```
.rounded {
  -moz-border-radius: 5px;
  -webkit-border-radius: 5px;
  -o-border-radius: 5px;
  -ms-border-radius: 5px;
  border-radius: 5px;
}
```

　Sassソースでのベンダープレフィックスの繰り返しはなくなってすっきりし、**-moz-**や**-webkit-**のような有名なベンダープレフィックス以外の他のブラウザにも対応できました。この程度の繰り返しであれば手で列挙しても大したことはないかもしれませんが、4つの角のうち、左上の角だけを丸くしたい場合ならばどうでしょう。Mozilla陣営はまだ、これを実現する最適な方法について他社と歩調を合わせていないので、次のようなベンダープレフィックス付きの機能を使うことになるでしょう（2014年2月現在、MozillaもWebKitと同じ文法で記述できます）。

```
.rounded-one {
  -moz-border-radius-topleft: 5px;
  -webkit-border-top-left-radius: 5px;
}
```
ベンダープレフィックス以下の機能名も異なる

　そこでCompassの出番です。**border-corner-radius**ミックスインを使用して、1つの角のみを対象として角丸にすることが、たった1行で表現できます。Mozillaの互換モードを含め、期待どおりのCSSを得られます。

```
.rounded-one {
  @include border-corner-
radius(top, left, 5px);
}
```

```
.rounded-one {
  -moz-border-radius-topleft: 5px;
  -webkit-border-top-left-radius: 5px;
  -o-border-top-left-radius: 5px;
  -ms-border-top-left-radius: 5px;
  border-top-left-radius: 5px;
}
```

本章のまとめ

本章では、動的なスタイルシートを作成するSassの概要を見てきました。Sassの主要な4つの機能として、変数、ネストセレクタ、ミックスイン、セレクタの継承について簡単に説明しました。また、CSSリセット、グリッド、テーブルの装飾、CSS3の角丸など、Compassフレームワークに含まれるSassの応用例についても説明しました。

PART-1　SassとCompassの紹介

CHAPTER 2　基本的なSass構文

本章で学ぶこと
- 変数を使用した色、長さ、その他の値の再利用
- ルールのネスト化によるCSSへの構造の追加
- 複数のファイルへの分散による、保守しやすいスタイルシートの作成
- ミックスインと継承を使ったスタイル全体の再利用

　SassのSCSS構文は、CSS3の構文の上位互換です。つまり、CSSの読み書きができれば、Sassの読み書きの方法も基本的には理解していると言えます。

　Sassには、CSSの機能に加えて、少ない労力で多くのスタイルを表現できる機能と構文が追加されています。Sassで追加された機能は、CSSを理解していればSassを初めて見る人でも簡単に理解できます。詳しくは本章の説明を読んでください。

　初めてSassファイルを見るときは、まず見慣れているCSSの部分から始めるとよいでしょう。Sassファイルの根本的な目的は、CSSと同様にWebサイトのスタイルを作成することにあるので、スタイルを定義している部分がもっとも重要です。

　スタイルを理解したら、使われているSassの機能を見てみましょう。分からないものがあれば、本書で確認してください。本書で確認したら、それをどのようにスタイルの表現に活用できるか、考えてみてください。

　Sassを書く場合も、Sassを使うのが初めてならCSSから始めましょう。そして、Sassのどの機能で自分のCSSを改善できるかを考えます。あちこちで同じ色（またはそのバリエーション）を使っていたり、セレクタがすべて同じIDで始まっていたりするなら、Sassが役に立つはずです。

　1章ではSassの主な機能の概要を説明しましたが、本章ではさらに踏み込んで、それらの機能の詳細について説明します。まず、Sassの変数について説明します。変数は再利用をもっともシンプルに体現する基本の形式です。次に、ネストセレクタを使用してスタイルシートをスリムで読みやすくするためのさまざまな手法について説明します。さらに、スタイルシートを複数のファイルに分散して、大量のスタイルを簡単に扱えるようにする方法を紹介します。また、サイレントコメントについても簡単に触れます。サイレントコメントでSassソースファイルに入れたコメントは、Webサイトの利用者には見られることがないので便利です。最後に、ひとまとまりのスタイルを再利用する2つの方法を紹介します。1つはパターンを簡単に繰り返して使用できる「ミックスイン」で、もう1つはクラス間の関係を表現できる「継承」です。

CHAPTER 2 SECTION 1 基本的なSass構文

変数の利用

SassではCSS内で変数が使えます。変数を使用すると、繰り返し使うCSS値に名前を付け、その値を名前で参照できます。一度しか使用しない値でも、名前を付ければ値の意味が明確になります。

Sassの変数には`$`が頭に付きます（`$highlight-color`、`$sidebar-width`など）。`$`（ドル記号）はCSSの他の部分では使用されないため、区別しやすく、既存のCSS構文と競合することもありません。

> **MEMO**
> Sassの以前のバージョンでは、変数を表すのに`$`の代わりに`!`を使用していました。これを変更したのは、`!highlight-color`のような形では見づらいという理由からです。

2.1.1 宣言

まずは、変数の宣言から説明を始めます。Sassの変数の宣言は、CSSプロパティと似ています。

```
$highlight-color: #abcdef;
```

これで、変数`$highlight-color`の値が`#abcdef`になりました。CSSプロパティに使える値であれば何でも、変数の値として使用できます。複数の値を代入したい場合は、次のようにスペースやカンマで区切ります。

- `$basic-border: 1px solid black;`
- `$plain-font: "Myriad Pro", Myriad, "Helvetica Neue", Helvetica, "Liberation Sans", Arial, sans-serif; sans-serif;`

変数は宣言しただけでは何の効果もありません。後述する方法で参照する必要があります。

CSSプロパティとは異なり、変数はCSSルールの外に置くことができます。逆に、CSSルール内に置かれた場合、その変数はそのルール内（またはその子孫内。本章の2を参照）でしか利用できません。これは、`@media`ブロック、`@font-face`ブロックなどの`{ ... }`ブロック内に置かれた場合にも当てはまります。次の例を見てください。

```
$nav-color: #abcdef;         ← ❶CSSルールの外で宣言
nav {
    $width: 100px;           ← ❷navルール内で宣言
    width: $width;
    color: $nav-color;
}
```

CHAPTER 2　基本的なSass構文

　`$nav-color`変数はCSSルールの外で宣言されているため❶、`nav`ルール内の他、スタイルシート内のどこででも参照できます。これに対し、`$width`変数は`nav`ルールの`{`と`}`の囲みの中で宣言されているため❷、利用できるのはそのルール内でのみです。そのため、スタイルシートの別の箇所で`$width`を使用しても、互いに影響することはありません。

2.1.2　参照

　変数は、**1px**や**bold**などの通常のCSS値を置けるプロパティ内であれば、Sassソースファイルのどこにでも置けます。コンパイルしてCSSが生成されるときに、変数はその値に置き換えられます。後で別の値にしたくなったら、変数の値を変更すれば、その変数を参照しているすべての場所の値が変更されるわけです。

　次の例では、`$highlight-color`変数は`border`プロパティで使用されており、Sassソースファイルが CSS にコンパイルされると `#abcdef`に置き換えられます。この例では、**selected**クラスを持つ要素に、色が`#abcdef`の1ピクセルの実線の枠線が適用されることになります。

```
$highlight-color: #abcdef;
.selected {
  border: 1px $highlight-color solid;
}
```

```
.selected {
  border: 1px #abcdef solid;
}
```

　変数は、他の変数を宣言する際にも使用できます。次の例では、色彩値として`$highlight-color`変数を定義し、その変数を枠線値の`$highlight-border`変数の中で参照しています。これは、`border`プロパティを直接設定した場合と同じです。結果として、`$highlight-border`の値は`1px #abcdef solid`になり、`border`プロパティの値として使われます。

```
$highlight-color: #abcdef;
$highlight-border: 1px $highlight-color solid;
.selected {
  border: $highlight-border;
}
```

```
.selected {
  border: 1px #abcdef solid;
}
```

2.1.3　変数名：ハイフンとアンダースコア

変数の解説の締めくくりとして、変数名の特殊な挙動について説明します。

Sassの変数名には、CSSのプロパティやセレクタと同じ文字を使用できます。変数内で単語を区切る場合に、ハイフンを使う人もいれば（`$highlight-color`）、アンダースコア（`$highlight_color`）を使う人もいます。これは好みの問題ですが、ハイフンのほうが広く使用されており、本書でもハイフンを使用しています。

実際には、Sassではハイフンとアンダースコアのどちらを使用しても同じです。ハイフンを使用して宣言された変数は、アンダースコアを使用しても参照できます。その逆も同様です。例えば、次の`$link-color`と`$link_color`は同じ変数を参照しています。

```
$link-color: blue;
a {
  color: $link_color;        ── $link-colorの値「blue」に展開される
}
```

Sassでは、ミックスイン（本章の5を参照）でもSass関数（9章の3を参照）でも、ほとんどの場合はハイフンとアンダースコアは置き換え可能です。ただし、クラス、ID、プロパティ名など、純粋なCSSの部分では置き換えはできません。

変数はそれ自体でも便利ですが、Sassが提供する基本的な機能に過ぎません。変数の能力は、Sassの他の機能と組み合わせて使用して初めて完全に発揮されます。そうした機能の1つが、次に紹介するルールをネストにする機能です。

CHAPTER 2 / SECTION 2

基本的な Sass 構文

CSSルールのネスト化

CSSでもっともわずらわしい反復作業の1つは、セレクタを書くことです。特定のページ内の同じ部分を対象としたひとまとまりのスタイルを書く際、多くの場合は、次の例のように同じIDを何度も書く必要があります。

```scss
#content article h1 {
  color: #333333;
}
#content article p {
  margin-bottom: 1.4em;
}
#content aside {
  background-color: #eeeeee;
}
```

#contentというIDを何度も書く必要がある

Sassを使うと、こうした場面の入力作業を大幅に減らし、読みやすさを向上させることができます。Sassでは、ルールの中に別のルールを入れることができます。そのようなネストルールはSassがCSSに自動で展開してくれるので、入力作業を繰り返す必要がなくなるのです。例えば次のリストの左のように記述します。

```scss
#content {
  article {
    h1 {
      color: #333333;
    }
    p {
      margin-bottom: 1.4em;
    }
  }
  aside {
    background-color: #eeeeee;
  }
}
```

→

```css
#content article h1 {
  color: #333333;
}
#content article p {
  margin-bottom: 1.4em;
}
#content aside {
  background-color: #eeeeee;
}
```

変換したもの（リストの右）は、前掲したものと同じCSSとなります。この変換は内部では2つのステップで行われています。1つ目のステップでは、ネストを1つ1つ展開します。まず、`#content`（親）を受け取り、`article`と`aside`（子）の前に入れます。

```
#content article {
  h1 {
    color: #333333;
  }
  p {
    margin-bottom: 1.4em;
  }
}
#content aside {
  background-color: #eeeeee;
}
```

次に、`#content article`にはまだネストになっているルールがあるので、同じ作業を繰り返し、そのネストルールを新しいセレクタに展開します。

```
#content article h1 {
  color: #333333;
}
#content article p {
  margin-bottom: 1.4em;
}
#content aside {
  background-color: #eeeeee;
}
```

通常のCSSと同様に、ルールにはプロパティとその他のネストルールを両方含めることができます。このことは、次の例のようにコンテナー要素と子要素に別のスタイルが必要な場合に便利です。CSSに展開すると、コンテナールールとネストルールに、それぞれ別のプロパティ値が展開されます。

```
#content {
  background-color: #f5f5f5;

  aside {
    background-color: #eeeeee;
  }
}
```

→

```
#content {
  background-color: #f5f5f5;
}
#content aside {
  background-color: #eeeeee;
}
```

ほとんどの場合はこのように単純なネストで対処できますが、それでは不十分な場合もあります。`:hover`などのように、セレクタとの間にスペースを入れずに並べる必要がある擬似クラスを適用する場合には、次に紹介する特殊な記号 & を使用します。

CHAPTER 2　基本的なSass構文

2.2.1　&（親セレクタ）

　Sassでネストルールを展開する場合は、親（先の例では`#content`）と子（`article`と`aside`）をスペースで区切って結合します（`#content article`と`#content aside`）。これは、IDが`content`の要素（の子孫）内で`article`要素と`aside`要素を選択することになります。CSSではこれを「子孫結合子」と言います。しかし、Sassが結合を行う際に子孫結合子を使わせたくない場合があります。

　子孫結合子が望ましくないケースとしてとりわけ一般的なのは、リンクなどのための`:hover`スタイルを書く場面です。例えば、次のSassは正しく機能しません。

```
article a {
  color: blue;
  :hover { color: red; }  ← これは正しく機能しない。article a :hoverに展開されてしまう
}
```

　この場合、`color: red`というプロパティ設定は、`article a :hover`（つまり、ポインタが置かれている`article`内のリンクの子孫すべて）に適用されます。もちろん、これは意図した動作ではありません。つまり、子孫結合子にしたいわけではなく、`article a:hover`というようにリンク自体にスタイルを適用したいのです。

　このようなときには、「親セレクタ」という特殊なSassセレクタを使用します。親セレクタを使うと、ネストの展開方法をより細かく制御できます。親セレクタには`&`記号を使用し、`h1`などの要素名を置けるセレクタ内であればどこにでも置けます。親セレクタを含むネストルールのセレクタが展開されると、その親は子孫結合子では結合されずに、`&`が親自体に置き換えられます。

```
article a {
  color: blue;
  &:hover { color: red; }
}
```
→
```
article a { color: blue; }
article a:hover { color: red; }
```

　このように、親に`:hover`などの擬似クラスを追加する場合に特に便利です。また、親セレクタの前にセレクタを追加することも可能になります。例えば、ユーザーがInternet Explorerを使用している場合にJavaScriptを使用して`<body>`タグに`ie`クラスを追加しているのであれば、`&`を使って簡単にそれを対象にできます。

```
#content aside {
  color: red;

  body.ie & { color: green; }
}
```
→
```
#content aside {
  color: red;
}
body.ie #content aside {
  color: green;
}
```

2.2.2 セレクタグループのネスト化

　CSSでは、セレクタ**h1, h2, h3**は**h1**要素、**h2**要素、**h3**要素にマッチします。同様に、**.button, button**は、クラスが**.button**の要素と、**button**要素にマッチします。これらを「セレクタグループ」と言います。セレクタグループを含むルールは、グループにマッチするセレクタがあるすべての要素に適用されます。例えば、次のように繰り返しを削減できることになります。

```
.button {
  margin: 0;
}

button {
  margin: 0;
}
```

```
.button, button {
  margin: 0;
}
```

　しかし、実際のデザインではコンテナー内でのみ適用されるセレクタグループが何かと必要になるものです。CSSでは、グループ内のセレクタごとにコンテナーのセレクタを繰り返す必要があります。

```
.container h1, .container h2, .container h3 { margin-bottom: .8em; }
```
.containerの記述を繰り返さなければならない

　こうした場合にSassのネストルールが役に立ちます。Sassでは、ネストのセレクタグループルールを展開する際、グループ内のセレクタごとに展開してくれるので、次のように記述できます。

```
.container {
  h1, h2, h3 { margin-bottom: .8em; }
}
```
.containerの子のセレクタグループ

　内部の挙動としてはまず、**.container**と**h1**、**.container**と**h2**、**.container**と**h3**を順に結合します。そして、3つのセレクタをすべて1つの新しいグループにして、先ほど示した繰り返しを含むCSSを生成します。

　次の例のように、セレクタグループのルール内でネストになったルールも同じように展開されます。

```
nav, aside {
  a { color: blue; }
}
```

　この場合は、まず、**nav**と**a**、**aside**と**a**を順に結合します。そして、2つの新しいセレクタ

を1つの新しいグループにします。

```
nav a, aside a { color: blue; }
```

> **MEMO**
> 裏を返せば、ネストセレクタグループを使用する場合は、生成されるCSSを意識する必要があるということです。Sassはソースにおいてはテキスト量を少なく見せますが、最終的に大量のCSSを生成するスタイルの場合、それを読み込むWebサイトが重くなる可能性があります。

Sassのネストのセレクタグループを使うと、入力作業を軽減できます。特に、セレクタを2階層、3階層とネストにしている場合、通常のCSSでは、1つのグループだけでも入力量が大幅に増える可能性があります。

2.2.3 子結合子と兄弟結合子（>、+、~）

次に、セレクタ結合子（>、+、~）を使ってセレクタをネスト化する方法を解説します。

「子結合子」と「兄弟結合子」は、ブラウザに特定のコンテキストで要素を選択させるために、他のセレクタと組み合わせて使用されます。

```
article section { margin: 5px; }           ❶
article > section { border: 1px #cccccc solid; }   ❷
```

子結合子（>）は、他の要素の「直接の」子となっている要素を選択します。上記の例の❶のセレクタは、`article`要素内のすべての`section`要素にスタイルを適用します。子結合子を使った❷のセレクタは、`article`要素の直接の子である`section`要素のみを選択します。

次の例では、隣接兄弟結合子（+）によって、ヘッダー要素の「すぐ後ろ」にある段落（p要素）を選択できます。

```
header + p { font-size: 1.1em; }
```

次に示すのは一般兄弟結合子（~）の例です。これは、`article`の「後ろにあるすべて」の`article`を選択します。両者の間に別の要素があるかどうかは影響しません。

```
article ~ article { border-top: 1px #ccc dashed; }
```

> **MEMO**
> これらの結合子はSassの機能ではなく、CSSが備えている機能です。

これらの結合子はSassのネストルールとも併用できます。次のように、親の後ろ（子の前）に結合子を追加するだけです。

```
article {
  ~ article { border-top: 1px #cccccc dashed; }
   > section  { background: #eeeeee; }
  dl > {
    dt { color: #333333; }
    dd { color: #555555; }
  }
  nav + & { margin-top: 0; }
}
```

Sassはこれらのネストスタイルを展開し、次のようにセレクタを結合子で結合します。

```
article ~ article { border-top: 1px #cccccc dashed; }
article > section { background: #eeeeee; }
article dl > dt { color: #333333; }
article dl > dd { color: #555555; }
nav + article { margin-top: 0; }
```

2.2.4 ネストプロパティ

SassでネストにできるのはCSSセレクタだけではありません。プロパティもネストにできます。プロパティの繰り返しはセレクタほど深刻ではありませんが、例えば、**border-style**、**border-width**、**border-color**、その他各種の**border-**系のプロパティをすべて入力するのは面倒です。次の例を見てください。Sassでは、**border:** と一度入力するだけで済んでしまいます。

```
nav {
  border: {
    style: solid;
    width: 1px;
    color: #cccccc;
  }
}
```

→

```
nav {
  border-style: solid;
  border-width: 1px;
  border-color: #cccccc;
}
```

プロパティをネストにするには、CSSのプロパティを-の箇所で分割し、ルートプロパティ（**border**）の後ろに：を追加して、ルートプロパティ直下のブロックにサブプロパティ（**style**、**width**、**color**）をネストにします。ネストのCSSセレクタと同様、Sassはサブプロパティを展開して、-で親と子を結合したCSSプロパティを自動的に生成します。

短縮形のプロパティも記述できます。例外はネストにして、後ろに続けて記述します。

CHAPTER 2　基本的なSass構文

```
nav {
  border: 1px #cccccc solid {    ── borderの短縮型でまず定義
    left: 0px;    ┐
    right: 0px;   ┴── 左右の枠線のプロパティを例外で指定
  }
}
```

こうしたほうが、次のようなCSSを書くよりも簡潔で分かりやすいでしょう。

```
nav {
  border: 1px #ccc solid;
  border-left: 0px;
  border-right: 0px;
}
```

　プロパティとセレクタのネストの利点は、入力量を減らせることだけではありません。インデントされた構造はスタイルの構造を反映することになるので、スタイルシートが読みやすくなり、また扱いやすくもなります。
　しかし、大きなスタイルシートを把握するには、これでも不十分な場合があります。大量のスタイルを扱うには、それらを複数のファイルに分割するしかない場合もあります。Sassでは、次に紹介するCSSの`@import`ルールの改良版で、この問題に対処しています。

CHAPTER 2　SECTION 3　基本的なSass構文

Sassファイルのインポート

　CSSの`@import`ルールを使えば、1つのCSSファイルに他のファイルで定義されたすべてのスタイルを取り込むことができます。しかし、この機能はさほど使われてはいません。`@import`ルールを使うとブラウザが追加でCSSファイルをダウンロードする必要があり、結果的にページの読み込みが遅くなってしまうので、実用的とは言えないのです。

　Sassにも`@import`ルールがありますが、SassはCSSへのコンパイルを行う際にインポートを実行します。つまり、すべてのスタイルが1つのCSSファイルに収まるので、ブラウザが追加でダウンロードを行う必要がなくなり、CSSの`@import`ルールの問題は解消されます。さらに、インポート元のファイルで定義されているすべての変数とミックスイン（本章の5を参照）をインポート先でも利用できます。

　Sassの`@import`は、インポートされるファイルの完全な名前の指定を必要とせず、拡張子の.sassや.scssは省略できます（図2.1を参照）。例えば、`@import "colors";`という行によって、colors.scssのすべてのスタイルが現在のスタイルシートに組み込まれます。

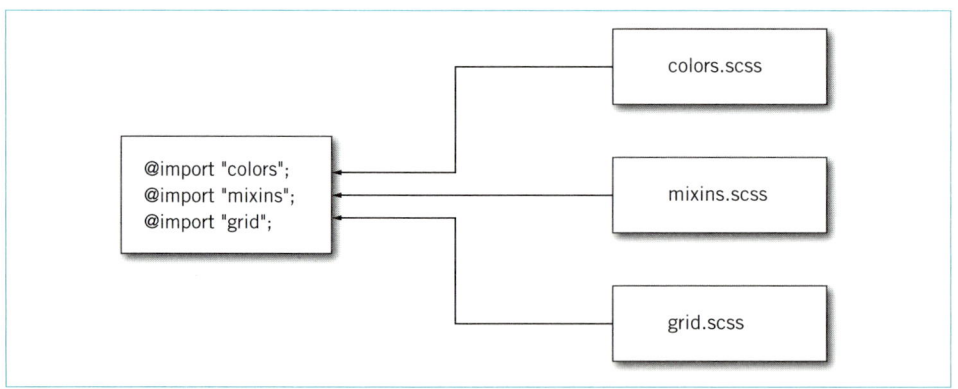

図2.1　Sassファイルのインポート

　本節では、`@import`を使って多数のSassファイルを一括して管理する方法を説明します。まず、インポートするためだけに利用するファイルの作成方法を説明します。大きなSassプロジェクトでは、このようなファイルを作成することが一般的です。次に、インポートしたファイルを使ってスタイルを再利用しやすくする方法をいくつか紹介します。これには、カスタマイズ可能な変数の宣言、1つのセレクタの範囲内でインポートする方法などが含まれます。最後に、CSSの`@import`ディレクティブをSassで利用する方法を説明します。

2.3.1 Sassのパーシャルの使用

　一般的に、`@import`を使用してSassのスタイルを複数のファイルに分割するのは、いくつかのCSSファイルを生成するためです。一方、`@import`をするためだけに作成し、個別のCSSファイルに変換しないSassファイルを「パーシャル（partial）」と言います。この場合のファイルの命名ルールには特別なルールがあります。

　Sassでは、パーシャルのファイル名はアンダースコア（_）で始めることになっています。こうすると、Sassのコンパイル時に、パーシャルごとの個別のCSSファイルは生成されず、インポートのみに利用されます。Sassでは、パーシャルの`@import`を行うときに、_を省略することもできます。例えば、themes/_night-sky.scssというパーシャルの変数をインポートするには、スタイルシートに`@import "themes/night-sky";`を追加します。

　パーシャルは、複数のファイルから取り込むこともできます。これは、複数のページやプロジェクト間で共通のスタイルがある場合に便利です。もし、インポートする側のスタイルシートでスタイルを微調整できるほうが便利な場合には、次に説明するデフォルト変数値を使用します。

2.3.2 デフォルト変数値

　1つの変数を繰り返し宣言すると、最後の宣言が変数の最終的な値になります。例を次に示します。

```
$link-color: blue;          ❶ $link-colorの値はblue
$link-color: red;           ❷ $link-colorの値はred
a {
  color: $link-color;       $link-colorの値は❷のred
}
```

　この例では、リンクの`color`は`red`に設定されます。しかし、常に最後に設定した値にしたいとは限りません。`@import`されるSassファイルを書いているときに、インポート先の値を置き換えないように記述したい場合もあります。そのような場面では、Sassの`!default`フラグを使います。このフラグは、変数に対して`@important`の逆のような役割を果たします。つまり、「この変数がすでに宣言されていたらそのままにし、宣言されていなければこの値を使用する」ということを指示します。

　次に示すパーシャルの例では、ユーザーがこのパーシャルを`@import`する前に`$fancybox-width`を設定していた場合は、`!default`フラグがあるため、`400px`の宣言は無視されます。ユーザーが`$fancybox-width`の値を設定していない場合は、デフォルト値`400px`が使用されます。

```
$fancybox-width: 400px !default;    ここまでに$fancybox-widthが設定されていない場合に
                                    限り、400pxを設定

.fancybox {
```

```
    width: $fancybox-width;
}
```

2.3.3 ネストインポート

次に、パーシャルを1つのセレクタの範囲内にインポートできるようにする「ネストインポート」について説明します。通常のCSSと同様に、SassではCSSルール内に`@import`を置くことができます。インポートされた文書のスタイルは、それ自体がルール内にネストにされているかのように展開されます。例えば、_blue-theme.scssという名前のパーシャルファイルに次のスタイルが含まれているとします。

```
aside {
  background: blue;
  color: white;
}
```

これを、他の人が次のようにインポートしたとします。

```
.blue-theme { @import "blue-theme"; }
```

すると、次のように、最初に記述された`.blue-theme`ルール内に_blue-theme.scssの内容を書いたのと同じ効果になります。

```
.blue-theme {
  aside {              ┐
    background: blue;  │ _blue-theme.scssの内容
    color: white;      │
  }                    ┘
}
```

`@import`されたファイルで定義されている変数やミックスイン(本章の5を参照)も、ルール内で使用できます。ただし、そのルール外では使用できません。このため、変数を使用して構成されたカラーテーマなどのスタイルをサイトの特定の箇所にだけ適用する場合には、ネストインポートが便利です。

2.3.4　CSSのインポート

ブラウザで実行されるCSSの`@import`機能を使用するほうが便利な場合もあります。SassはCSSと互換性があるので、通常のCSSの`@import`にも対応しています。ただし、デフォルトの挙動ではSassファイルを探してインポートしようとするので、次の3つの方法のいずれかでそれを回避する必要があります。

- インポートするファイル名の最後に.cssを追加する。
- インポートするファイル名をURL（「http://sass-lang.com/stylesheets/application.css」など）にする。
- インポートするファイル名をCSSの`url()`の値にする。

> **MEMO**
> インポートするファイル名をURLにすることで、例えばSassファイル内でGoogleのFont APIなどのWebサービスを利用できます。

つまり、（Sassのではなく）CSSの`@import`であることを認識させない限り、CSSファイルを直接インポートすることはできないというわけです。ただし、SassはCSSとの互換性があるので、ファイルの拡張子を.scssに変更してインポートすることは可能です。インポートは、Sassコードを保守しやすく理解しやすい状態に保つ上で重要です。

CHAPTER 2　SECTION 4　基本的なSass構文

サイレントコメント

　次に、コメントについて説明します。コメントでは、スタイルを整理したり、過去の履歴を残したり、注釈を付けたりすることができ、スタイルを書いたときに考えていたことを把握しやすくなります。しかし、CSSのスタイルシートの内容は、コメントを含めてブラウザで簡単に見ることができてしまい、不都合になることもあります。

　Sassでは、標準的なCSSの`/* ... */`コメントに加え、コンパイル後のCSS出力には含まれない「サイレントコメント」というコメント形式も記述できます。サイレントコメントは、JavaScript、Java、C言語などで使われている1行コメントと同じ形式で、`//`で始まり、行の終わりまで続きます。

```
body {
  color: #333333; // CSSに出力されない       ── サイレントコメント
  padding: 0;    /* CSSに出力される */        ── 通常のコメント
}
```

　裏技として、CSSスタイルの`/* ... */`コメントもサイレントにできます。次の例のように、コメントを置くべきではない場所（基本的には、CSSのプロパティやセレクタを置くことが認められない場所）に記述すれば、SassはそれをCSS出力にどのように展開すればよいのか分からないので単に破棄します。

```
body {
  color /* CSSに出力されない */: #333333;
  padding: 1em /* CSSに出力されない */ 0;
}
```

CHAPTER 2 SECTION 5

基本的な Sass 構文

ミックスインの紹介

ここまで、Sassを整理し、読みやすくする3つの基本的な方法（ネスト化、インポート、コメント）については説明しました。次は、スタイルを整理するのに役立つだけでなく、スタイル全体の質を向上させる機能について説明します。1つ目は、ミックスインを使用して繰り返し登場するスタイルを省略する方法です。

サイト全体でちょっとしたスタイルの類似性（全体的に使用する色とフォントなど）がある場合は、それらを管理するのに変数が便利です。しかし、スタイルがもっと複雑になると、個別の値の再利用だけでは不十分になり、ひとまとまりのスタイルを再利用する必要があります。Sassでは、そのためにミックスインを使用します。

ミックスインは、`@mixin`ルールを使用して定義します。これは、`@media`やCSS3の`@font-face`など、CSSの@ルールと同様です。スタイルシート全体でスタイルを簡単に再利用できるよう、ひとまとまりのスタイルに名前を付けます。次のSassコードは、CSSルールにクロスブラウザの角丸を追加するシンプルなミックスインを定義しています。

```
@mixin rounded-corners {
  -moz-border-radius: 5px;
  -webkit-border-radius: 5px;
  border-radius: 5px;
}
```

このミックスインは、`@include`ルールを使ってスタイルシートのどこででも利用でき、ミックスイン内のすべてのスタイルが`@include`された場所に取り込まれます。例えば、次のように記述します。

```
.notice {
  background-color: green;
  border: 2px solid #00aa00;
  @include rounded-corners;
}
```

これは、次のように変換されます。

```
.notice {
  background-color: green;
  border: 2px solid #00aa00;
  -moz-border-radius: 5px;          ┐
  -webkit-border-radius: 5px;       ├ rounded-corners ミックスインの内容
  border-radius: 5px;               ┘
}
```

```
}
```

　`.notice`内の`border-radius`、`-moz-border-radius`、および`-webkit-border-radius`プロパティはすべて、`rounded-corners`ミックスインから取り込まれています。本節では、ミックスインを使用して繰り返しを避ける方法について解説します。さらに、引数を使用すると、ミックスインでスタイルの共通のパターンを抽象化することができるので、別の場所で簡単に再利用できます。

2.5.1　ミックスインを使用すべき状況

　実際のところ、ミックスインは非常に便利なので、ついつい使ってしまいます。しかし、使いすぎると大量のCSSが生成され、ダウンロードが遅くなってしまうこともあるので、まずはミックスインを使用すべき状況について説明します。

　ミックスインを使用すれば、スタイルシートのさまざまな部分でスタイルを簡単に共有できます。基本的に、ルール間で繰り返し使用しているスタイルであれば、良いミックスインになります。そのスタイルのプロパティのグループがひとまとまりの意味になっている場合は特にそうです。

　プロパティのグループがミックスインとして意味をなすかどうかを判断する1つの基準として、良い名前を思い付くかどうかが挙げられます。プロパティのグループによってスタイルを示す適切な名前を思い付くなら（例えば`rounded-corners`、`fancy-font`、`no-bullets`など）、おそらく良いミックスインになります。名前を思い付かないなら、そのミックスインは必要ないでしょう。

　いくつかの点において、ミックスインはCSSクラスによく似ています。どちらもひとまとまりのスタイルに名前を付けることができるため、どちらを使用するべきか迷う状況もあります。もっとも重要な違いは、クラスはHTMLコンテンツで使うことを想定しているのに対し、ミックスインはスタイルシート内でスタイルを共有するという点です。したがって、HTML要素の見た目ではなく、その意味を示したほうがよく、ミックスインはCSSルールの見た目を示すために使ったほうがよいことになります。

　前掲の例では、`.notice`は意味的なクラス名です。HTML要素に`class="notice"`がある場合、それはその要素の意味（ユーザーに対する何らかのメッセージ）を示していると考えられます。同様に、`rounded-corners`ミックスインは表示方法であり、それを含むルールの見た目のスタイル（角）を示します。

　ミックスインとクラスを同時に使用すれば、ミックスインで繰り返しを避けつつ、意味を表すクラスを使用してきれいなHTMLとCSSを書くことができます。HTMLとCSSを読みやすくかつ保守しやすくすることに加え、この相違点に注意することで、HTMLとCSSを書く際にスタイルについて考えることが簡単になります。

2.5.2 ミックスイン内のCSSルール

ミックスインには、プロパティ以外のものも含めることができます。例えばCSSルールや、Sassのセレクタとプロパティを含めることが可能です。例としてまず、リスト2.1に**no-bullets**ミックスインを示します。

リスト2.1　ルールを含むミックスイン（no-bulletsミックスイン）

```
@mixin no-bullets {
  list-style: none;
  li {
    list-style-image: none;
    list-style-type: none;
    margin-left: 0px;
  }
}
```

CSSルールを含むミックスインが親ルールに`@include`されると、そのミックスイン内のルールはその親の中でネストにされます。リスト2.1の**no-bullets**ミックスインを使用している次のSassコードを見てみましょう。

```
ul.plain {
  color: #444;
  @include no-bullets;
}
```

Sassの`@include`ディレクティブは、ミックスインを展開します。前掲の例からは、リスト2.2のようなCSSが生成されます。

リスト2.2　no-bulletsをul.plainに展開したCSS

```
ul.plain {
  color: #444;
  list-style: none;
}
ul.plain li {
  list-style-image: none;
  list-style-type: none;
  margin-left: 0px;
}
```

― no-bullets ミックスインの内容が展開された

ミックスイン内のルールでは、Sassの親セレクタ（`&`）も利用できます。ミックスイン以外で

使用された場合と同様に、Sassがネストルールを展開するときに親セレクタで置き換えられます。

2.5.3 ミックスインへの引数の指定

ミックスインは単純に同じスタイルを生成するだけではありません。「引数」により`@include`する側がミックスインの生成するスタイルをカスタマイズできます。例えばミックスインが`@include`される際のCSS値を、変数で指定できます。

```
@mixin link-colors($normal, $hover, $visited) {     ← link-colorsミックスインは3つの
  color: $normal;                                       引数をとる
  &:hover { color: $hover; }
  &:visited { color: $visited; }
}
```

ミックスインを`@include`するときに、CSS関数に渡す場合と同じように引数を渡せます。次に例を示します。

```
a {
  @include link-colors(blue, red, green);
}
    $normalにblue、$hoverにred、$visitedにgreenが入る
```

→
```
a { color: blue; }
a:hover { color: red; }
a:visited { color: green; }
```

ミックスインを`@include`していると、各引数の意味とそれが入る順番を把握しにくくなることがあります。その場合には、次の例のように、**$変数名: 値**という構文を使用して引数に明示的に名前を付けることができます。名前を付けた引数は、すべて揃ってさえいれば、どのような順番でも構いません。

```
a {
  @include link-colors(
    $normal: blue,
    $visited: green,
    $hover: red
  );
}
```

引数を使用してミックスインをカスタマイズできるようにするのは良いことですが、カスタマイズが必要ない場合でも引数をいちいち指定するのがわずらわしい可能性もあります。このような場合には、引数に対してデフォルト値を宣言できます。

2.5.4 デフォルト引数値

引数には「デフォルト値」を指定できます。デフォルト値は、ミックスインが`@include`されたときに、未指定の引数があった場合に適用されます。デフォルト引数は`$name: default-value`という形をとります。通常はCSS値を指定しますが、リスト2.3のように、他の引数を指定することもできます。

リスト2.3　引数のデフォルト値の設定

```scss
@mixin link-colors(
  $normal,
  $hover: $normal,      // 指定されなかった場合は1つ目の引数（$normal）と同じ値にする
  $visited: $normal
) {
  color: $normal;
  &:hover { color: $hover; }
  &:visited { color: $visited; }
}
```

この場合は例えば`@include link-colors(red)`とした場合、`$hover`と`$visited`も自動的に`red`になります。

CHAPTER 2 / SECTION 6　基本的なSass構文

セレクタの継承を使用したCSSの削減

　最後に「セレクタの継承」を使って、繰り返しを減らす方法を解説します。セレクタの継承は、Nicole Sullivanが提唱したオブジェクト指向CSS（https://github.com/stubbornella/oocss/wiki）の概念に基づくもので、セレクタが他のセレクタに対して定義されたすべてのスタイルを継承する機能です。次のように、@extendルールを使用して継承元を宣言します。

リスト2.4　セレクタの継承を使用したスタイルの拡張

```
.error {
  border: 1px red solid;
  background-color: #ffdddd;
}
.seriousError {
  @extend .error;       ←.errorセレクタを継承
  border-width: 3px;
}
```

　これは、.seriousErrorが、別に定義された.errorのすべてのスタイルを継承することを意味します。これにより、class="seriousError"を持つHTML要素は、class="error seriousError"と記述したのと同じ効果になります。この例では、.errorに定義されたスタイルが適用されて枠線の色が赤、要素の背景がピンクになるだけでなく、.seriousErrorに定義されているように枠線は1ピクセルではなく3ピクセルになります。
　.seriousErrorは、単に.error自体のスタイルを継承するだけではありません。.errorに関係するCSSルールは、.seriousErrorに対しても機能します（リスト2.5）。

リスト2.5　.seriousErrorの.errorからの継承

```
.error a {                    ←.seriousError aにも適用される
  color: red;
  font-weight: bold;
}

h1.error {                    ←h1.seriousErrorにも適用される
  font-size: 1.3em;
}
```

この例では、`class="seriousError"`を持つ要素内のリンクも赤で太字になります。

本節では、まず、ミックスインではなく、継承を使用するのが適切な状況について見ていきます。次に、継承の機能の詳細を説明する前に、継承の高度な活用方法について触れます。最後に、継承を使用する際の潜在的な落とし穴とその対処法について説明します。

2.6.1 継承を使用すべき状況

いくつかの点で、継承とミックスインの機能は非常に似通っています。そのため、まずどちらを使用するのが有効かを把握することが重要です。

本章の5-1では、ミックスインは見た目を共有するべきものであるのに対し、クラスは意味を表現するものであると述べました。継承はクラス間の（場合によっては、クラスと他の種類のセレクタ間の）関係であるため、その関係は意味のレベルで捉えられます。要素が1つのクラスを持つ（`.seriousError`など）ということが、他のクラス（`.error`など）も持つことを意味する場合には、継承を使用する必要があります。

これは重要なポイントなので、別の視点からも見てみましょう。ページをデザインしていてクラスを追加しようとしているとき、クラスの1つ（`.seriousError`）が他のクラス（`.error`）をより具体的に表現していると気付いた状況を考えてください。

- 両方のクラスに同じスタイルを書くことはできますが、繰り返しが多くなります。Sassを使用すれば、繰り返しを避けることができます。
- セレクタグループ（`.error, .seriousError`）を使用して、両方のセレクタに同じルールを書くことができます。これは`.error`のすべてのスタイルが1か所にまとまっている場合には良い方法ですが、`.error`がスタイルシートで多用されている場合はかなり難しくなります。
- ミックスインを使用して、両方のクラスに同じスタイルを適用できます。これは有効な方法ですが、`.error`がスタイルシートで多用されている場合は、セレクタグループと同じ問題が発生します。また、2つのクラスがたまたま同じスタイルになっているわけではないので、その関係をより明確に表現できなければなりません。
- そこで、`@extend`を使用します。`.seriousError`が`.error`を継承すると、それらの間の関係が明確になります。もっと重要なのは、スタイルシートで使用した`.error`はすべて、`.seriousError`にも適用されるということです。

これで、継承を使用するべき状況と特に有効な継承の用途について理解が深まったので、次はより高度な使用方法について見ていきましょう。

2.6.2 高度な継承

`@extend`はすべてのCSSルールの中で使用できます。また、ほとんどのCSSルールを`@extend`で継承することができます。ほとんどの場合は1つのクラスを継承するだけですが、それ以上のことが必要になる場合もあります。高度な使用法として一般的なのは、HTML要素の継承です。デフォルトのブラウザスタイルはスタイルシートの一部ではないため継承されませんが、自分で書いたスタイルならば継承されます。

次のスタイルは、リンク要素の`a`を拡張することで要素をグレー表示のリンクのように表示する、`disabled`と呼ばれるクラスを定義しています。

```
.disabled {
  color: gray;
  @extend a;
}
```

あるルールで複雑なセレクタを`@extend`しようとするときには、そのセレクタに完全にマッチするスタイルのみが継承されます。例えば、`.seriousError`が`.important.error`を`@extend`した場合、`.important.error`と`h1.important.error`のスタイルは継承されますが、`.important`と`.error`のスタイルは継承しません。`.seriousError`で`.important`と`.error`をそれぞれ`@extend`したいという意図とは異なります。

セレクタシーケンス（`#main .seriousError`）が他のセレクタ（`.error`）を`@extend`した場合、`#main .seriousError`にマッチする要素のみ、`.error`のスタイルを継承します（クラスが1つの場合と同様）。`.main`の外の`class="seriousError"`を持つ要素は影響を受けません。

`@extend`できないのは、`#main .error`などのセレクタシーケンスだけです。これは、たいてい`#main .error`に継承されるスタイルが`.error`自体のスタイルとほぼ同じであり、区別が付きにくいからです。

2.6.3 継承の働き

変数やミックスインとは異なり、継承は単に`@extend`をCSSスタイルに置き換えるだけのものではありません。予想外のCSSが生成されないように、内部で何が行われているかについて理解しておくことが重要です。

`@extend`の背景にある基本的な考え方は、`.seriousError`が`.error`を`@extend`した場合、`.error`がスタイルシートに現れるたびに`.error, .seriousError`に置き換えられるというものです。つまり、CSSルールが`.error`と`.seriousError`の両方に適用されるということです。`h1.error`、`.error a`、`#main .sidebar input.error[type="text"]`などのように、`.error`が組み合わされたセレクタに現れる場合はややこしくなりますが、Sassの場合はそれを気にする必要はありません。

これが実際に及ぼす影響のうち、知っておくべき重要な事柄が2つあります。

- ミックスインとは異なり、継承が生成する追加のCSSは比較的小さなものです。セレクタのみを繰り返し、プロパティは繰り返さないため、継承を使用すると、ミックスインを使用した場合よりもCSSがかなり小さくなります。この点は、Webサイトの処理速度を気にする場合に重要です。
- 継承は「カスケード」の動作をします。2つの異なるCSSルールが同じHTML要素に適用されていて、それぞれが同じプロパティに対して異なる値を持っている場合、CSSがどちらを適用するかを決定する方法がカスケードです。通常はより限定的なセレクタが優先され、これが適用できない場合は、スタイルシートで最後に現れるルールが適用されます。

ミックスインではCSSルール内にスタイルを入れることでカスケードを避けられますが、継承の場合はカスケードが問題となります。継承されたスタイルの場合は、@extendしたセレクタにどこかで定義が行われると、同じ限定範囲で定義されてしまいます。通常、これによって問題が発生することはありませんが、注意しておくに越したことはありません。

2.6.4 継承使用時のベストプラクティス

継承を使用すると、通常は大量のCSSプロパティはコピーされずセレクタだけがコピーされるため、CSSの質が向上し、スリム化されます。しかし、注意しておかないと、大量のセレクタがコピーされる事態になる可能性もあります。

そのような事態を避けるもっとも良い方法は、`.foo .bar`などの子孫セレクタを持つCSSルールでは、`@extend`を使用しないようにすることです。もしそのように使用し、さらに`@extend`が子孫セレクタでも使われてしまうと、セレクタのサイズはすぐに手に負えないレベルに達する可能性があります。

次の例を見てください。

```
.foo .bar { @extend .baz; }

.bip .baz { a: b; }
```

この例では、`.baz`に適用されるスタイルは`.foo .bar`（`class="foo"`を持つ要素内の`class="bar"`を持つ要素）にも適用されます。そして、`.bip .baz`（`class="bip"`を持つ要素内の`class="baz"`を持つ要素）に適用されるCSSルールが生成されます。このルールが`.foo .bar`に適用される3つのケースを見てみましょう。

リスト2.6　複雑になりやすい継承

```html
<!-- Case 1 -->
<div class="foo">
  <div class="bip">
    <div class="bar">...</div>
  </div>
</div>
<!-- Case 2 -->
<div class="bip">
  <div class="foo">
    <div class="bar">...</div>
  </div>
</div>
<!-- Case 3 -->
<div class="foo bip">
  <div class="bar">...</div>
</div>
```

Sassでは、これに対して3つの新しいセレクタが生成されます。どちらかのルールがもっと長ければ、その数はかなり大きくなります。Sassは必ずしもすべてのセレクタの組み合わせを生成するわけではありませんが、数はかなり大きくなる可能性があるため、可能な限りこのような状況は避けたほうが良いでしょう。

本章のまとめ

本章では、SassとCompassの基本的な機能を紹介しました。ここで説明した機能を使用すれば、Sassを使ってスマートで繰り返しの少ないCSSを書くことができます。Sassの提供する機能を習得し、それぞれを使用すべき状況の判断基準についても理解できました。

変数は、Sassが提供するもっとも基本的な機能です。これにより、スタイルシート全体または1つのルール内で個別のCSS値を再利用できます。変数、ミックスイン、それにSassファイル名では、「-」と「_」は同じものとして扱われます。

Sassのネストも基本的な機能です。CSSルールは別のCSSルールの内部にネストで置くことができます。これにより、共通のセレクタを繰り返し入力する必要がなくなり、スタイルシートの構造を一目で分かりやすくできます。また、Sassには、ネストをさらに便利にする特殊な親セレクタ参照文字「&」もあります。

Sassのスタイルシートのインポートも重要な機能です。これによって、1つのCSSファイルを別の複数のSassファイルから組み合わせて生成し、CSSの@importにあったようなパフォーマンスの低下の影響を受けずに多くのCSSファイルを簡単に扱うことができます。ネストインポートとデフォルト変数値があれば、インポートによってカスタマイズ可能なスタイルシートを作成できます。

ミックスインを使用することで、表示スタイルの繰り返しを避けたスタイルシートを書くことができます。スタイルシートとCSSをできる限り保守しやすくするため、ミックスインを使用して繰り返しを減らす方法や、それを使用すべき状況についても解説しました。

最後に、ミックスインと対にして考慮すべきセレクタの継承について説明しました。継承を使用することで、クラス間の関係を宣言し、それらの関係を使用してCSSをスリムかつ保守しやすい状態にできます。

PART-2：SassとCompassの実践

　PART 1では、SassとCompassの概要について説明し、Sass構文の主な機能を紹介しました。ここでは、基本から実践へと移り、SassとCompassを使用して現実の問題を解決していきます。このPARTの3つの章では、SassとCompassの実用的価値、面倒な作業の効率化、スタイルシートの効率化を扱います。

　3章では、Webデザインとレイアウトにおいて非常に重要な要素であるグリッドレイアウトを、Compassを使ってシンプルかつ柔軟に表現する方法を説明します。従来のCSSグリッドシステムでは、クラス名をHTMLコンテンツに山ほど盛り込む必要がありましたが、ここではCompassでコンテンツ側は加工せずにグリッドレイアウトのBlueprintと960 Grid Systemを実現する手法を説明します。また、Compassのタイポグラフィヘルパーを使用して「バーティカルリズム」を保つ方法について説明します。

　4章では、Compassの内部に踏み込み、繰り返しの多いスタイルシートの作成で面倒な作業を効率化できるCompassのミックスインを紹介します。Compassには、動的なミックスインにまとめられた便利なスタイルパターンが用意されています。本章では、ブラウザのデフォルトのスタイルをリセットして古いブラウザでHTML5のリセットに対応する方法や、リンク、横方向のリスト、インラインリスト、その他にもタイポグラフィやレイアウトのパターンのスタイル付けに役立つミックスインを紹介します。

　5章では、CompassのミックスインがクロスブラウザCSS3の作成における悩みをどのように解消してくれるかを述べます。ベンダープレフィックスやブラウザの実装変更への対応にわずらわされることなく、ボックスシャドウ、角丸、グラデーションを使った最先端のCSS3スタイルシートをSassで簡単に作成できることが本章で分かります。次に、Compassによる@font-faceの簡略化のテクニックを述べます。さらには、CSS PIEによって古いバージョンのInternet Explorerでも、いくつかのCSS3機能に対応できるようにする手法を説明します。

　このPARTを終えれば、Compassがスタイルシートの制作ワークフローによく馴染み、日々の問題を解決してくれることを深く理解できるでしょう。また、動的なスタイルシートの有効性や、少ない労力で優れたスタイルシートを作成する方法についてもさらにしっかりと把握できるはずです。

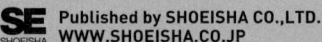

PART-2　Sass と Compass の実践

CHAPTER 3　数式を使用しない CSS グリッド

本章で学ぶこと
- グリッド理論の基本とグリッドを利用する状況
- Compass を使って CSS グリッドフレームワークを利用する方法
- タイポグラフィヘルパーを使った、レイアウトのバーティカルリズムの維持

CHAPTER 3　SECTION 1　数式を使用しない CSS グリッド

グリッドの概要

　余白は、非常に重要であるにもかかわらず、優れた Web デザインでも十分に活用されているとは言い難い要素の 1 つです。余白（ネガティブスペース）は、レイアウトとコンテンツにおける要素間の領域です。余白によって、種類の異なる情報の間に区切りができ、視覚的にコンテンツを把握しやすくしたり、より重要な項目に注意を集めたりできます。

　「グリッド」は、コンテンツのカラムと行に加え、余白、ガターなどのその他の空白要素のサイズを統一することで、Web ページの空白スペースの効率的な使用に役立つレイアウトフレームワークです。

　グリッドは、印刷機の発明以来、印刷の分野では一般的になっていますが、Web デザインの分野で注目を集め始めたのはここ数年の話です。デザインにおける空白スペースの利用に関するベストプラクティスが実現できることに加え、CSS グリッドによってコンテンツエリアの幅を素早く調整できるので、新しいレイアウトのプロトタイプを迅速に作成できます。

3.1.1　CSS グリッドなくして益ある設計なし

　余白の統一は単なる見た目の美しさの問題ではなく、コンテンツの把握と理解において実用的価値があります。ページ上のオブジェクト間の空白には目が行くものであり、余白に均一ではない部分があるとそこに注意が引き付けられます。これは良い場合も悪い場合もありますが、あまりにも注意を引くものが多いと、ノイズにしか感じられません。

　罫紙に書かれた短い文章と白紙のメモに書かれたものを比べて見れば、罫紙の線の重要性は一目瞭然です。後者のように均一なベースラインがない場合、文字を書くことは難しくなり、そ

CHAPTER 3 数式を使用しないCSSグリッド

の読みやすさも大きく損なわれます。同様に、グリッドなしでデザインすると、サイズが不均一で、配置も適当になり、デザインのインパクトが大幅に下がります。CSSグリッドフレームワークは、均一性を保つ基準となる線を引いてくれるため、レイアウトを目分量で測るリスクを冒す必要がなくなります。それでは、簡単なグリッドの例を見ていきましょう。

3.1.2 グリッドシステムとフレームワークの概要とその動作

グリッドを使ったことがなければ、まずは実際のグリッドレイアウトを見てみましょう。今インターネット接続ができる状態であれば、CSSグリッドレイアウトを効果的に使用したGeoffrey GrosenbachのすばらしいPeepCodeブログ (http://blog.peepcode.com/archives) を見てみましょう。

> **MEMO**
> 本書執筆時点以降での該当サイトの変更に伴い、本書に掲載されているレイアウトのブログはなくなっており、Ctrl＋Gキーによるグリッドレイアウトの表示も行われません。

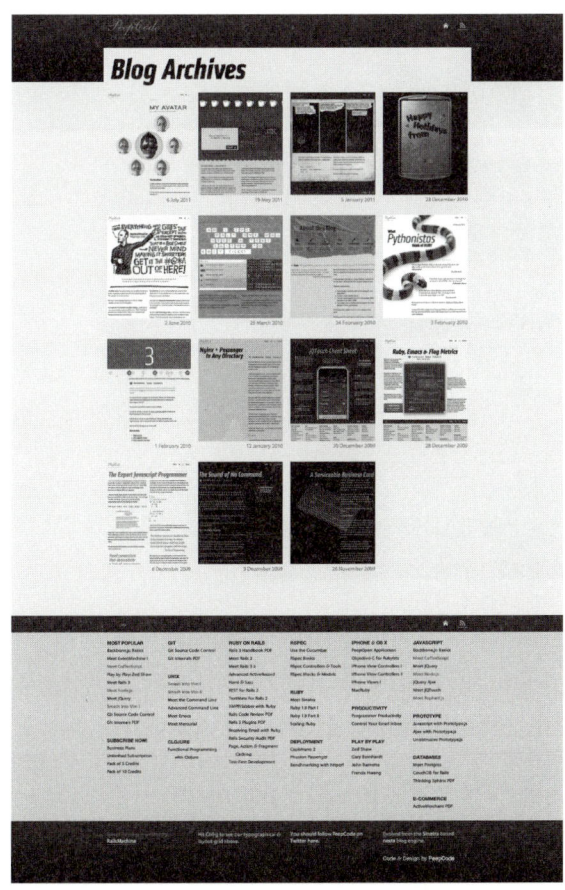

図3.1 PeepCodeブログにおけるCSSグリッドの使用

図3.1を見てください。グリッド内にカラムは何列ありますか？ 4カラムと答えたなら、部分的には正解です。確かにサムネイルのカラムは4つありますが、フッターに目を向けてみましょう。そこにはリンクのカラムが6つあります。ここでCtrl＋Gキーを押すと、Geoffreyが仕込んだイースターエッグが作動し、基盤となっているグリッドレイアウトが表示されます（図3.2を参照）。

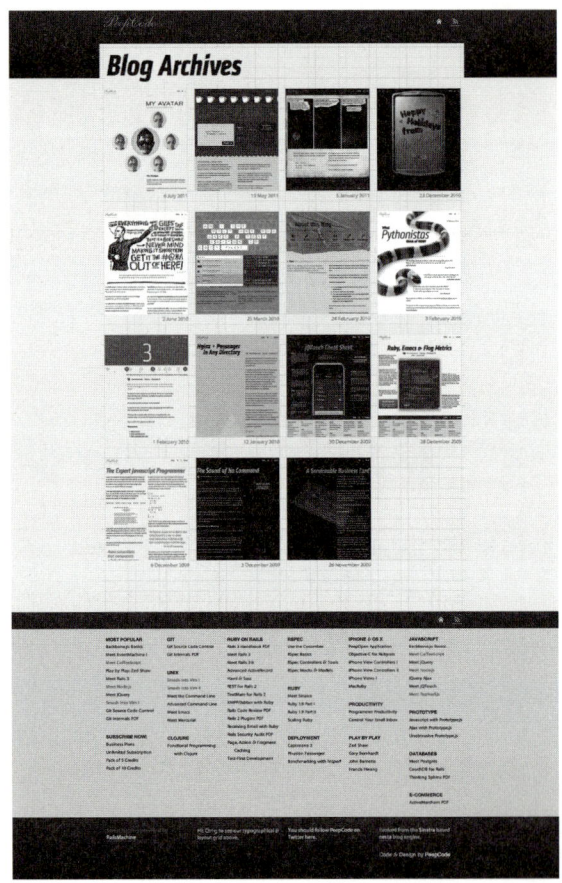

図3.2　表示されたグリッド

紙面では小さくて見えづらいのですが、実際には12カラムあることが分かります。各サムネイルの幅は3カラム分（3カラム分×3個＝12カラム）であり、フッターの各カラムの幅は2カラム分（2カラム分×6個＝12カラム）です。このタイプのレイアウトの利点は、単純に見た目が良い画像の配置ができるだけに留まりません。Geoffreyのアーカイブの記事にアクセスする（そして、Ctrl＋Gを押す）と、同様のグリッドが使用されていることが分かります（図3.3を参照）。

| CHAPTER 3 | 数式を使用しないCSSグリッド |

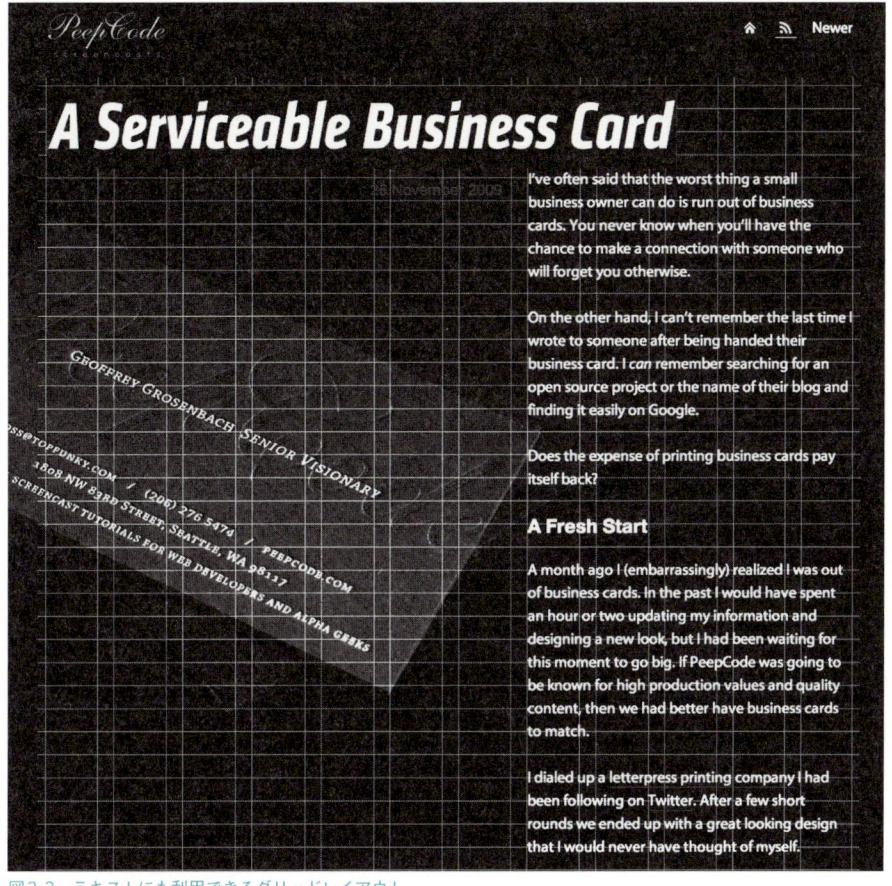

図3.3 テキストにも利用できるグリッドレイアウト

　図3.3の記事の幅は5カラム分しかありません。このレイアウトでは、7カラム分のネガティブスペースを使用しており、そこにこの記事のコンテンツを飾るデザインとして名刺の背景画像を入れています。
　これでグリッドの利点は分かったと思いますが、では、SassとCompassが入る余地はどこにあるのでしょうか。

3.1.3　SassとCompassを使用したグリッド

　グリッドは、コンテンツおよびコンテナーの要素が定義するシンプルかつ数学的な仕切りです。手動でカスタムグリッドの幅のクラスをまとめるのはとてもわずらわしいのですが、Compass（およびSass）はグリッドに関するすべての計算を代わりに行ってくれます。グリッドレイアウトの構築には、CSSクラスやSassのミックスインを使用できます。Sass変数を使えば、グリッドを容易に構成し、いくつかの変数を変更するだけで新しいレイアウトを試せます。

CHAPTER 3 SECTION 2 数式を使用しないCSSグリッド

グリッド入門

　本節では、CSSグリッドフレームワークの高度な機能について説明します。CSSグリッドを使うのにすでに慣れているなら、本節は復習として読んでください。CSSグリッドに触れるのが初めてならば、本節を読めば簡潔に基礎を学ぶことができます。まずは、いくつか用語を定義します。

3.2.1 用語

　すべてのCSSグリッドフレームワークにはグリッド要素の内部名がありますが、それらすべてが共有する概念があります（表3.1を参照）。

表3.1　グリッドフレームワークの用語

用語	定義	HTMLマークアップに含まれるか
カラム	コンテンツのサイズの縦の単位	いいえ
コンテナー	グリッドレイアウトをラップするHTML要素	はい
ガター	グリッド内のカラム間の統一された空白	いいえ

　表3.1の項目はCSSグリッドの中核をなすものであり、右列を見て分かるとおり、HTMLのマークアップで表現されるのはグリッドコンテナーのみです。

カラム

　カラムはグリッドフレームワークの中心的な存在です。印刷媒体において、「コンテンツは王様」であるとすれば、カラムは陰の実力者です。設計者たちは「コラムニスト」と呼ばれます。広告スペースは、カラムとインチ単位で販売されます。Webデザインにおいて、赤・青・紫のリンク付きで中央揃えの文字がグレーの石板に刻まれた石器時代はとうの昔のことです。しかし、媒体として、Webはまだ多くの点において印刷媒体の後塵を拝しています。CSSはずっと前から、コンテンツの表示を横方向で調整することはできましたが、縦方向のレイアウトが課題でした。カラムベースレイアウトのネイティブサポートは、まだCSS仕様への導入が始まったばかりであり、十分に信頼できるようになるまではまだ数年かかると思われます。この空白期間を埋めるため、CSSグリッドフレームワークとカラムベースレイアウトが生まれました。

　もう一度図3.2を見てください。縦の陰影がある項目がカラムです。それぞれの幅は30ピクセルであり、空白が統一されていることが分かります。CSSでカラムを実現する技術は多くあり、本章の3-2ではいくつかのグリッドシステムに関する文脈で一部の技術については説明します。ここでは、すべてのCSSグリッドにカラムの概念があり、カラムのコンテナー内の幅は均一であることを理解することが重要です。

CHAPTER 3 　数式を使用しないCSSグリッド

コンテナー

　図3.2のBlueprintの例をさらにもう一度見てください。CSSグリッドによって、ページ全体がちょうど新聞のページのようにカラムベースレイアウトになっているような印象を受けると思います。Web上では、ユーザーの画面サイズと解像度が分からないため、実際に表示される「ページ」の大きさは分かりません。CSSグリッドでは、コンテナー内でカラムベースレイアウトを使用できます。グリッドには複数のコンテナーが含まれる場合もあります。後述する960 Grid Systemのように、カラムの幅と数が異なるさまざまなコンテナーを利用できる場合もあります。CSSグリッドフレームワークでは、コンテナーは単なるラップ用の要素であり、通常はグリッドの実装に使用されるCSSセレクタの範囲を指定する**`<div>`**を使います。

ガター

　CSSグリッドが1つまたは複数のコンテナーにカラムを入れることについて説明したので、次はガターについて説明します。ガターもグリッドベースレイアウトの重要な要素です。

　家の雨どいが雨を受け止め、うまく屋根から排水路に流すように、ガターはコンテンツのエリアの境界線を認識しやすくします。図3.2のBlueprintの例をもう一度検討します。陰影があるカラムの間のすき間が「ガター」です。カラムと同様、ガターの幅は統一されており、この場合は10ピクセルになっています。グリッドレイアウトはそれぞれ異なる数式を使用してカラムレイアウトを構成しますが、それらはすべて、カラムの数、カラム幅、ガター幅に基づいています。

　ここまでは、固定サイズのピクセルベースのカラムとガターだけを見てきました。次項では、別のCSSグリッドレイアウトを見ていきます。

3.2.2 　固定グリッドと可変グリッドの比較

　Webページはさまざまな画面のサイズで表示されるため、デザイナーは、ユーザーの多数派を想定した固定レイアウトサイズを適用する（そしてそのレイアウトの制約下でコンテンツを構成する）か、ブラウザのサイズが変更されても問題ないような柔軟な可変レイアウトを実装してコンテンツをそれに適用させるかのどちらかを選ぶことになります。

　図3.4は、定評のあるNathan Smithの960 Grid Systemに基づいたStephen Bauの可変グリッドの簡単な例です。上下2つの画像を比べると、同じ16カラムグリッドがユーザーのブラウザウィンドウのサイズが変わるとどのように収縮されるかが分かります。

　可変レイアウトの柔軟性には魅力を感じますが、画像やキャッチコピーなどの動的なコンテンツがあると、実装と保守はかなり面倒です。これについては、本章で960 Grid Systemなどについて説明する際に言及します。

　CSSグリッドフレームワークの基本は押さえたので、次節では、定評のある4つのグリッドシステムとそれらをCompassと組み合わせて使用する方法について詳しく説明します。

PART 2　　Sass と Compass の実践

図3.4　960可変グリッド

CHAPTER 3　SECTION 3　数式を使用しない CSS グリッド

Blueprint の使用

　Blueprint CSS は、2007年に Olav Bjørkøy によって開発され、現在は Joshua Clayton とその協力者らのチームによって管理されています。Blueprint は、グリッドレイアウト、タイポグラフィ、フォームスタイルに関する共通の CSS 技術を、プロジェクトごとに使用できるフレームワークにパッケージ化しています。Blueprint はまるごと使うこともできますが、必要なモジュールだけを選んで利用することもできます。Blueprint を使うデザイナーのほとんどは、まずグリッドレイアウト機能を目的として Blueprint を利用するでしょうから、グリッドレイアウト機能から始めましょう。

　本章の2で見たとおり、CSS グリッドレイアウトはコンテナー、カラム、ガターで構成されています。後述しますが、カラムとガターは仮想的なものです。つまり、カラムとガターに対応する項目は HTML コンテンツ側にはありません。代わりに、コンテンツが使用するカラム幅の数

CHAPTER 3　数式を使用しないCSSグリッド

（およびそれらの間のガタースペース）を指定します。静的なCSSでBlueprintを使用した例を見てみましょう。

3.3.1 CSSを使用したBlueprint

まず、BlueprintのCSSと対応するアセットをダウンロードして、それらをプロジェクトに展開し、HTMLコンテンツの**`<head>`**要素内で参照する必要があります。

リスト3.1　ページへのBlueprintの追加

```
<link rel="stylesheet" href="css/blueprint/screen.css">    ❶
<link rel="stylesheet" href="css/blueprint/print.css">     ❷
<!--[if lt IE 8]>
  <link rel="stylesheet" href="css/blueprint/ie.css">      ❸
<![endif]-->
```

この例では、画面と印刷媒体タイプの両方に関するスタイルシート❶❷に加え、Internet Explorer独特の挙動のすべてに対応する条件付きスタイルシート❸を追加しています。これによって、リセット、グリッド、タイポグラフィ、フォームのサポートなどのBlueprintの機能がすべて有効になります。任意のBlueprintモジュールのみを含めることも可能ですが、とりあえずはこの例で十分です。

これでページにBlueprintを組み込めたので、グリッドシステムを作成する準備ができました。それでは、基本的なレイアウトを見てみましょう。

リスト3.2　基本的なBlueprintレイアウト

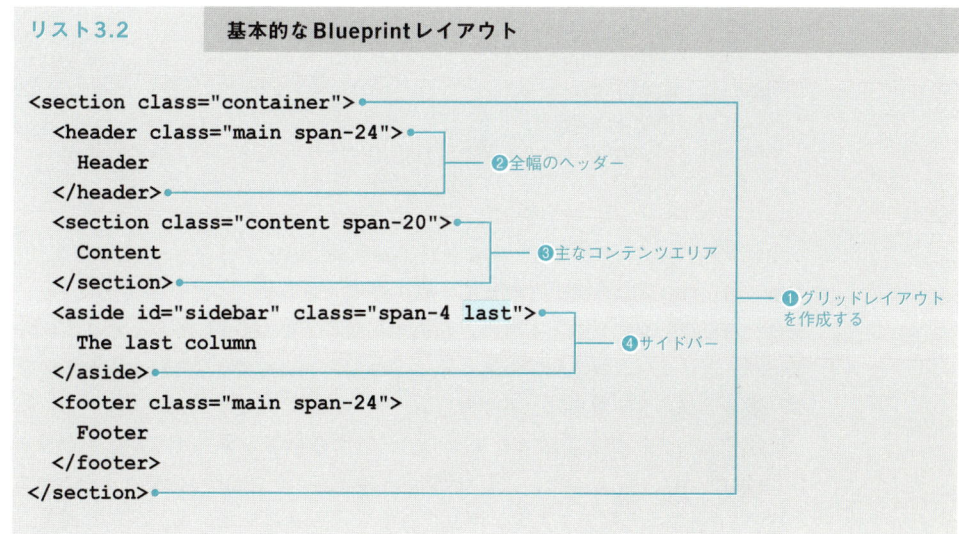

この例では、ブラウザの全幅のヘッダーとフッターがあるシンプルな2カラムブログスタイルレイアウトを作成しました。まず、グリッドをラップする要素に`container`クラスを追加します❶。`span-24`クラスで、ヘッダー要素とフッター要素がグリッドの全幅（この場合は24カラム）になるようにします❷。メインコンテンツとサイドバーの間を縦に区切りたいので、それぞれに`span-20`クラス❸および`span-4`クラスを割り当てます。サイドバーの`last`クラスに注目してください❹。このクラスは、このカラムの右側のガターが行の最後のカラムであるため、それを削除します。

紙面に余裕がないのでBlueprintの完全なソースを載せることはできませんが、Compassの例を見る前にCSSに関して理解しておくべき点がいくつかあります。リスト3.3は、簡略化したBlueprintグリッドモジュールです。

リスト3.3　Blueprintの例の選択されたCSS

```
.container {width:950px;margin:0 auto;}            ❶グリッド幅を設定する
.column,
.span-1,
.span-2,
.span-3,
.span-4,
...
.span-24 {float:left;margin-right:10px;}           ❷カラムを左にフロートする、ガターを追加する
.last {margin-right:0;}
.span-1 {width:30px;}
.span-2 {width:70px;}
.span-3 {width:110px;}
.span-4 {width:150px;}                             ❸サイドバー
...
.span-20 {width:790px;}                            ❹メインコンテンツ
.span-21 {width:830px;}
.span-22 {width:870px;}
.span-23 {width:910px;}
.span-24 {width:950px;margin-right:0;}             ❺全幅を指定するとガターがなくなる
```

では、グリッドがどのように実装されるかを見ていきましょう。このコンテナーの幅は950ピクセルで、ページの中央に置かれます❶。使用できるすべてのカラム幅（`span-x`クラスで示されている）は、左にフロートされ、右のマージンで10ピクセルの右ガターを設定します❷。サイドバーとメインコンテンツの幅は`span-4`❸と`span-20`❹で設定されています。全幅のヘッダー要素とフッター要素はどちらもコンテナーと同じ幅です❺。

CSSグリッドに初めて触れた人でも、これなら計算が難しくないことが分かると思います。Blueprintでは、40ピクセル（10ピクセルのガターがある30ピクセルのカラム）単位で1から24の間で各カラム幅のクラスが用意されます。基本の`span-x`クラスに加え、グリッド上で行

CHAPTER 3　　数式を使用しないCSSグリッド

頭または行末のカラムのパディングやカラムの横方向の微調整を行うための**append-x**、**prepend-x**、**pull-x**、**push-x**などのクラスや、境界線やその他の細かい点を追加するクラスも利用できます。

3.3.2　Compassを使用したBlueprintグリッド

> **MEMO**
> ダウンロードした本書のサンプルコードを使う場合、この作成作業は不要です。chapter-03/blueprint/simple を参照してください。

CSSを使用してシンプルなレイアウトを実装する方法について見ましたので、次は、Compassで同じBlueprintレイアウトを実装する方法を説明します。まず、新しいCompassプロジェクトを作成します。

リスト3.4　基本的なBlueprintプロジェクトの作成

```
$ compass create simple --using blueprint/basic
directory simple/
directory simple/images/
directory simple/sass/
directory simple/sass/partials/
directory simple/stylesheets/
   create simple/config.rb
   create simple/sass/screen.scss      ❶メインスタイルシート
   create simple/sass/partials/_base.scss   ❷グリッド設定
   create simple/sass/print.scss
   create simple/sass/ie.scss
   create simple/images/grid.png
   create simple/stylesheets/ie.css
   create simple/stylesheets/print.css
   create simple/stylesheets/screen.css
...
```

基本のプロジェクト構造を理解すると同時に、知っておくべき点が2つあります。1つは、Compassがメインスタイルシートであるscreen.scssを作成し、Blueprintをインポートすることです❶。もう1つは、Compassがグリッド用の数式を含む**_base**パーシャルを作成することです❷。デフォルトでは静的なCSSの例として先に示した（30ピクセル＋10ピクセル）×24カラムの設定で用意されるので、とりあえずそのままにしておきます。**blueprint/basic**は基本パターンです。Compassには、この他にもBlueprintを実装するいくつかのオプションがあります（後述）が、まずは、基本パターンを説明します。

作成したscreen.scssスタイルシートの最初の部分を見ていきましょう。

PART 2　SassとCompassの実践

リスト3.5　Blueprint基本パターンのデフォルトscreen.scss

```scss
// This import applies a global reset to any page that imports
// this stylesheet.
@import "blueprint/reset";          // ❶ デフォルトBlueprintリセット

// To configure blueprint, edit the partials/_base.sass file.
@import "partials/base";            // ❷ グリッド設定

// Import all the default blueprint modules so that we can access
// their mixins.
@import "blueprint";                // ❸ Blueprintモジュールを利用可能にする

// Import the non-default scaffolding module.
@import "blueprint/scaffolding";

// Generate the blueprint framework according to your
// configuration:
@include blueprint;                 // ❹ グリッドを生成する

@include blueprint-scaffolding;     // ❺ フォームとその他のBlueprintの機能
```

　このファイルでは、Blueprintリセットを適用し❶、パーシャルからグリッド設定をインポートして❷、Compassで作成したBlueprintのミックスインを使えるようにします❸。これで、グリッドを作成し❹、フォームを扱うBlueprint機能を追加する❺準備が整いました。`@include blueprint`を使用したグリッドを作成し、Compassソースを確認してみましょう。

リスト3.6　Compassを利用したBlueprintグリッドの生成

```scss
@mixin blueprint-grid {
  ...
  // Use these classes (or mixins) to set the width of a column.
  @for $n from 1 to $blueprint-grid-columns {
    .span-#{$n} {
      @extend .column;
      width: span($n); } }         // ❶ span-xxクラスを生成する
  .span-#{$blueprint-grid-columns} {
    @extend .column;
    width: span($blueprint-grid-columns);
    margin: 0; }                   // ❷ 最後の列にガターは不要
  ...
```

CHAPTER 3　　数式を使用しないCSSグリッド

　　　　　　　　　　　CompassのBlueprintモジュール内では、グリッドに関する処理のほとんどを行う**blueprint-grid**ミックスインが2つのミックスインを含んでいます。これらは、_base.scssパーシャルで指定した値に基づいて、グリッドの計算を実行します。カラムの数だけループし、望んだとおりのCSSクラスを生成します❶。先に示した静的なCSSの例と同様、最後のカラムのクラスはガターを省いて処理します❷。見て分かるとおり、ベースのパーシャルの計算を変更する場合は、最小限の労力で新しいグリッドシステムを作成できます。

> **MEMO**
> このミックスインは、CompassがどのようにBlueprintクラスに対応するかを示すためだけに取り上げました。もし、この手のコードを扱いたくなければ、まったく扱う必要はありません。Blueprintクラスは、その作成方法を考えずに使用できます。とは言え、Compassを使う際には、常に内部で何が行われているかを念頭に置くことをおすすめします。

3.3.3　クラスを使用しないCompassのBlueprint

　　先ほどの例では、次のようにCompass blueprintの基本パターンを使ってグリッドを作成しました。

```
$ compass create simple --using blueprint/basic
```

　　Compassでは、他にもいくつかのオプションが使えます。クラスの使用を避け、グリッドスタイルを他のセレクタに統合したい場合は、**blueprint/semantic**を使います。

```
$ compass create simple --using blueprint/semantic
```

> **MEMO**
> ダウンロードした本書のサンプルコードを使う場合、この作成作業は不要です。chapter-03/blueprint/semanticを参照してください。

　　両方のパターンから生成されたファイルを比較すると、ファイルがいくつか追加される以外に、screen.scssの最後にインポートも追加されていることが分かります。

```
...
@import "blueprint";

// Combine the partials into a single screen stylesheet.
@import "partials/page";
@import "partials/form";
@import "partials/two_col";
```

　　このパターンを使用すると、Compassは**span-xx**クラスを生成しません。代わりに、**@column**ミックスインを使用します。**two_col**パーシャルはCompassの実力を見るのにうってつけです（リスト3.7）。

PART 2　SassとCompassの実践

リスト3.7　　Compassのデフォルトの2カラムBlueprintレイアウト（_two_col.scssの抜粋）

```
...
#container {
  @include container; }　　●❶グリッドコンテナーとフッターを設定する
#header, #footer {
  @include column($blueprint-grid-columns); }　　●❷全幅のヘッダーとフッター
#sidebar {
  // One third of the grid columns, rounding down. With 24 cols,
  // this is 8.
  $sidebar-columns: floor($blueprint-grid-columns / 3);　　●❸カラムの3分の1を
  @include column($sidebar-columns); }                          サイドバーに使う
#content {
  // Two thirds of the grid columns, rounding up.
  // With 24 cols, this is 16.
  $content-columns: ceil(2 * $blueprint-grid-columns / 3);　　●❹カラムの3分の2を
  // true means it's the last column in the row                  コンテンツに使う
  @include column($content-columns, true); }
```

　このリストは短いですが、（特に後でリファクタリングを行う場合に）グリッドの処理をより速くするCompassのさまざまな技術が詰まっています。グリッドを設定するには、コンテナーが必要です。ここでは、その動作を**#container**セレクタに統合します❶。ヘッダー要素とフッター要素もミックスインで全幅に設定されます❷。サイドバーとコンテンツのカラムの数を、それぞれ1／3と2／3の割合に基づいて計算してくれています❸❹。**floor**メソッドと**ceil**メソッドを使用して、基本的な丸めを行い、適切に分割されるようにします。また、_base.scssパーシャルでグリッド内のカラムの数を変更しても、このリストのコードは機能します。

CHAPTER 3 / SECTION 4

数式を使用しないCSSグリッド

960 Grid Systemの使用

　Blueprint以外にも、定評のあるCSSグリッドフレームワークとして、Nathan Smithの960 Grid Systemが挙げられます（図3.5を参照）。このフレームワークの強みは柔軟性にあります。960ピクセル幅は、長く定番になっている1024ピクセルの画面幅には理想的であり、2、3、4、5、6、8、10、12、15、16、20、24、30、32、40、48、60、64、80、96、120、160、192、240、320、480で割り切れる数値でもあります。

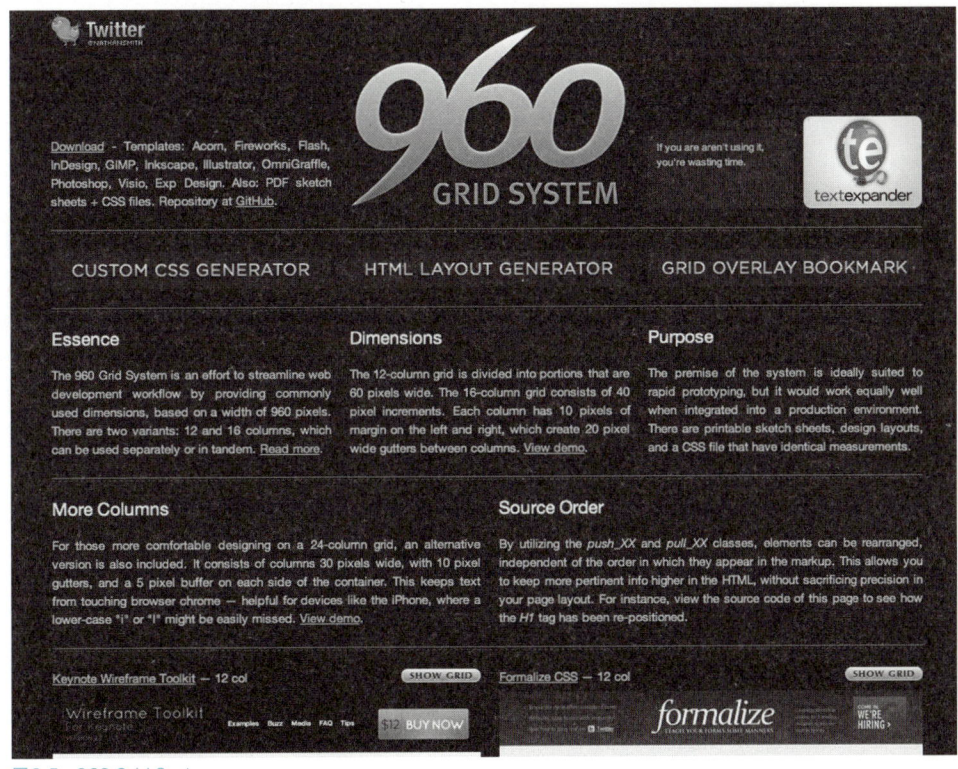

図3.5　960 Grid System

　ほとんどの点において、960 Grid Systemの機能は先ほど紹介したBlueprint CSSフレームワークと同様ですが、いくつか重要な違いがあります。1つ目の違いは、960 Grid Systemのガターは各カラムの両側に分割されているため、最初と最後のカラムはそれぞれの外側のガターを共有します。2つ目の違いは、960 Grid Systemには範囲指定されたコンテナがあり、同じページ内で異なるカラム数とカラム幅のグリッドを使用できます。960 Grid Systemでは、標準で12カラム、16カラム、24カラムのグリッドが使用できます（図3.6を参照）。

PART 2　　Sass と Compass の実践

図3.6　960 Grid Systemの例

3.4.1　基本の960 Grid Systemレイアウト

　本章の初めに示したグリッドを、Blueprint CSSから960 Grid Systemに変えてみましょう。まず、ページに960 Grid Systemを追加します。

```
<link rel="stylesheet" href="css/reset.css" />
<link rel="stylesheet" href="css/text.css" />
<link rel="stylesheet" href="css/960.css" />
```

　デフォルトでは、12カラムまたは16カラムのレイアウトを使用するには、960 Grid Systemのリセット、オプションテキストスタイルシート、グリッドシステムを取り込む必要があります。

CHAPTER 3 数式を使用しないCSSグリッド

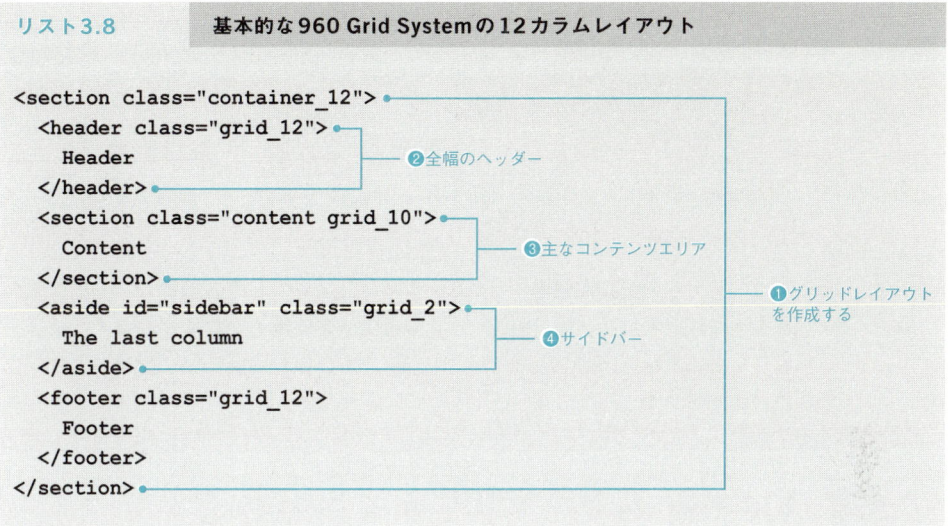

リスト3.8　基本的な960 Grid Systemの12カラムレイアウト

960 Grid Systemに必要なマークアップはBlueprintの例に非常に似ています。**container**クラスは**container_12**になり❶、**span-x**クラスは**grid_x**になります❷❸❹。サイドバーに行の最後であることを示す**last**クラスがないことに気付いたでしょうか。960 Grid Systemでは、すべてのカラムには両側にガターがあるので、**last**クラスは必要ないからです。960 Grid SystemにはBlueprintの**last**クラスに類似した**omega**クラスがありますが、これは強制的にコンテンツをグリッド上の新しい行に入れたい場合にのみ必要となります。

レイアウトのカラム数を変えるのは簡単です。例えば24カラムに変換したいなら、まずは24カラムグリッドスタイルシートを参照するようにします。

```
<link rel="stylesheet" href="css/reset.css" />
<link rel="stylesheet" href="css/text.css" />
<link rel="stylesheet" href="css/960_24_col.css" />
```
← 960.cssから960_24_col.cssに変更

960.cssへの参照を**960_24_col.css**への参照に置き換えます。これで作られたグリッドCSSに対応して、HTMLコンテンツ側を24カラムバージョンに変更します（リスト3.9）。

リスト3.9　基本的な960 Grid Systemの24カラムレイアウト

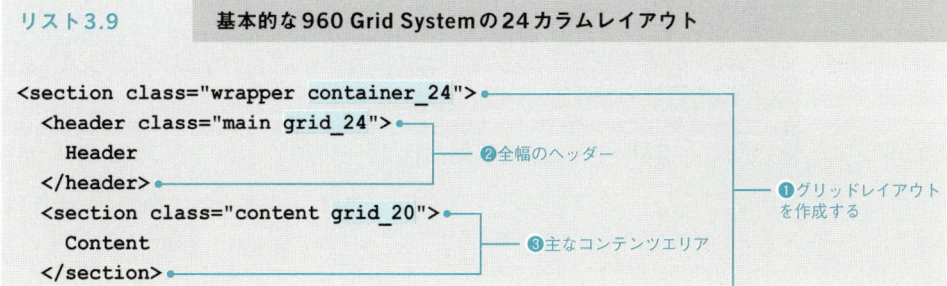

```html
<aside id="sidebar" class="grid_4">
  The last column
</aside>
<footer class="main grid_24">
  Footer
</footer>
</section>
```
❹サイドバー
❶グリッドレイアウトを作成する

　コンテナー❶と列❷❸❹を24カラムバージョンのものに調整し、計算にその変更を反映させるようにします。これは、960 Grid Systemを使用した経験がある人には当たり前に思えるかもしれませんが、Compassを導入する前に960 Grid Systemのグリッドオプションを理解することは重要です。

3.4.2　Compassにおける960 Grid Systemの使用

　Compassに960 Grid Systemは含まれていないので、まずはCompassプラグインをインストールする必要があります。

```
$ gem install compass-960-plugin
```

　これで、Compassプロジェクトを作成する準備が整いました。次に、新しい960 Grid System Compassプロジェクトを作成します。

リスト3.10　新しい960 Grid System Compassプロジェクトの作成

```
$ compass create -r ninesixty twelve_col --using 960
directory twelve_col/
directory twelve_col/sass/
directory twelve_col/stylesheets/
   create twelve_col/config.rb
   create twelve_col/sass/grid.scss
   create twelve_col/sass/text.scss
   create twelve_col/stylesheets/grid.css
   create twelve_col/stylesheets/text.css
...
$
```
❶プラグインをリクエストし、960 Grid Systemのパターンを適用する
❷グリッド設定

MEMO
ダウンロードした本書のサンプルコードを使う場合は、chapter-03/960/twelve_colを参照してください。

　Compassを使用して新しい960 Grid Systemプロジェクトを展開する場合、プラグインをリクエストしてパターンを適用する❶ことで、Compassに展開す

CHAPTER 3　数式を使用しないCSSグリッド

るテンプレートを指示する必要があります。デフォルトでは、960 Grid Systemに付属する2つのスタイルシート（グリッド設定❷と基本タイポグラフィモジュール）が作成される点に注意してください。通常はこれらをパーシャルに変換し、1つのscreen.scssスタイルシートでそれらを参照することで、ネットワークのトラフィックを削減しますが、この例の目的は、あくまでCompassによって可能になるグリッド設定を示すことです。

リスト3.11　　　Compass 960のデフォルトグリッド設定

```
@import "compass/reset";
@import "960/grid";

// The following generates the default grids provided by the css
// version of 960.gs
.container_12 {
  @include grid-system(12);    ❶ 12カラムグリッドクラスを設定する
}

.container_16 {
  @include grid-system(16);    ❷ 16カラムグリッドクラスを設定する
}

// But most compass users prefer to construct semantic layouts
// like so (two column layout with header and footer):

$ninesixty-columns: 24;        ❸ ミックスインを使用して24カラムグリッドを設定する

.two-column {
  @include grid-container;
  #header, #footer {
    @include grid(24);
  }
  #sidebar {
    @include grid(8);
  }
  #main-content {
    @include grid(16);
  }
}
```

960 Grid System Compassプラグインは標準で3つのグリッドに対応しています。クラスベースの12カラムと16カラムのグリッド❶❷、そしてミックスインベースの24カラムグリッド❸です。つまり、既存のセレクタに対してグリッドスタイルでクラスとミックスインのどちらを使用するか選択できるということです。マークアップに合わせてスタイルシートを調整してみ

ましょう。

リスト3.12　　シンプルなグリッドのための960 Grid Systemの修正

```
@import "compass/reset";
@import "960/grid";

// The following generates the default grids provided by the css
// version of 960.gs
.container_12 {
  @include grid-system(12);
}
```
❶16カラムグリッドを削除する（必要がないため）

```
// But most compass users prefer to construct semantic layouts
// like so (two column layout with header and footer):

$ninesixty-columns: 24;

.wrapper {
  @include grid-container;
  header.main, footer.main {
    @include grid(24);
  }
  #sidebar {
    @include grid(4);
  }
  .content {
    @include grid(20);
  }
}
```
❷24カラムグリッドを設定する

　必要に応じてグリッドを調整する場合、16カラムバージョンは必要ないので削除できます❶。12カラムグリッドは始めから使用できるので、必要なのは24カラムグリッドの設定だけです❷。24カラムバージョンにクラスを適用したい場合、**grid-system**ミックスインをもう一度呼び出すことも可能です。

```
.container_24 {
  @include grid-system(24);
}
```

　これは効果的でシンプルな方法です。Compassの960 Grid Systemプラグインの使用方法と機能の詳細については、GitHubのプロジェクトソース（https://github.com/nextmat/compass-960-plugin）を参照してください。

CHAPTER 3　数式を使用しないCSSグリッド

ここまでは、グリッド内のコンテンツの縦配置に焦点を当てて、グリッドフレームワークについて説明してきました。グリッドレイアウトの設定にコンテナーを使用する方法については理解できたと思います。また、CSSクラスとSassのミックスイン両方を使用してグリッド上でコンテンツを簡単に配置する方法を説明しました。さらに、Compassプラグインをダウンロードしてグリッドのサポートを追加する方法についても説明しました。

CHAPTER 3　SECTION 5　数式を使用しないCSSグリッド

Compassにおけるバーティカルリズム

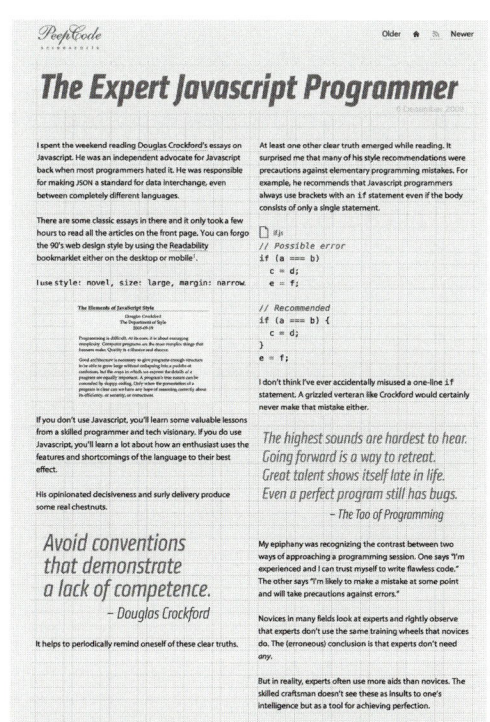

図3.7　PeepCodeブログのバーティカルリズム

前節では、コンテンツの縦カラム間の余白の管理にCSSグリッドがどう役立つかを説明しました。残念なことにたいていのデザイナーはそこで止まってしまい、ページを下に読み進める際のコンテンツの行間にある余白については考えないものです。コンテンツは通常テキストですが、画像、動画、表、およびその他のデザインの要素も含まれる場合があります。グリッドがガターを統一して、明確に定義された縦のカラムにコンテンツを収めるのと同じように、良いグリッドは「バーティカルリズム」、つまり縦方向の余白の統一性も保っています。それでは、バーティカルリズムとはどのようなものか、本章の初めに示したPeepCodeブログの例（図3.7）を見てください。

各見出し、コードリスト、リードコラムの大きさは異なっているにもかかわらず、各段落がうまく横のグリッドに対応している点に注目してください。このページを楽曲に例えるなら、グリッドラインがビートの働きをしていると言えます。本文はそのビートに合わせてリズムを刻みます。見出し、画像、表、その他のブロック要素は、アップビー

ト、ダウンビート、さらにはバックビートで始まる場合もありますが、本文はページを支配するリズムに戻ります。では、それはどのようにして実現できるのでしょうか？

まず、本文の行の高さまたは行間を設定する必要があります。行間は、テキストの連続するベースライン間の距離です。これがバーティカルリズムであり、ページを下に読み進める際の余白を追加する単位です。つまり、すべての要素の高さは、その要素のフォントサイズ、行の高さ、上下のパディング、上下の余白を合計して、この基本単位の倍数になっている必要があります。以降の項では、レイアウトを構成し、バーティカルリズムを導入します。そして各ステップで、関係するCSSと、Compassによってプロセスを短縮してより短時間で同じ結果を得られることを解説します。

3.5.1 ベースラインの設定

本文として読みやすい基本のフォントサイズとデフォルトの行の高さを選択するために、前節ですでに述べたとおり、まず基準となる線を引きます。

```
body {
  font-family: 'Helvetica Neue', sans-serif;
  font-size: 16px;
  line-height: 24px;
}
```

CSSリセットを導入しているなら、図3.8に示すように、上記のわずかなCSSだけできれいな1.5emベースラインを設定できます。

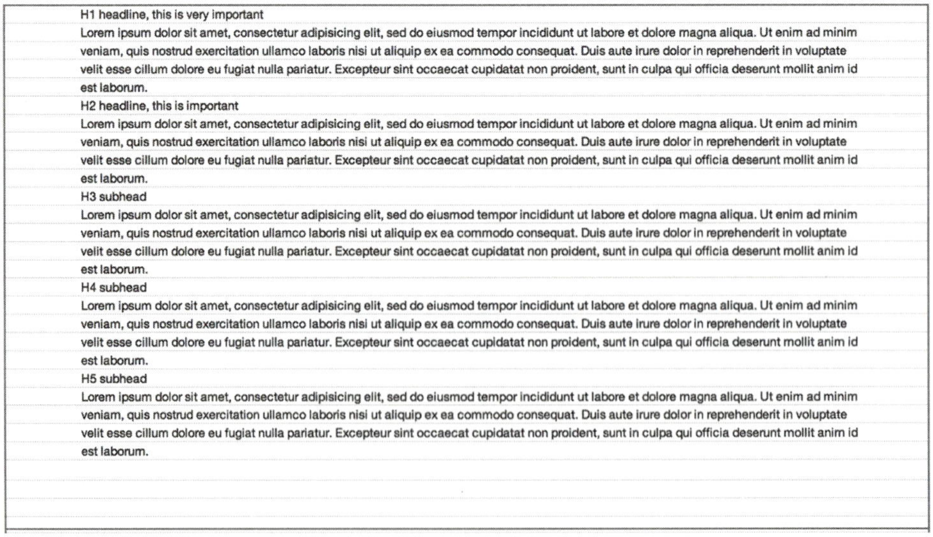

図3.8　シンプルなバーティカルリズムの例

CHAPTER 3　数式を使用しないCSSグリッド

MEMO

図3.8では、分かりやすいようにベースラインと同じ高さ24ピクセルの画像をページの背景として繰り返しています。

では、自分でデザインを作成してみましょう。見出しと本文のコンテンツは、サイズに差を付ける必要があります。`<h1>`から`<h5>`までの見出しのタイポグラフィスケールを設定しましょう。

リスト3.13　行の高さの設定

```
h1 {font-size: 48px;}
h2 {font-size: 36px;}
h3 {font-size: 24px;}
h4 {font-size: 20px;}
h5 {font-size: 18px;}
h1,h2,h3,h4,h5 {line-height: 1.5em;}　❶
p {margin: 1.5em 0;}　❷
```

見出しの高さを割り当て❶、図3.9に示すように、それらと段落に少し余裕を持たせました❷。

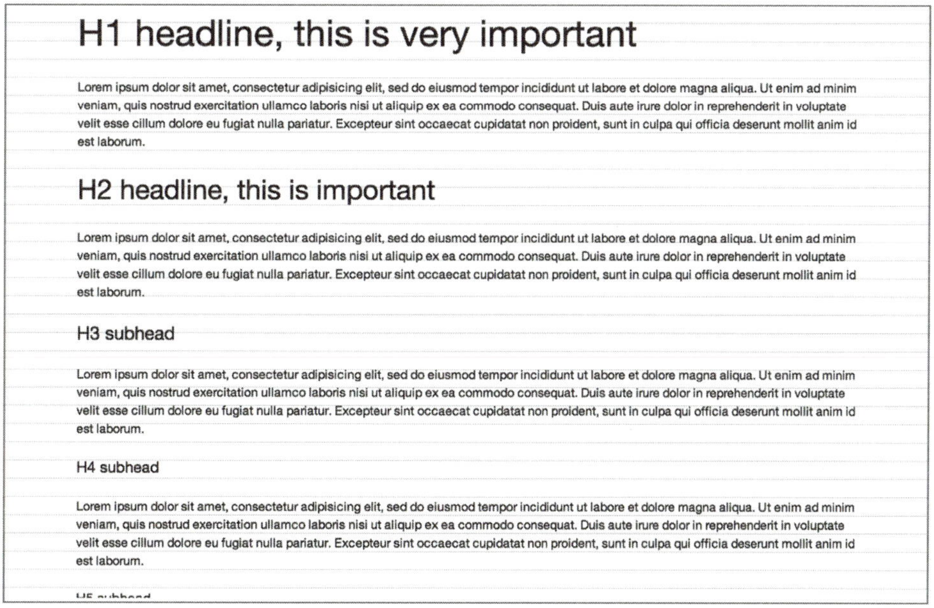

図3.9　タイポグラフィスケールの設定

図3.9からも分かるとおり、見出しのサイズの範囲は良いのですが、意図するバーティカルリズムに本文が追従せずにずれてしまっています。これを修正するには、見出しやその他の要素の高さがベースラインの倍数になるようにする必要があります。この例では、見出しのフォントサイズ、行の高さ、上下の余白、上下のパディングの合計を、ベースライン単位である24の倍数

にする必要があります。見出しのスタイルを調整し、リズムに対応するようにしてみましょう。ベースラインに合わせるために行の高さを調整してフォントサイズの変化に対応する計算式は次のとおりです。

ベースライン単位（px）÷フォントサイズ（px）＝行の高さ（em）

`<h1>`はすでにベースラインの倍数になっているので、例として`<h2>`を見てみましょう。計算は次のとおりです。

24px÷36px=.6666667em

同様に他の見出しも調整します。

```
h1 {font-size: 48px; line-height: 1.5em}
h2 {font-size: 36px; line-height: .666667em}
h3 {font-size: 24px; line-height: 1em}
h4 {font-size: 20px; line-height: 1.2em}
h5 {font-size: 18px; line-height: 1.33333em}
p {margin: 1.5em 0}
```

各見出しスタイルの行の高さを調整してバーティカルリズムに合わせた結果が、図3.10です。

図3.10　タイポグラフィスケールによるバーティカルリズム

CHAPTER 3　　数式を使用しないCSSグリッド

　見て分かるとおり、本文が基準となっている線にうまく合わさってくれました。
　上記の計算式は難しいものではありませんが、面倒なことはコンピュータに任せてしまいましょう。そうしておけば、各要素の行の高さを計算する負担から解放され、変更をスタイルシートに「カスケード」させてさまざまなフォントサイズを試せるようになります。ここまでのスタイルシートをCompassで実装したバージョンを見てみましょう（リスト3.14。サンプルのchapter-03/vertical-rhythm/sass/screen.scssには完全なコードがあります）。

リスト3.14　　Compassを使用したバーティカルリズム

```
@import "compass/typography";  ❶タイポグラフィモジュールをインポートする

$base-font-size: 16px;  ❷フォントサイズを宣言する
$base-line-height: 24px;
@include establish-baseline;

body {
  font-family: 'Helvetica Neue', sans-serif;
  @include debug-vertical-alignment("../images/debug.png");  ❸デバッグミックスインを含む
}

h1 {@include adjust-font-size-to(48px)}
h2 {@include adjust-font-size-to(36px)}
h3 {@include adjust-font-size-to(24px)}   ❹フォントサイズと行の高さを設定する
h4 {@include adjust-font-size-to(20px)}
h5 {@include adjust-font-size-to(18px)}
p {margin: 1.5em 0;}
```

　まずCompassのタイポグラフィモジュールをインポートします❶。次に、変数として基本のフォントサイズと基本の行の高さを宣言します❷。続いてCompassがページにグリッドデバッグ画像を追加するミックスインを含んでいます❸。最後に、**adjust-font-size-to**ミックスインを使用して、フォントサイズと行の高さを計算し、設定します❹（このミックスインは前掲の計算を行います）。
　この例の真価は、その柔軟性にあります。基本のフォントサイズ、基本の行の高さ、あるいは要素のフォントサイズといった設定を気兼ねなく調整することができ、コンパイル時には適切な計算が自動で行われます。

3.5.2　行頭と行末の余白

　Compassの**establish-baseline**および**adjust-font-size-to**ミックスインを使えば同種の画面でのバーティカルリズムの実現はかなり容易になりますが、余白を追加する必要があるとき、電卓を使用せずに、どのようにしてそのリズムを保ったら良いでしょうか？　幸

い、Compassはそのような状況に対応したヘルパーも提供しています。前述のCSSの例の段落スタイルをもう一度確認してください。

```
p {margin: 1.5em 0;}
```

上下の余白を設けて段落間に少しスペースを空け、ページを把握しやすくしています。重要な見出しについても同じことを行うには、次のような行を追加することが考えられます。

```
h2.important {margin: 1.5em}
```

しかしここでの問題は、この要素のフォントサイズがベースラインリズムの厳密な倍数になっていない限り本文のリズムが崩れるため、デザインに違和感が出てしまうことです。Compassは、要素の行頭（前）または行末（後）に余白を追加するヘルパーを提供し、リズムを維持します。その前に現れる各要素にも同じようにスタイルを適用できます。

```
p {@include leader; @include trailer;}
h2.important {@include leader(2); @include trailer(2)}
```

`leader`ミックスインは要素の前に、`trailer`は要素の後に、それぞれベースライン単位1つ分の余白を追加します。これだけは不十分な場合もあるでしょう。そのようなときは、任意のベースライン単位をミックスインに渡すことができます。余白ではなくパディングが必要な場合は、これらのミックスインのバリエーションとして`padding-leader`および`padding-trailer`が使えます。

本章のまとめ

本章では、定評のあるCSSグリッドフレームワークによって、余白を簡単に管理して手早くデザインのプロトタイプを作成する方法を説明しました。CSSクラスをいくつか追加するだけで、コンテンツの縦カラムの間の空白を統一できます。また、Compassを使用することで、グリッドフレームワークの使用と作成が静的なCSSのみを使用するよりもはるかに簡単になります。さらに、タイポグラフィモジュールでCompassのバーティカルリズムヘルパーを使用して、ページを下に読み進める際の余白を管理する方法についても学びました。

PART-2　SassとCompassの実践

CHAPTER 4　**Compassを使用した退屈な作業の簡略化**

本章で学ぶこと

- **Compass**を使用したデフォルトブラウザスタイルのリセット
- スタイルシートのタイポグラフィを改善する**Compass**ヘルパー
- **Compass**を使用したスティッキーフッター、スタイルテーブル、フロートの作成

　Sass構文の基本を押さえ、Compassをスタイルシートのワークフローでどのように利用できるかを説明したので、次はもっと深い内容に入ります。本章では、日常的に行う簡単でつまらない作業について述べた後、Compassのコミュニティで検証されたアプローチを活用してそれらの時間と労力を節約する方法をまず説明します。動的なスタイルシートを使った経験がなく、CSSをまだ手書きしている方なら、スタイルシートの作業に苦痛を感じる状況もよくご存じでしょう。CSSリセットの実装、横方向のナビゲーションに合わせたリスト要素のスタイル付け、リンクの色の設定、見出しテキストの画像への入れ替えなどは、新しいプロジェクトを作成するたびに繰り返すことがあります。本章では、それらの作業をより速く、より簡単に、よりプロジェクトに適応した形で実行できるCompassのヘルパーを紹介します。

CHAPTER 4　SECTION 1

Compassを使用した退屈な作業の簡略化

ターゲットリセットを使って白紙状態にするメリット

1章では、Eric Meyerらの提唱したCSSリセットを紹介し、`@import "compass/reset"`をCompassプロジェクトに追加するだけでCSSリセットを利用できることを説明しました。これは便利なのですが、こうしたグローバルリセットは大雑把すぎる場合もあります。幸い、Compassはもっときめ細かいアプローチも提供しています。どのアプローチを使用するかを決めるには、全部リセットしてしまうグローバルリセットと個別にリセットする方法を比較することが重要です。

4.1.1　グローバルリセット

CSSリセットを使った経験があるならば、それはおそらくブラウザがHTML要素に適用するデフォルトのスタイルを一括して削除するグローバルリセットだったのではないでしょうか。グローバルリセットは、Webアプリケーションに一貫した真っ白なキャンバスを与える方法として定評があります。古いバージョンのInternet Explorerを含む、幅広いブラウザに対応した従来のWebアプリを開発する必要がある場合、グローバルリセットは便利です。Compassは、Eric Meyerの伝統に基づき、`global-reset`という名前のグローバルリセットを提供しています。他のCompassミックスインと同様、`global-reset`ミックスインも使用する前にその中身を理解することが大切です。

リスト4.1　　Compass global-resetミックスイン

```
@mixin global-reset {        ← グローバルリセットを定義する
  html, body, div, span, applet, object, iframe,
  h1, h2, h3, h4, h5, h6, p, blockquote, pre,
  a, abbr, acronym, address, big, cite, code,
  del, dfn, em, img, ins, kbd, q, s, samp,
  small, strike, strong, sub, sup, tt, var,
  b, u, i, center,
  dl, dt, dd, ol, ul, li,
  fieldset, form, label, legend,
  table, caption, tbody, tfoot, thead, tr, th, td,
  article, aside, canvas, details, embed,
  figure, figcaption, footer, header, hgroup,
  menu, nav, output, ruby, section, summary,
  time, mark, audio, video {    ← 個別のミックスインを含む
    @include reset-box-model;
    @include reset-font; }
  body {
```

```
    @include reset-body; }
  ol, ul {
    @include reset-list-style; }
  table {
    @include reset-table; }
  caption, th, td {
    @include reset-table-cell; }
  q, blockquote {
    @include reset-quotation; }
  a img {
    @include reset-image-anchor-border; }
  @include reset-html5; }
```

　`global-reset`は内部で追加リセットのミックスインをいくつか適用するただのラッパーである点に注意してください。先にこれらのミックスイン（Sassの`@include`に含まれる）をまとめて適用することで、ボックスモデル、タイポグラフィ、リストスタイル、テーブルスタイルのブラウザ間の差異を統一するだけでなく、新しいHTML5要素のデフォルトスタイルも追加します。次項でこれらのミックスインの一部について説明しますが、`global-reset`ミックスインが、`compass/reset`をインポートするだけで適用されるという意味でユニークである点には注目しておいてください。その理由を理解するため、`compass/reset`のソースを示します。

```
@import "reset/utilities";

@include global-reset;
```

　このように、たった2行しかありません。1行目では、`@import`で`global-reset`ミックスインが利用可能になり、これによって各ミックスインが利用可能になります。2行目では、`@include`にグローバルリセットが含まれています。次項では、このグローバルリセットを使用せずにターゲットリセットを実装する方法について説明します。

4.1.2　ターゲットリセットでリセットを細かくコントロールする

　モバイルインタフェースの場合、このグローバルリセットでは無駄な記述が多いことに注意してください。おそらくページには、**`<table>`**や**`<blockquote>`**、リストといったものは使われていないでしょう。ファイルサイズは重要視すべきことであり、特にモバイルアプリケーション向けのスタイルシートの場合、デスクトップブラウザよりも縮小化の影響は大きくなります。
　これまでいろいろなCSSを書くときには、さまざまなプロジェクトに使い回せるスニペットを用意していて、お決まりのグローバルリセットも含まれていたのではないでしょうか。そして、その一部だけを新しいプロジェクトで使用したい場合は、テキストエディターでそれを切り分け、必要ないものを削除していたことでしょう。便利なことに、Compassならばリセットを適用したい部分を簡単に選択できます。グローバルリセットを使うことなく一部だけを適用する

には、`@import "compass/reset/utilities"` を使用します。前項で説明したグローバルリセットを構成しているミックスインをいくつか見てみましょう。

reset-html5 の将来性

HTML5の新機能の1つとして、新しいマークアップタグがいくつか導入されました。`<div>` の濫用に代わり、`<header>`、`<footer>`、`<nav>` などのより意味のあるタグを適切に利用できます。残念ながら、すべてのブラウザでこれらの新しいタグの処理方法が一致しているわけではありません。新しいタグをリストアップし、それぞれに `display: block` を適用したい場合を考えてみます。そのようなコードをスニペットとして保存すれば後で再利用できますが、Compass ならば `reset-html5` ミックスインだけでこの作業を素早く実現できます。Compassの `reset-html5` ミックスインを見てみましょう（リスト4.2）。

リスト4.2　HTML5リセット

```
@mixin reset-html5 {
  article, aside, details, figcaption, figure,
  footer, header, hgroup, menu, nav, section, summary {
    display: block; } }
```

MEMO

最新のCompass 0.12.2ではHTML5のタグの列挙は抽象化されており、Compassの定義ファイル内の `html5-block` 変数に基づいてタグの一覧が展開されるようになっています。

SCSSファイルで `@include reset-html5` を使用してミックスインを適用すれば、12個のタグ名をすべて覚える必要はありません。

Compass ドキュメントの各リセット

グローバルリセットとHTML5リセットはCompassによるスタイルシートのユースケースの大半を占めると思われますが、Compassのドキュメントでリセットの詳細な一覧を確認することをおすすめします。表4.1に簡単な概要を示しておきます。

表4.1　Compassで利用可能なリセット

リセットミックスイン	目的
`reset-box-model`	要素上の余白、パディング、枠線を削除する
`reset-font`	フォントサイズとベースラインをリセットする
`reset-focus`	ブラウザが与えるアウトライン（Safariの`<input>`要素など）を削除する
`reset-table` と `reset-table-cell`	テーブルの枠線と配置をリセットする
`reset-quotation`	`<blockquote>` にスタイルシート専用引用符を追加する

CHAPTER 4 / SECTION 2

Compassを使用した退屈な作業の簡略化

タイポグラフィのためのユーティリティ

タイポグラフィ以上にデザインに影響するものは、おそらくないでしょう。タイポグラフィは、単なる書体とサイズの選択ではありません。リストのスタイルとテキストの折り返しの処理は長らくDTPデザイナーの仕事でした。Webは双方向的なデータ指向のメディアであるため、Webデザイナーにはハイパーリンクのスタイル付けやテキスト切り詰めなど、新たな仕事が発生しました。スタイルシートでタイポグラフィを処理することには2つの側面があります。すなわち、デザインの結果のあるべき形の選択と、その選択の実装です。Compassは後者をサポートし、リンクやリストなどの要素のスタイル付けに関わる面倒な作業を迅速に片付けて、デザインに集中できるようにしてくれます。

4.2.1 アンカーの排除：リンクヘルパー

まずは1つ目のタイポグラフィヘルパーとして、ハイパーリンクのスタイル付けをサポートするミックスインについて説明します。

優れたデザインは、コントラストを効果的に使っています。本文の中で目立つようにリンクをスタイル付けするのは見た目が良くなるだけでなく、ユーザーエクスペリエンスも向上させます。そのため、新しいスタイルシートの作成時に、優れたデザイナーはテキストとリンクのベースの色を定義するのが普通です。これは単純な作業ですが、Compassによってさらに簡略化できます。

> **MEMO**
> すべての例で、必ず`@import "compass/typography"`を宣言してCompassのタイポグラフィモジュールを使う必要があります。

link-colorsを使用した色付けの簡略化

CSSコミュニティで当たり前になっているパターンの多くは、複数のブラウザで確実に動作するデザインを作成することを目指し、何年も試行錯誤を繰り返して確立されたものです。そのようなパターンの1つに、リンクの特定の状態を処理する`:hover`、`:visited`などのハイパーリンク擬似要素に対する推奨のスタイルシートの順序があります。これは、ブラウザがアンカータグ擬似要素に与える優先順位を記述する優れた方法です。例えば、以前にアクセスしたことのあるリンクにカーソルを合わせると、どのスタイルが優先されるでしょうか。

ベストプラクティスから、次の順序で擬似要素セレクタを含めるべきであることが分かっています。

```
1  <a>
2  :visited
3  :focus
```

```
4  :hover
5  :active
```

つまり、CSSはリスト4.3のようになります。

リスト4.3　ブラウザの仕様に従ってリンクの色を設定するCSS

```
a {color: #333}
a:visited {color: #555}
a:focus {color: #f00}
a:hover {color: #00f}
a:active {color: #f00}
```

それでも、リンクの色を変更するためだけに、この順序を覚えて追加の擬似要素を作成するのは面倒な作業です。Sassの`&`親セレクタもそれほど有効でありません。そこで、Compassはこの作業を処理する簡単なミックスインを提供しています。

```
a { @include link-colors(#333, #00f, #f00, #555, #f00); }
```
　　　　　　　　　　　　a、a:hover、a:active、a:visited、a:focusの順に設定する

このCompassの例における色の順序は、CSSの例の順序とは一致していないことに注意してください。これは、Compassはブラウザの優先順位よりもスタイルシート作成者の生産性を優先しているためです。`link-colors`の色の引数の順序は、スタイルシートでそれらを使用する際に適用する可能性がもっとも高い順序です。表4.2に、`link-colors`のすべての引数の順序およびブラウザリンクの状態に合わせて適用される順序を示します。

表4.2　link-colorsの引数

	link-colorsの順序	ブラウザの順序
①	`<a>`	`<a>`
②	`:hover`	`:visited`
③	`:active`	`:focus`
④	`:visited`	`:hover`
⑤	`:focus`	`:active`

簡潔さよりも読みやすさを重視するのであれば、引数を名前付きパラメータとして渡すことができます。

```
a { @include link-colors(
        #333,
        $hover: #00f,
        $active: #f00,
        $visited: #555,
        $focus: #f00);
}
```

名前のない構文にも利点はあります。`link-colors`引数はオプションなので、最初の２つの引数を渡すだけで、デフォルトと`:hover`状態の色を指定できます。

```
a { @include link-colors(#333, #00f); }
```

hover-linkを使用したスタイルによるホバー

ユーザビリティーの専門家には、ユーザーがクリックできる項目を認識できるよう、リンクには必ず下線を引くべきであると言う人がいます。しかし、実際には、行の高さによっては下線の追加によって読みやすさが損なわれる可能性があります。次のCSSでは、ユーザーがリンクにカーソルを合わせたとき（`:hover`状態）だけ下線を追加するようにしています。

```
a { text-decoration: none}
a:hover { text-decoration: underline }
```

Compassでは、`hover-link`ミックスインを使って簡潔にこれを記述できます。

```
a {@include hover-link}
```

unstyled-linkを使用したリンクの隠ぺい

テキストの段落内にハイパーリンクがあることを示すスタイル付けを削除して、リンクを完全に隠したい場合、どうしたら良いでしょうか。CSSでは次のように書けば、リンクを隠すことができます。

```
p.secret a {
  color: inherit;
  cursor: inherit;
  text-decoration: inherit;
}
```

これで、リンクの色、カーソル、下線などのスタイルがすべてリセットされ、そのテキストは周りのテキストと見た目の差がなくなります。`:hover`状態と`:focus`状態についても同様にするには、このCSSを次のように修正します。

```
p.secret a,
p.secret a:hover,     ──── a:hoverとa:focusも設定対象に追加する
p.secret a:focus {
  color: inherit;
  cursor: inherit;
  text-decoration: inherit
}
```

このアプローチでも問題ありませんが、Compassの **unstyled-link** ミックスインを使用すればもっと簡単です。

```
p.secret a { @include unstyled-link }
```

4.2.2　さまざまな用途のリストの作成

リスト要素の扱いは、Webタイポグラフィで見逃されがちな側面です。簡潔で明確な伝達が重要な媒体のデザイナーには、`<ul>`が役に立ちます。本項では、良いリストをデザインする際に共通する作業を迅速に処理できるCompassヘルパー（Sassのミックスイン）を紹介します。

pretty-bulletを使用したリストの装飾

画像によるバレット（箇条書き行頭の飾り記号。図4.1を参照）を使用して、リスト要素にインパクトを与えることができます。ただし、Internet Explorerの `list-style-image` に対するサポートはバージョン5.5で初めて導入されたものであり、バグが存在します。例えば、Internet Explorerのバージョン8までは、フロートリスト要素のリスト項目画像が表示されませんでした。クロスプラットフォームにおけるこの問題を解消するため、多くの場合にデザイナーは背景画像をリスト項目のバレットとして使用しています。

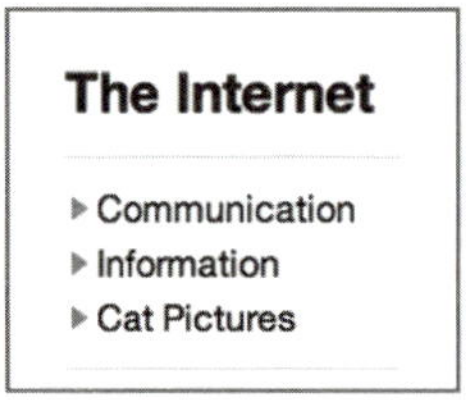

The Internet
▶ Communication
▶ Information
▶ Cat Pictures

図4.1　しゃれたバレットの例

```
ul.features li {
  background: url(/images/pretty-bullet.png) 5px 5px no-repeat;
  list-style-type: none;
  padding-left: 20px;
}
```

CHAPTER 4　　Compassを使用した退屈な作業の簡略化

　これはシンプルなアプローチですが、いくつか問題があります。まず、望ましいパディングと画像の幅を考慮して、レイアウトを計算する必要があります。**background**省略記法における**background-position**部分の**5px 5px**というx値とy値は、次の2つの計算の結果です。

```
# x = （パディング - 画像の幅） / 2
# y = （行の高さ - 画像の高さ） / 2
```

　2つ目の問題は、1つ目の問題に付随するもので、画像のサイズを分かっていなければならないということです。
　これらの問題の解決策として、Compassの**pretty-bullets**ミックスインを使えば、簡単に背景画像をリスト項目のバレットとして利用できます（サンプルのchapter-04/lists/sass/pretty-bullets.scssを参照）。

```
ul.features {
  @include pretty-bullets('pretty-bullet.png')
}
```

　pretty-bulletsミックスインを使うと、Compassが、画像ファイル自体からその縦横のサイズを抽出して計算を行い、前掲のリストと同じCSSを作成してくれます。より細かな制御が必要な場合には、任意の**$height**、**$width**、**$line-height**、**$padding**を名前付きパラメータとして（またはパラメータの順序どおりに）渡すこともできます。

```
ul.features {
  @include pretty-bullets('pretty-bullet.png',
              $padding: 10px,
              $line-height: 22px)
}
```

> **MEMO**
>
> Compassの例では、「/images/pretty-bullet.png」のように画像への完全なパスを指定せず、ファイル名（「pretty-bullet.png」）しか指定していない点に注意してください。これは、**pretty-bullets** Compassミックスインが、**image-url**ヘルパーを使って完全なパスを認識し、開発環境と本番環境それぞれの適切なパスを返してくれるからです。

no-bulletとno-bulletsを使用したリストのスタイル解除

Compassには、`<li>`要素からリストスタイルを手早く削除する方法もあります。これを聞いて、おそらく「`list-style: none`を使えば終わりじゃないの?」と思われたでしょう。Internet Explorer 8以上のバージョンであれば(それ以外のブラウザならどれでも)、それも可能です。しかし、バージョン8以前のInternet Explorerに対応する必要がある場合、代わりに次のコードを使う必要がありました。

```
li.no-bullet {
  list-style-image: none;
  list-style-type: none;
  margin: 0px;
}
```

Compassを使えば、このような方法を覚える必要はありません。**no-bullet**ミックスインを使うだけです。

```
li.no-bullet { @include no-bullet }
```

リスト全体のバレットをオフにしたい場合は、このミックスインの複数形の名前(**no-bullets**)で指定します。

```
ul.no-bullet { @include no-bullets }
```

この形式では、リスト内のすべての`<li>`に単数形の**no-bullet**ミックスインが組み込まれることになります。

簡単に使えるhorizontal-list

デフォルトでは、ブラウザはリストを縦方向に表示し、余白やパディングを付けたスタイルにします。ほとんどの場合はこれで問題ありませんが、ナビゲーションリンクのリストを横方向のスタイルにしたいこともあります(図4.2を参照)。

図4.2 横方向のリストの例

次のHTMLコンテンツを見てください。

CHAPTER 4　Compassを使用した退屈な作業の簡略化

```html
<ul class="nav">
  <li><a href="/">Home</a></li>
  <li><a href="/services">Services</a></li>
  <li><a href="/blog">Blog</a></li>
  <li><a href="/contact">Contact</a></li>
</ul>
```

　CSSを修正して、このリストを項目間に8ピクセル分の間隔を空けた横方向のナビゲーションバーにしてみます。この場合の一般的なアプローチは、リスト4.4のCSSのようになります。

リスト4.4　　<ul>でナビゲーションを作成するCSS

```css
ul.nav {
  border: 0;
  margin: 0;
  overflow: hidden;
  padding: 0;
}
ul.nav li {
  display: inline;
  float: left;        ← 横方向のメニューを作成する
  margin-left: 0px;
  padding-left: 4px;
  padding-right: 4px;
}
```

　これでも特に難しい作業ではありませんが、しっかりやろうとすると退屈な作業になります。Compassを利用すれば、ただミックスインを含めるだけでこれをすべて（あるいはそれ以上のことを）実現できます（サンプルのchapter-04/lists/sass/horizontal-list.scssを参照）。

```scss
ul.nav { @include horizontal-list }
```

　リスト4.4に挙げたCSSに加え、Compassでは最初と最後の要素に特殊なスタイル付けをする方法もあります。完全なCSSはリスト4.5のとおりです。

リスト4.5　　Compass horizontal-listヘルパーからのCSS出力

```css
ul.nav {
  margin: 0;
  padding: 0;
  border: 0;
```

129

```
  overflow: hidden;
  *zoom: 1;
}
ul.nav li {
  list-style-image: none;
  list-style-type: none;
  margin-left: 0px;
  white-space: nowrap;
  display: inline;
  float: left;
  padding-left: 4px;
  padding-right: 4px;
}
ul.nav li:first-child, ul.nav li.first {     ●── 古いブラウザ用の.first
  padding-left: 0;
}
ul.nav li:last-child {
  padding-right: 0;
}
ul.nav li.last {
  padding-right: 0;      ── 古いブラウザ用の.last
}
```

　`:first-child`と`:last-child`に対応しているブラウザの場合、これらの要素の端のパディングは省略できます。古いブラウザの場合には、`.first`と`.last`のクラス名を使用できます。

　この段階では、このミックスインのポイントは入力を大幅に減らすことだと思うかもしれませんが、Compassの真価はSassの持つ動的な性質を活用することにあり、それがこのミックスインを強力なものにしています。`horizontal-list`ミックスインは2つの引数（`$padding`値と`$direction`）を受け取ります。これらはオプションなので省くこともでき、その場合は左から右への要素間に8ピクセルの間隔があるリストになります（実際のデフォルト`$padding`は`4px`です。右側に4ピクセル、左側に4ピクセルで、項目間の間隔は合計8ピクセルになります）。項目の順序を逆にしてリスト項目間の間隔を広げるといったことも簡単にでき、このミックスインの2つの引数に次のような値を渡すだけです。

```
ul.nav { @include horizontal-list(7px, right) }
```

　これで、項目の左右がそれぞれ7ピクセル（間隔は14ピクセル）になり、右にフロートされ、リスト項目の順序が逆転します。先ほどのCSSからは、関連する次の部分が更新されます。

```
...
ul.nav li {
```

```
  ...
  float: right;
  padding-left: 7px;
  padding-right: 7px;
}
```

delimited-listを使用したインライン化

　リンクを普通のテキストのように表示する方法については本章の前半で説明しました。では、リストに対して同じことを行うにはどうすれば良いでしょうか？ 次の例を見てください。

```
<ul class="giant-words">
  <li>Fee</li>
  <li>Fi</li>
  <li>Fo</li>
  <li>Fum</li>
</ul>
<p>are some words of giants with acute senses of smell
for Englishmen.</p>
```

　この不自然な例は、項目をカンマで区切ったインラインリストとしてスタイル付けできれば、もっと読みやすくなるでしょう（図4.3を参照）。Compassでは、1行のコードでこれを簡単に行えます。

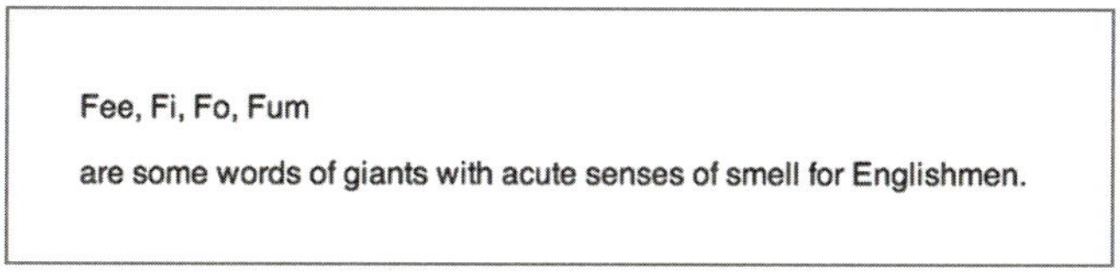

> Fee, Fi, Fo, Fum
> are some words of giants with acute senses of smell for Englishmen.

図4.3　区切られたリストの例

```
ul.giant-words { @include delimited-list }
```

　:afterと:last-child（最後の項目の末尾からカンマを取り除くため）を組み合わせて使用することで、CompassはCSSを使ってリストをインラインに展開できます。

　また、Compassでは区切り記号も指定できます。次の例では各単語の後ろに「！」マークを入れています。

```
ul.giant-words { @include delimited-list("! ") }
```

4.2.3　ヘルパーを使用したテキストの調整

　印刷のデザインとは異なり、Webデザイナーは、自分では見も書きもしないテキストに対応するために多くの時間を割きます。デザインテンプレートには、想定のコンテナーからはみ出すよ

うな、ユーザー提供のデータ駆動型のコンテンツがはめ込まれることがよくあります。幸いCompassには、テキストをより簡単に処理できるヘルパーがいくつかあります。

ellipsisを使用したテキストの処理

　Webデザイナーが頻繁に直面する問題は、テーブル内のセルなど、幅が固定されたコンテナーに長さが不定のテキストが入ることです。以前は、ブラウザ側で対応するのではなく、サーバー側でコンテンツを切り詰めていました。CSSでは **text-overflow: ellipsis** を適用できます。

```
td.dot-dot-dot {
  white-space: nowrap;
  overflow: hidden;
  text-overflow: ellipsis;
}
```

　こうすることで、通常は折り返されたりコンテナーからはみ出したりしていたテキストは切り詰められ、省略記号が追加されます。

　Compassではこれをさらに簡単にできます（サンプルのchapter-04/ellipsis/sass/ellipsis.scssを参照）。

```
td.dot-dot-dot {
  @include ellipsis;
}
```

　ellipsisミックスインを使用するとさらに良いことがあります。ベンダープレフィックスを付与して、OperaブラウザとInternet Explorerにも対応できることです。次に示すのはCompassから生成された完全なCSSです（サンプルのchapter-04/ellipsis/stylesheets/ellipsis.cssを参照）。

```
td.dot-dot-dot {
  white-space: nowrap;
  overflow: hidden;
  -o-text-overflow: ellipsis;      ← Opera用の設定
  -ms-text-overflow: ellipsis;     ← Internet Explorer用の設定
  text-overflow: ellipsis;
}
```

> **MEMO**
> text-overflowを有効にするには、それを **white-space: nowrap** と併用する必要がある点に注意してください。

CHAPTER 4　Compassを使用した退屈な作業の簡略化

nowrapを使用した文字列の折り返しの回避

`nowrap`ミックスインは有用でシンプルなものです。次の例を見れば一目瞭然でしょう。

```
td { @include nowrap }
```
→
```
td { white-space: nowrap }
```

replace-textを使用したテキストと画像の置き換え

`@font-face`やCufónなどの新しい機能を最大限活用しても、デザイナーは従来の手法でWebタイポグラフィを改善しなければならない場面があります。それは、テキストを画像表現に置き換える場合です。画像は、見出しやその他の主要なページ要素に使用されることが多く、標準のフォントではうまく行かない場合がある複雑なデザイン要素を表現できます。そのような場合、ページ内のテキストの場所に`<img>`タグを入れて終わりにしてしまいたい気持ちもありますが、アクセシビリティ（およびSEO）の観点から見れば、これをCSSで処理したほうがはるかに優れたアプローチです。図4.4に示す例を見てください。この例では、見出しの箇所を、画像を活用した巧みなタイポグラフィ表現に置き換えています。

図4.4　Cofeeテキストの交換

CSSを使用してこれを実現するには、次のようにします。

```
h1.coffee {
  text-indent: -119988px;         ❶
  overflow: hidden;
  text-align: left;
  background-image: url('/images/coffee-header.png');   ❷
  background-repeat: no-repeat;
  background-position: 50% 50%;
}
```

初めに、デフォルトのテキストを画面外にインデントして隠します❶（幅119,988ピクセルまで表示できるモニターはないでしょう）。次に、`background`プロパティを使用してテキストを画像に置き換えます❷。Compassでは、`replace-text`ミックスインによってこれがさらに簡単になります。

```
h1.coffee { @include replace-text("coffee-header.png") }
```

画像パスに`/images`を書く必要がなくなっています。Compassは内部的にプロジェクトの

Compass設定を利用して画像のパスを記述する`image-url`ヘルパーを使っているからです。そのため、ここでは画像のファイル名を書くだけで済みます。この画像ヘルパーの詳細とその他のアセットヘルパーについては、7章で説明します。

> **MEMO**
> Compassには、`replace-text`ミックスインの特殊なバージョンである`replace-text-with-dimensions`もあります。これは、渡された画像の高さと幅に従って要素のサイズを設定します。

CHAPTER 4 SECTION 3
Compassを使用した退屈な作業の簡略化
レイアウトヘルパー

> **MEMO**
> 次に扱う例では、必ず`@import "compass/layout";`でCompassレイアウトモジュールをインポートしてください。

グリッドを除けば、レイアウトパターンが、スタイルシートの中でもっとも専門性が求められる傾向にあります。Compassには、一般的なレイアウトで利用できる2つのヘルパーとして、「スティッキーフッター」と「要素のストレッチ」が用意されています。

4.3.1 スティッキーフッター

フッターをページの下部に合わせる必要があるケースを考えてみましょう。最初に思い付くのは、`position: fixed`を使用することでしょう。残念ながら、Internet Explorer 6に対応する必要がある場合、CSSではそれほど単純にはいきません。そこで、Ryan Fiatが開発した技術に基づくアプローチを紹介します。次のHTMLコンテンツを見てください。

リスト4.6　スティッキーフッターマークアップ

```
<body>
  <div id="content">
    Page content...
    <div id="bump"></div>
  </div>
  <div id="footer">
```

CHAPTER 4 　Compassを使用した退屈な作業の簡略化

```
    Fix me to the bottom of the page.
  </div>
</body>
```

これを、次のCSSでスティッキーフッターを使用したレイアウトにします。

リスト4.7　　スティッキーフッターCSS

```
html, body {
  height: 100%;
}

#content {
  clear: both;
  min-height: 100%;
  height: auto !important;
  height: 100%;
  margin-bottom: -40px;
}
#content #bump {
  height: 40px;
}

#footer {
  clear: both;
  position: relative;
  height: 40px;
}
```

❶フッター
❷最小の高さを100%に
❸Internet Explorer 6のための小技
❹オフセット
❺フッターの高さに応じて調整

　この例では、**#footer**セレクタを使用して高さ40ピクセルのフッターを作成しています❶。最小の高さを100%に設定することで、コンテンツエリアの高さが少なくともブラウザの画面の高さと同じになります。残念ながら、Internet Explorer 6の**min-height**対策として、**<html>**および**<body>**タグに**height: 100%**、**#content**要素に**height: auto !important**を指定する必要があります❸。**#bump**要素は、フッターを収めるために**#content**要素の最後に十分なパディングを与える、単なるオフセットです❹。

　このCSSは、Internet Explorer 6に対応するためだけの割には冗長すぎます。また、フッターの高さに基づいて3つの値を設定する必要があるのも難点です❺。Compassなら、**sticky-footer**ミックスインを使用して同等のフッターを簡単に処理できます（サンプルのchapter-04/sticky-footer/sass/sticky-footer.scssを参照）。

```
@include sticky-footer(40px, "#content", "#footer", "#sticky-footer");
```

フッターの高さを高くしたり低くしたりしたい場合、この1か所を変更すれば、CSS出力の他の部分もそれに合わせて変更されます。

4.3.2 要素のストレッチ

フローレイアウトは、Webユーザーインタフェースの大きな強みの1つであり、Webデザイナーの多くはそれを当然のものと考えています。しかし、デスクトップアプリケーションの分野から来られた人は、.NET WinForms、JavaSwing、Flashなどのフレームワークでは非常に一般的な絶対配置による手法のほうが扱いやすいと思っているかもしれません。CSSでも、`position: absolute`を使えば絶対配置が可能です。

```
a.login {
  position: absolute;
  top: 5px; right: 5px; bottom: 5px; left: 5px;
}
```

Compassは、`stretch`ミックスインでこのレイアウトのスタイルの省略記法を提供します。

```
a.login { @include stretch(5px, 5px, 5px, 5px) }
```

変換したCSSは前掲のコードリストと同等です。`stretch`ミックスインは4つの引数`$offset-top`、`$offset-right`、`$offset-bottom`、`$offset-left`を受け取ります。2つの引数（それぞれ`$offset-left`と`$offset-right`、`$offset-top`と`$offset-bottom`）しか受け取らない`stretch-x`と`stretch-y`を使用して、1つの軸上でのみストレッチを行うミックスインもあります。

本章のまとめ

本章では、スタイルシート作成の退屈さをなくし、時間を節約できるCompassの機能をいくつか見てきました。まず、グローバルリセットでは大雑把すぎる場面でターゲットリセットを使用し、要素のサブセットからスタイルを除去する方法を説明しました。次に、link-colors、hover-link、no-bullets、pretty-bullets、horizontal-listなどのミックスインを使用して、簡単にリンクとリストをスタイル付けする方法についても説明しました。また、Compassによって、テキストのはみ出しの処理、レイアウトや色の調整を簡単に実現できることも紹介しました。

CHAPTER 4　Compassを使用した退屈な作業の簡略化

```
    Fix me to the bottom of the page.
  </div>
</body>
```

これを、次のCSSでスティッキーフッターを使用したレイアウトにします。

リスト4.7　　スティッキーフッターCSS

```
html, body {
  height: 100%;                               ❸ Internet Explorer 6のための小技
}

#content {
  clear: both;
  min-height: 100%;                           ❷ 最小の高さを100%に
  height: auto !important;
  height: 100%;
  margin-bottom: -40px;
}
#content #bump {                              ❹ オフセット
  height: 40px;
}
                                              ❺ フッターの高さに応じて調整
#footer {              ❶ フッター
  clear: both;
  position: relative;
  height: 40px;
}
```

この例では、**#footer**セレクタを使用して高さ40ピクセルのフッターを作成しています❶。最小の高さを100%に設定することで、コンテンツエリアの高さが少なくともブラウザの画面の高さと同じになります。残念ながら、Internet Explorer 6の**min-height**対策として、**<html>**および**<body>**タグに**height: 100%**、**#content**要素に**height: auto !important**を指定する必要があります❸。**#bump**要素は、フッターを収めるために**#content**要素の最後に十分なパディングを与える、単なるオフセットです❹。

このCSSは、Internet Explorer 6に対応するためだけの割には冗長すぎます。また、フッターの高さに基づいて3つの値を設定する必要があるのも難点です❺。Compassなら、**sticky-footer**ミックスインを使用して同等のフッターを簡単に処理できます（サンプルのchapter-04/sticky-footer/sass/sticky-footer.scssを参照）。

```
@include sticky-footer(40px, "#content", "#footer", "#sticky-footer");
```

フッターの高さを高くしたり低くしたりしたい場合、この1か所を変更すれば、CSS出力の他の部分もそれに合わせて変更されます。

4.3.2 要素のストレッチ

フローレイアウトは、Webユーザーインタフェースの大きな強みの1つであり、Webデザイナーの多くはそれを当然のものと考えています。しかし、デスクトップアプリケーションの分野から来られた人は、.NET WinForms、JavaSwing、Flashなどのフレームワークでは非常に一般的な絶対配置による手法のほうが扱いやすいと思っているかもしれません。CSSでも、`position: absolute`を使えば絶対配置が可能です。

```
a.login {
  position: absolute;
  top: 5px; right: 5px; bottom: 5px; left: 5px;
}
```

Compassは、`stretch`ミックスインでこのレイアウトのスタイルの省略記法を提供します。

```
a.login { @include stretch(5px, 5px, 5px, 5px) }
```

変換したCSSは前掲のコードリストと同等です。`stretch`ミックスインは4つの引数`$offset-top`、`$offset-right`、`$offset-bottom`、`$offset-left`を受け取ります。2つの引数（それぞれ`$offset-left`と`$offset-right`、`$offset-top`と`$offset-bottom`）しか受け取らない`stretch-x`と`stretch-y`を使用して、1つの軸上でのみストレッチを行うミックスインもあります。

本章のまとめ

本章では、スタイルシート作成の退屈さをなくし、時間を節約できるCompassの機能をいくつか見てきました。まず、グローバルリセットでは大雑把すぎる場面でターゲットリセットを使用し、要素のサブセットからスタイルを除去する方法を説明しました。次に、link-colors、hover-link、no-bullets、pretty-bullets、horizontal-listなどのミックスインを使用して、簡単にリンクとリストをスタイル付けする方法についても説明しました。また、Compassによって、テキストのはみ出しの処理、レイアウトや色の調整を簡単に実現できることも紹介しました。

PART-2　SassとCompassの実践

CHAPTER 5　Compassを使ってCSS3を作成する

本章で学ぶこと
- Compass CSS3モジュールを使ったクロスブラウザCSS3スタイルシートの作成
- 古いバージョンのInternet Explorerでの一部のCSS3機能への対応
- Compassを使った高度なCSS3技術

2章から4章で、Compassを使えば繰り返しや、面倒な作業、計算処理の大部分が不要になり、スタイルシートをより迅速に作成できることが分かったと思います。ここまでは、10年以上にわたって利用されてきたセレクタとプロパティを使ったCSS技術に焦点を当ててきました。本章では、CSS3と総称されるWebデザインの最先端での高度なアプローチについて説明します。

CHAPTER 5　SECTION 1　Compassを使ってCSS3を作成する

CSS3の概要

CSS3（Cascading Stylesheets level 3）は、前のバージョンであるCSS2の仕様をベースに作成されています。現在CSS3と呼ばれているものの最初の原案が出たのは1999年で、20個以上のモジュール（機能のグループ）が含まれており、それぞれの完成度は異なっていました。比較的最近になって各ブラウザがCSS3をサポートしたことにより、スタイルシートの作成者はCSS3の恩恵を受けられるようになりましたが、それはここ数年のことです。では、CSS3にはどんな利点があるのでしょうか？　ネスト化、変数、ミックスインなどでしょうか？　残念ながらそれは違います。そのような機能を利用するには、依然としてSassが必要です。CSS3の新機能は、主に2つに分類できます。1つはマークアップ要素を対象とするセレクタの強化で、もう1つはそれらの要素の見た目を変える豊富な新しいプロパティの導入です。本章では、まずCSS3の新しいセレクタの概要を説明した後で、さまざまな新しいCSS3プロパティを取り上げます。

5.1.1 新しいプロパティ：ベンダープレフィックスに関する悩み

　CSS3にはさまざまな機能が適切に分かりやすくまとめられていると言われることが多いですが、実際には、異なる完成度のCSSの改良版がルーズに集められているに過ぎません。それぞれの完成度は、提案レベルのものや草案から勧告までさまざまです。ブラウザベンダーにはそれぞれ独自のリリースサイクルがあるため、新しい機能が実装されるペースはブラウザごとに異なります。その一方、多くの場合、CSS仕様への拡張の提案は速いサイクルで行われます。そのため、ブラウザベンダーは新しいCSS3プロパティへのサポートを「ベンダープレフィックス」で実装することが多くなります。Web 2.0の角丸のネイティブサポートのために**border-radius**プロパティを使う前掲の例を見てみましょう。

```
button, a.button {
  -webkit-border-radius: 5px;
    -moz-border-radius: 5px;
         border-radius: 5px;
}
```

　主要なブラウザの最新バージョンでは、ベンダープレフィックスのない**border-radius**プロパティに対応していますが、以前は必ずしもそうではありませんでした。角丸へのサポートは、Safari 3.2では**-webkit**プレフィックスを、Firefox 3.5では**-moz**プレフィックスを使用して実装されました。つまり、Safari、Firefox、その他のブラウザに対応したい場合、3つのプロパティをすべて使う必要があります。このため、スタイルシート作成時にコピーアンドペーストを行うだけでも十分面倒ですが、ベンダーが異なる構文を実装していた場合は、CSS3を使いこなすことがさらに大変になります。

5.1.2 Compassによる解決策

　1章で簡単に述べたように、Compassは面倒な作業を代行してくれるので、ベンダープレフィックスに対応する苦痛が解消されます。CompassにこうしたCSSプレフィックスをすべて生成させるには、次のような標準の構文を使います（サンプルのchapter-05/vendor-prefix/sass/screen.scssを参照）。

リスト5.1　Compassでベンダープレフィックスを手早く処理

```
@import "compass/css3";        ❶ Compass CSS3サポートをインポートする
.notice {
  @include border-radius(5px); ❷ border-radiusを使用して角丸を追加する
}
```

　Compass CSS3モジュールをプロジェクトに追加し❶、**border-radius**ミックスインを使

CHAPTER 5　Compassを使ってCSS3を作成する

用するだけで❷、手早く最新のブラウザすべてに対応するCSSを生成できます（サンプルのchapter-05/vendor-prefix/stylesheets/screen.cssを参照）。

リスト5.2　**Compass border-radiusミックスインのCSS出力**

```
.notice {
  -moz-border-radius: 5px;
  -webkit-border-radius: 5px;
  -o-border-radius: 5px;
  -ms-border-radius: 5px;
  border-radius: 5px;
}
```

このコードリストが示すように、Safari、Chrome、Firefoxに対応できるだけでなく、OperaとInternet Explorer 9にも簡単に対応できます。これは確かに便利なのですが、実際にはあらゆるベンダープレフィックスを含めたくないこともあるでしょう。いずれにせよ、ベンダープレフィックスによってスタイルシートが肥大化していることは確かです。Compassでは、ブラウザサポートモジュールで設定した値によって、作成されるベンダープレフィックスを簡単に制限できます（サンプルのchapter-05/vendor-prefix-less/sass/screen.scss、chapter-05/vendor-prefix-less/stylesheets/screen.cssを参照）。

リスト5.3　**Compassのベンダープレフィックスの設定**

```
@import "compass/css3";

$experimental-support-for-opera: false;
          Operaのベンダープレフィックスを使わない
$experimental-support-for-microsoft:
false;    Internet Explorerのベンダープレフィックスを
          使わない
$experimental-support-for-khtml: false;
          Konquerorのベンダープレフィックスを使わない

.notice {
  @include border-radius(5px);
}
```

```
.notice {
  -moz-border-radius: 5px;
  -webkit-border-radius: 5px;

  border-radius: 5px;
}
```

Compassには、**experimental-support-for-xxxx**という名前の変数で利用できる多くの設定があります。これらの値に**false**を設定すると、Compassはそれに対応するベンダープレフィックスを付与したバージョンをCSSに出力しません。

CHAPTER 5 SECTION 2 Compassを使ってCSS3を作成する

Compassを活用したCSS3の使用

ベンダープレフィックスとCSS3プロパティを扱う際の問題点をCompassが解消できることは、すでに説明したとおりです。本節では、比較的大きなCompass CSS3モジュールを取り上げ、それを使って少ない労力で一般的なデザイン作業を行う方法を説明します。

5.2.1 角丸

Webページの利用者はさほど気にしていないかもしれませんが、デザイナーやマネージャー、クライアントは矩形の角を丸くすることを好む傾向があります。ボタン、タブ、サイドバー、テーブルなども何かと加工したくなるものです。そのために、デザイナーは複数の背景画像を使ったり、マークアップを追加したりするなどのテクニックを駆使します。幸い、CSS3では**border-radius**プロパティを使ってこうしたデザインを実現できます。図5.1で示す例を見てみましょう。

図5.1　角を丸くしたボタン

この図には、角をきれいに丸めた3つのボタンとサイドバーがあります。これらのボタンはそれぞれ、丸みの程度（半径）が異なっています。Safari 4以前や、Firefox 3.6以前、Mobile Safari、古いバージョンのAndroidブラウザを気にしないのであれば、CSS3で**border-radius**プロパティを使用できます。しかし、これらのブラウザにも対応しようとすると、ベンダープレフィックスのせいでCSSが煩雑になってしまいます。

リスト5.4　CSSの角丸

```
button {
  background: red;
  border: 0;
  color: #fff;
  line-height: 30px;
  width: 100px;
}

button.rounded {
```

──3つのボタンすべてのベーススタイル

CHAPTER 5　Compassを使ってCSS3を作成する

```
  -moz-border-radius: 5px;          ← Firefox 3.6以前
  -webkit-border-radius: 5px;       ← Safari 4以前、Mobile Safari、Androidブラウザ
  border-radius: 5px;
}

button.really-rounded {
  -moz-border-radius: 10px;
  -webkit-border-radius: 10px;
  border-radius: 10px;
}

button.extreme-rounded {
  -moz-border-radius: 30px;
  -webkit-border-radius: 30px;
  border-radius: 30px;
}
```

　古いブラウザではベンダープレフィックスがないとこの機能が使えないため、**border-radius**プロパティを使用する場合は、**-moz**プレフィックスと**-webkit**プレフィックスをいちいち含める必要があります。幸い、Compassには角丸を複数のブラウザ向けに簡単に実装できるミックスインがあります。リスト5.4ををCompassを使って書き換えてみましょう（リスト5.5。サンプルのchapter-05/rounded/sass/screen.scssも参照）。

リスト5.5　**CompassによるCSS3のborder-radiusの設定**

```
button {                       ←
  background: red;
  border: 0;
  color: #fff;                 ← ❶ベースボタンスタイル
  line-height: 30px;
  width: 100px;
}                              ←

button.rounded {
  @include border-radius(5px);
}

button.really-rounded {
  @include border-radius(10px);   ← ❷半径を設定する
}

button.extreme-rounded {
  @include border-radius(30px);
}
```

この例のCSSは分かりやすいでしょう。3つのボタンすべてに共通するベーススタイルを設定し❶、続いてそれぞれの半径を設定します❷。ここで**border-radius**はCSSプロパティではなく、**@include**ディレクティブがあるとおりSassのミックスインです。ボタンの角を丸くするためのルールを1つ設定するのに必要なのは、このたった1行だけです。これでCompassは、必要なベンダープレフィックス（本章の1で説明した設定変数に基づいてInternet Explorer向けやOpera向けなどのその他の要素も）をCSSの出力に含めます。

5.2.2　CSS3シャドウ

シャドウは、ページに奥行きを持たせるためによく使われるテクニックです。さりげなくシャドウを使うと、テクスチャによって錯覚を起こさせる効果を加えたり、2次元のデザインに3次元的な表現を加えたりでき、要素とその背後のページの間に空間があるかのように見えます。図5.2のCSS3シャドウの例を見てみましょう（サンプルのchapter-05/shadows/demo.htmlも参照）。

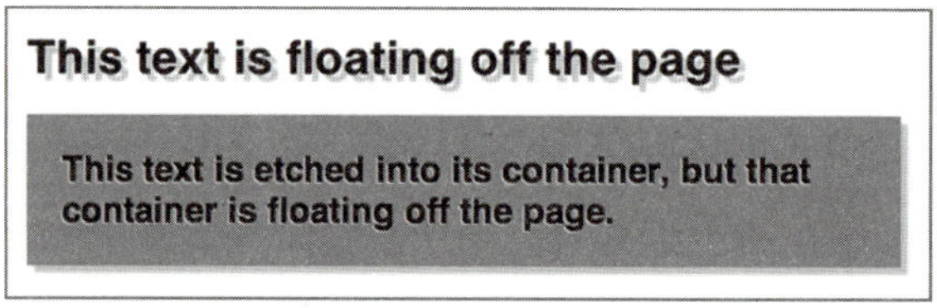

図5.2　CSS3ドロップシャドウ

この図にはいくつのシャドウがありますか？ 2つと答えた人は、もう一度、図を見てください。3つのシャドウが見つかるはずです。2つは分かりやすいでしょう。1つ目の見出しのドロップシャドウと2つ目の見出しを囲むボックス周辺のシャドウです。最後の1つは2つ目の見出し周辺のエッチングですが、このテクニックを使ったことがない人は見落としてしまうかもしれません。これは光の遮断ではなく光の反射を表現しているため、厳密にはシャドウとは言えませんが、いずれの効果も同じCSS3プロパティで作成できます。この例を実現しているCSSを見てみましょう。

リスト5.6　　CSS3によるシャドウの作成

```
h1 {
    text-shadow: #cccccc 5px 5px 2px;         ❶テキストシャドウ
}
h2 {
    -moz-box-shadow: #cccccc 5px 5px 2px;
    -webkit-box-shadow: #cccccc 5px 5px 2px;  ❷ボックスシャドウ
    box-shadow: #cccccc 5px 5px 2px;
```

```
  text-shadow: #dddddd -1px 1px 0;  ❸エッチングされたテキスト
  background: #999;
  padding: 1em;
}
```

ドロップシャドウ用にCSS3 **text-shadow**❶と**box-shadow**❷を使用し、テキストのエッチング用に**text-shadow**❸を使用して3つのシャドウを作成します。もうお分かりかもしれませんが、Compassには**box-shadow**のベンダープレフィックスを記述せずに済むミックスインがあります（サンプルのchapter-05/shadows/sass/screen.scssを参照）。

リスト5.7　Compassのbox-shadowミックスイン

```
h2 {
  @include box-shadow(#ccc 5px 5px 2px);
  text-shadow: #ddd -1px 1px 0;
  background: #999;
  padding: 1em;
}
```

このように、Compassでは**box-shadow**のわずらわしいベンダープレフィックスを1つのミックスインで処理できます。ベンダープレフィックスを使ってCSS3 **text-shadow**に対応するブラウザはないにもかかわらず、Compassにそのためのミックスインがあることは少々不審に思われるかもしれません。これは、**box-shadow**および**text-shadow**のCompassミックスインがどちらも複数のシャドウを要素に適用できるからです。CSS3を使用して複数のドロップシャドウを適用した例を図5.3に示します（サンプルのchapter-05/multi-shadows/demo.htmlも参照）。

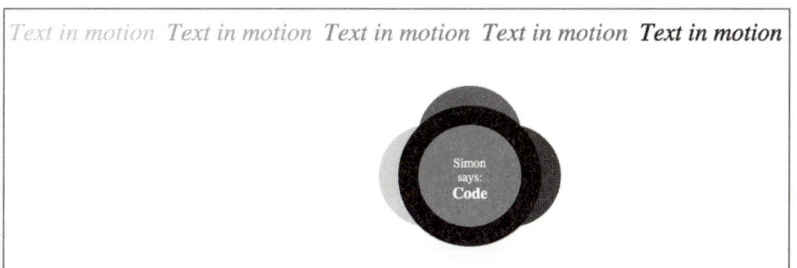

図5.3　CSS3で要素に複数のシャドウを適用

この図から、複数のCSS3シャドウを適用して大きな効果を実現する方法が分かります。まず、動きを感じるテキストを設定しました。次に、古典的なSimonゲームのカラーリングを模

PART 2 　SassとCompassの実践

しました。これを実現するCSSを見てみましょう。

> **MEMO**
> Simonゲームは、1980年代に人気を博した電子機器ゲームで、4つの色のボタンが点灯する順番どおりにプレイヤーは間違えずにボタンを押していくというものです。

リスト5.8　　**CSS3を使って複数のシャドウを適用**

```css
.motion {
  text-shadow:
    rgba(0, 0, 0, 0.5) -200px 0 0,
    rgba(0, 0, 0, 0.4) -400px 0 0,
    rgba(0, 0, 0, 0.3) -600px 0 0,
    rgba(0, 0, 0, 0.2) -800px 0 0;
  font-size: 2em;
  font-style: italic;
  text-align: right;
}
.simon {
  -moz-border-radius: 100px;
  -webkit-border-radius: 100px;
  border-radius: 100px;
  -moz-box-shadow:
    black 0 0 0 25px,
    red 0 -50px 0,
    blue 50px 0px 0,
    yellow 0 50px 0,
    lime -50px 0 0;
  -webkit-box-shadow:
    black 0 0 0 25px,
    red 0 -50px 0,
    blue 50px 0px 0,
    yellow 0 50px 0,
    lime -50px 0 0;
  box-shadow:
    black 0 0 0 25px,
    red 0 -50px 0,
    blue 50px 0px 0,
    yellow 0 50px 0,
    lime -50px 0 0;
  background: #999;
  color: #fff;
  height: 50px;
  margin: 100px auto;
```

❶動きを感じるテキスト
❷黒い輪
❸色付きボタン

```
  padding: 40px;
  text-align: center;
  width: 50px;
}
```

透明度をグラデーション状にし、x軸上に複数の**text-shadow**を適用して右方向の動きを感じるテキストの効果を作成します❶。Simonゲームについては、ゲームの中心を囲む輪用に**25px**の**spread**値を使用して、黒のオフセットシャドウを適用します❷。次に、ボタン用に、それぞれx軸およびy軸でオフセットを設定する一連の色付きシャドウを使用します❸。ご想像のとおり、Compassを使えば、このコードの繰り返しを大幅に減らすことができます（リスト5.9。chapter-05/multi-shadows/sass/screen.scssも参照）。

リスト5.9　　Compassによる複数のCSS3シャドウ

```
.motion {
  @include text-shadow(
    rgba(#000,.5) -200px 0 0,      ❶複数のテキストシャドウ
    rgba(#000,.4) -400px 0 0,
    rgba(#000,.3) -600px 0 0,
    rgba(#000,.2) -800px 0 0
  );
  font-size: 2em;
  font-style: italic;
  text-align: right;
}

.simon {
  @include border-radius(100px);
  @include box-shadow(
    black 0 0 0 25px,
    red 0 -50px 0,
    blue 50px -0px 0,              ❷複数のボックスシャドウ
    yellow 0 50px 0,
    lime -50px 0 0
  );
  background: #999;
  color: #fff;
  height: 50px;
  margin: 100px auto;
  padding: 40px;
  text-align: center;
  width: 50px;
```

}
```

ここでもまた、**box-shadow** ❷ ミックスインが冗長なベンダープレフィックスの記入作業を解消してくれます。一見すると、処理するベンダープレフィックスがないため、**text-shadow** ミックスイン ❶ はそれほど役に立っていないように思えますが、この例をもう少し掘り下げると、このミックスインの真価が分かります。

#### リスト5.10　Compassによるテキストシャドウの再利用

```
$shadow-1: rgba(#000,.5) -200px 0 0;
$shadow-2: rgba(#000,.4) -400px 0 0;
$shadow-3: rgba(#000,.3) -600px 0 0;
$shadow-4: rgba(#000,.2) -800px 0 0;
```
❶テキストシャドウを定義する

```
.motion {
  @include text-shadow($shadow-1, $shadow-2, $shadow-3, $shadow-4);
  font-size: 2em;
  font-style: italic;
  text-align: right;
}
```
❷4つのシャドウをすべて使う

```
.skipping {
  @include text-shadow($shadow-2, $shadow-4);
}
```
❸シャドウを2つだけ使う

この例でも複数のシャドウを使う2つの要素がありますが、ここではその要素のうちの1つは2つのシャドウしか使いません。シャドウを一度定義し❶、その後、**text-shadow** ミックスインにそのシャドウを渡して再利用します❷❸。

ここまでの例では、Compassを使用してCSS3シャドウを作成することによって時間を節約する方法を紹介しましたが、各ミックスインでシャドウのデフォルトを設定する機能が、もっとも時間を節約できる方法でしょう。

最初の例に戻って、図5.2で示したシンプルなテキストシャドウとボックスシャドウを見てみましょう（リスト5.11。chapter-05/shadow-defaults/sass/screen.scssも参照）。

#### リスト5.11　Compassにおけるシャドウのデフォルト設定の使用

```
$shadow-color: #ccc;
$shadow-h: 5px;
$shadow-v: 5px;
$shadow-blur: 0;
```
❶共有シャドウ設定
```

CHAPTER 5　Compassを使ってCSS3を作成する

```
$default-text-shadow-color: $shadow-color;
$default-text-shadow-h-offset: $shadow-h;      ──❷テキストデフォルト
$default-text-shadow-v-offset: $shadow-v;
$default-text-shadow-blur: $shadow-blur;

$default-box-shadow-color: $shadow-color;
$default-box-shadow-h-offset: $shadow-h;       ──❸ボックスデフォルト
$default-box-shadow-v-offset: $shadow-v;
$default-box-shadow-blur: $shadow-blur;

h1, h2 { font-family: sans-serif; }

h1 {
  @include text-shadow;     ──❹デフォルト
}

h2 {
  @include box-shadow;
  @include single-text-shadow(#ddd, -1px, 1px);  ──❺1回限りのテキストシャドウ
  background: #999;
  padding: 1em;
}
```

　このコードだけで見ると、このリファクタリングはあまり効果を発揮していません。実際、元の例よりもかなり長くなってしまっています。評価を下す前に、順を追って見ていきましょう。まず、いくつかのSass変数にいくつかの共有シャドウの設定を行います❶。これらは、**text-shadow**❷と**box-shadow**❸のCompassのデフォルトを設定するために再利用できます。これで、値を渡さずにミックスインを呼び出すことができます❹。また、上書きしたい値を渡して、**single-text-shadow**ミックスインで他のテキストシャドウを追加できます❺。

　確かに、シャドウが2つか3つしかないシンプルなページの場合なら、これはやり過ぎです。しかし、大量のテキストシャドウまたはドロップシャドウに一貫した値を設定する必要がある大規模なサイトではどうでしょう。専用のCSSクラスを作成するよりも、適切なデフォルトを設定してスタイルシートで何度でも再利用したほうが良いでしょう。

5.2.3　グラデーション

　CSS3の**border-radius**、**text-shadow**、**box-shadow**を使った例ですでに見たように、ベンダープレフィックスは面倒です。そして、Compassを使えば**-webkit**、**-moz**などを入力する退屈な作業から解放されることも説明しました。CompassがサポートしているCSS3グラデーションでは、入力量だけでなく考える労力も減らしてくれます。図5.4に実際の例を示します。

図5.4 テレビ用テストパターングラデーション

　これは、放送終了時に配信される見慣れたテレビ用テストパターンです。このパターンは、パターンの幅の12.5%ごとに色が等分された8色の縦の線状グラデーションです。Webでこのテストパターンを再現する際のCSSを見てみましょう。

リスト5.12　CSS3でTV用テストパターンを構築

```
#pattern {
  background: -webkit-gradient( ●
    linear, 360deg, 360deg,
    color-stop(0%, #bfbfbf),
    color-stop(12.5%, #bfbfbf),
    color-stop(12.5%, #bfbf00),
    color-stop(25%, #bfbf00),
    color-stop(25%, #00bfbf),
    color-stop(37.5%, #00bfbf),
    color-stop(37.5%, #bfbf00),
    color-stop(37.5%, #00bf00),
    color-stop(50%, #00bf00),
    color-stop(50%, #bf00bf),
    color-stop(62.5%, #bf00bf),
    color-stop(62.5%, #bf0000),
    color-stop(75%, #bf0000),
    color-stop(75%, #0000bf),
    color-stop(87.5%, #0000bf),
    color-stop(87.5%, #000000),
    color-stop(100%, #000000));
  background: -webkit-linear-gradient( ●
    360deg,
    #bfbfbf 0%, #bfbfbf 12.5%,
    #bfbf00 12.5%, #bfbf00 25%,
    #00bfbf 25%, #00bfbf 37.5%,
```

❶古いWebKit用

❷新しい構文

CHAPTER 5　Compassを使ってCSS3を作成する

```
        #bfbf00 37.5%, #00bf00 37.5%,
        #00bf00 50%, #bf00bf 50%,.
        #bf00bf 62.5%, #bf0000 62.5%,     ──❷新しい構文
        #bf0000 75%, #0000bf 75%,
        #0000bf 87.5%, #000000 87.5%,
        #000000 100%);
    /* 同等の-ms、-o、-mozのバージョンについては省略 */
    height: 300px;
    margin: 100px auto;
    width: 400px;
}
```

　コードリストからベンダープレフィックスを付与したバージョンの重複分を取り除いても、8つの縦縞を作成するには大量のCSSが必要であることが分かるでしょう。これは、線状グラデーションが、2008年にSafariとWebKitベースのブラウザで古い構文❶に基づいてCSS3に導入されたことによるものです。その後、仕様は新しい構文❷に簡略化され、ほぼすべてのブラウザの最新バージョンが対応しています。では、Compassを使った同じ例を見てみましょう（リスト5.13。サンプルのchapter-05/test-pattern/sass/screen.scssも参照）。

リスト5.13　Compassを使ったテレビ用テストパターン

```
#pattern {
  @include background(
  linear-gradient(
    360deg,
    #bfbfbf 0%,
    #bfbfbf 12.5%,
    #bfbf00 12.5%,
    #bfbf00 25%,
    #00bfbf 25%,
    #00bfbf 37.5%,
    #bfbf00 37.5%,                ──❶背景モジュールによるグラデーション
    #00bf00 37.5%,
    #00bf00 50%,
    #bf00bf 50%,
    #bf00bf 62.5%,
    #bf0000 62.5%,
    #bf0000 75%,
    #0000bf 75%,
    #0000bf 87.5%,
    #000 87.5%,
    #000 100%));
  height: 300px;
  margin: 100px auto;
```

```
    width: 400px;
}
```

たったこれだけです。Compassを使えば、この分かりやすいわずかな構文で、先ほど手で書いたものと同じCSSを生成できます。CompassのCSS3モジュールの**background**ミックスインを使用すれば、何の苦もなく標準のCSS3構文を使用して線状（または放射状）グラデーションを作成し❶、ベンダープレフィックスを付与したバージョンと古いブラウザの構文のバージョンの両方を展開できます。これによって入力量が減るだけでなく、構文について考えなければならないことも減るので、デザインに集中できるようになります。

ここまでは、Compassによって基本的なCSS3機能の操作を簡単にする方法を説明しました。本章の以降では、高度で使用頻度の低いCSS3機能のいくつかについて、概念とCompassがどのようにサポートしているかを解説します。

5.2.4 @font-faceを使用したフォントの埋め込み

お気に入りの雑誌や新聞などの印刷出版物を思い浮かべてみれば、タイポグラフィがその出版物のブランドイメージに大きな影響を与えていることが分かるでしょう。フォントを選択してそれをデザイン全体で使用する際には、細心の注意が払われています。残念ながら、Webデザイナーにはフォントを選択する余地があまりありません。ユーザーのマシンにインストールされていて、デザインで使えるフォントの選択肢はかなり限られています。かつては、次のような「フォントスタック」を定義していました。これは、ページ内の要素に対してブラウザが使用すべきフォントの優先順位を示すリストです。

```
font-family: Georgia, "Times New Roman", serif;
```

`@font-face`ルールはCSS2から使われ始めましたが、初めのうちはInternet Explorerの独自仕様のフォーマットのみでしか使えませんでした。今では他のブラウザもOTF、WOFF、SVG、TTFに対応したため、印刷出版物のようにフォントをデザイン要素の1つと捉えることができるようになりました。問題は、新しいCSS3モジュールと同様、各ブラウザがWebフォントについて1つのフォーマットで合意しておらず、それらすべてに対応するCSSを書くことは面倒で、間違いも起こりやすい、ということです。幸い、Compassがここでも役に立ちます。

このときに注意してほしいことがあります。`@font-face`でフォントを使う前に必ずライセンスをチェックして、使用する権限があるかどうかを確認してください。Font SquirrelとGoogle Web Fontは、自分のサイトで合法的に利用できるフリーで見た目の良いフォントを探すには非常に役に立つリソースです。フォントを選択して、複数のブラウザに対応する複数のフォントファイル、フォントの表示に必要なCSS3を使ったスタイルシートなど、自分のサイトに埋め込むフォントの準備に必要なものがすべて入ったzipアーカイブをダウンロードできます。試しに、図5.5に示すように、Font Squirrelの極太フォントChunkFiveを使うようにペー

CHAPTER 5 Compassを使ってCSS3を作成する

ジを設定する場合を見てみましょう。

This headline is Chunky

図5.5 ChunkFiveで見出しフォントの見栄えを良くする

最終的にどのように表示されるかを確認したところで、これを表示するCSS3を見てみましょう。

リスト5.14　ChunkFive見出しのCSS3

```
@font-face {
  font-family: 'ChunkFiveRegular';
  src: url('Chunkfive-webfont.eot');            ❶ Internet Explorer 9

  src: url('Chunkfive-webfont.eot?#iefix')
       format('embedded-opentype'),             ❷ Internet Explorer 6 〜 8
       url('Chunkfive-webfont.woff')
       format('woff'),                          ❸ 最新のブラウザ
       url('Chunkfive-webfont.ttf')
       format('truetype'),                      ❹ Safari、モバイルブラウザ
       url('Chunkfive-webfont.svg#ChunkFiveRegular')
       format('svg');                           ❺ 古いiOSブラウザ
  font-weight: normal;
  font-style: normal;
}

h1,h2,h3,h4,h5,h6 {
  font-family: 'ChunkFiveRegular'
}
```

洗練された新しいCSS機能にはInternet Explorer向けの対応が必要なもので、`@font-face`もその1つであるかのように見えます❶❷。しかしこのCSS3機能は、主要なブラウザのほとんど❸❹と一部のモバイルブラウザの旧バージョン❺に対応するため幅広いフォントフォーマットを必要とします。Font Squirrelが「フォントキット」でフォントファイルとともにCSSを提供しているのは便利なのですが、スタイルシートはそれと同じフォルダーからフォントを取得していると想定しています。フォントが他の場所（8章で説明するアセットホストなど）に置かれている場合、宣言で各フォントの`url()`の場所へのパスを先頭に追加する必要があります。Compassを使えば、少ないコードで同じCSSを作成することが可能です。

PART 2　Sassと Compassの実践

リスト5.15　　Compassを使った@font-faceの使用

```
@import "compass";
@include font-face("ChunkFiveRegular",
  font-files( "Chunkfive-webfont.woff", woff,
              "Chunkfive-webfont.ttf", ttf,
              "Chunkfive-webfont.svg", svg),
              "Chunkfive-webfont.eot", normal, normal);
```

　このコードは簡潔なだけでなく、堅牢でもあります。`font-files`ヘルパーは2つのことを行います。1つ目は、ルールの`url()`と`format()`の部分を作成する省略記法構文を生成してくれることです。2つ目のほうがおそらく重要で、Compass設定に基づいて`url()`パスを構築してくれます。これは、開発中の場合は/fonts、本番ではhttp://assets.example.com/fontsなどになります。

> **MEMO**
> 7章で、この2つ目の機能についてより詳細に説明します。

CHAPTER 5　SECTION 3　Compassを使ってCSS3を作成する

CSS PIE を使った Internet Explorer への対応

　本章で説明した機能の多くは、FirefoxとWebKitベースのブラウザでは広くサポートされていますが、こうしたCSS3の新しい機能の大部分は、Internet Explorer 8より前のバージョンではサポートされていませんでした。それでは、古いバージョンのブラウザに固執する企業でInternet Explorerに対応する必要がある場合はどうでしょうか？　率直に言えば、古いブラウザで多少の乱れが生じても（たいていは）大した問題ではありません。
　そのような差異を許容するのもよいのですが、Compassを使えば、古いブラウザから離れられないユーザーにも配慮できます。CSS3 Progressive Internet Explorer（CSS3 PIE）は、Jason Johnstonが作成した、古いバージョンのInternet Explorerを多くのCSS3機能に対応させるためのプロジェクトです。
　PIEは、「HTCビヘイビアー」として知られるInternet Explorer固有の古い機能を使って、多くのCSS3の機能を部分的または完全にサポートします。機能には次のようなものが含まれます。

| CHAPTER 5 | **Compassを使ってCSS3を作成する** |

- border-radius
- box-shadow
- border-image
- 複数の背景画像
- 線状グラデーションの背景画像

本章の2で説明した2つのCSS3プロジェクトをもう一度見てください。PIEを使えば、古いバージョンのInternet Explorerでも角丸と線状グラデーションに対応できることを確かめましょう。図5.6のボタンを見てください。

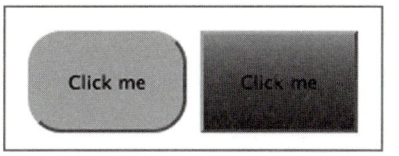

図5.6　ボタン用のシンプルな角丸と背景グラデーション

本章の初めで見たとおり、これらのボタンのクロスブラウザCSSはシンプルですが冗長です。

リスト5.16　　CSS3を使った角丸とグラデーション

```
.rounded {
  -moz-border-radius: 20px;
  -webkit-border-radius: 20px;
  -o-border-radius: 20px;
  -ms-border-radius: 20px;
  border-radius: 20px;
}                                           ── CSS3の角丸

.gradient {
  background: -webkit-gradient(
    linear, 50% 0%, 50% 100%,
    color-stop(0%, #aaaaaa),
    color-stop(100%, #333333));
  background: -webkit-linear-gradient(#aaaaaa, #333333);
  background: -moz-linear-gradient(#aaaaaa, #333333);
  background: -o-linear-gradient(#aaaaaa, #333333);
  background: -ms-linear-gradient(#aaaaaa, #333333);
  -pie-background: linear-gradient(#aaaaaa, #333333);
  background: linear-gradient(#aaaaaa, #333333);
}                                           ── CSS3の線状グラデーション
```

PIEのドキュメントによれば、古いInternet Explorerに対するサポートを拡張するには、いくつかの修正を施す必要があります。まず、HTCコンポーネントをダウンロードし、Webサイトに追加する必要があります。詳細なインストール手順についてはPIEのWebサイトを参照してください。とりあえず、ここではそのファイルを/stylesheets/PIE.htcから取るものとします。次に、スタイルシートにいくつかルールを追加します。

リスト5.17　　CSS3 PIEによる角丸とグラデーション

```
.rounded, .gradient {
  behavior: url("/stylesheets/PIE.htc");     ❶ PIEビヘイビアーを適用する
  position: relative;
}

...

.gradient {
  background: -webkit-gradient(linear, 50% 0%, 50% 100%,
                               color-stop(0%, #aaaaaa),
                               color-stop(100%, #333333));
  background: -webkit-linear-gradient(#aaaaaa, #333333);
  background: -moz-linear-gradient(#aaaaaa, #333333);
  background: -o-linear-gradient(#aaaaaa, #333333);
  background: -ms-linear-gradient(#aaaaaa, #333333);
  -pie-background: linear-gradient(#aaaaaa, #333333);   ❷ グラデーション背景を追加する
  background: linear-gradient(#aaaaaa, #333333);
}
```

PIEを有効にするには、Internet Explorerのバグを修正する**position: relative**とともに、PIEを必要とする要素に適用する必要があります❶。次に、グラデーションの場合は、非標準CSSプロパティの**-pie-background**を使って、PIEにボタン用のグラデーション背景を追加します❷。

もちろん、Compassを使用すれば、インストールも含めてこれらの作業がすべてさらに簡単になります。必要なPIEアセットをプロジェクトに追加し、コマンドラインから定評のあるスタイルシートサンプルを直接展開できます。

```
$ compass install compass/pie
```

PIEスタイルシートとHTCコンポーネントを使えば、Compass PIEミックスインを使って、Sassを少し活用するだけで前掲のリストのCSSを作成できます。

CHAPTER 5　Compassを使ってCSS3を作成する

リスト5.18　　Compass PIEの使用

```
@import "compass/css3/pie";          ❶PIEをインポートする

.pie-element {
  // relativeはデフォルトなので、relativeを渡すのは
  // 冗長だが、ここでは明示する目的で記述する
  @include pie-element(relative);
}

.rounded {
  @include pie;                      ❷PIE要素クラスを拡張する
  @include border-radius(20px);
}

.gradient {
  @include pie;
  @include background(linear-gradient(#aaa, #333));
}
```

これだけです。Compass PIEモジュールをインポートして❶、それをボタンに適用します❷。残りのCSSは、前述のCompass CSS3のサポートです。PIEはCompassと併用したほうがより役に立つことは明らかです。

本章のまとめ

本章では、Compassを使うとCSS3が手早く書けて便利なことを説明しました。Compass CSS3ミックスインを使って、角を丸め、ドロップシャドウを作成し、グラデーションを適用し、タイポグラフィを一新する実践的な方法を紹介しましたが、ベンダープレフィックスはまったく書かなくて済みました。また、設定プロパティを使用して特定のブラウザに対応する方法だけでなく、CSS3 PIEを使用して古いバージョンのInternet Explorerに対応する方法についても説明しました。

PART-3：本番のための調整

　PART 1、2では、SassとCompassについて紹介し、スタイルシート作成ワークフローを改善する多くの実践的な方法を説明しました。6章では、もっと内容を掘り下げて、Compassを使用したスプライトの威力をお見せします。CSSスプライトを使用する理由を説明してから、スプライトのシンプルなユースケースと高度なユースケースを見ていきます。また、Compassを利用して、スプライト化の一連の流れ、つまり画像の結合およびサイズ測定からCSSの生成までを完全に自動化する方法を紹介します。さらに、レイアウト、スペース、位置、クラス名などを設定する方法についても取り上げます。

　7章では、ローカルで作成されたプロトタイプから本番WebサイトまたはWebアプリケーションへの移行が、Compassによってどのように簡単になるのかを説明します。まず、Compassのアセットヘルパーを使用して、スタイルシートで単純な構成の変更を行うだけでスタイルシート内のすべてのURLを簡単に更新できるようにする方法を紹介します。また、スタイルシートが参照する画像が見つからなかった場合に、Compassがどのようにそれを警告して、画像リンク切れを防止できるのかを説明します。さらに、ブラウザでのデザインのアプローチについて解説し、本番へのデプロイ用にスタイルシートを調整する方法を見ていきます。

　8章は、スタイルシートから最高のパフォーマンスを引き出す上で役立つ内容になっています。@importを使用したスタイルシート連結、Compassの組み込みスタイルシート圧縮を使用する方法、また、ダウンロード時間を短縮するためにgzip圧縮を使用する設定について説明します。そして、Compassがサポートするアセットホストを使用してダウンロードを異なるサーバー間に分散させる方法と、Compassのインライン画像およびフォントのサポートを利用してHTTPリクエストを減らす方法について説明します。最後に、セレクタのパフォーマンスに注目し、Sassでセレクタのネスト階層を深くしすぎた場合のパフォーマンスコストについて検討します。

　本PARTを読み終えれば、Web開発ワークフローにおけるSassとCompassの導入の全体像を把握し、ローカル開発環境から本番Webサーバーへのスムーズな移行方法を理解できるでしょう。

PART-3　本番のための調整

CHAPTER 6　スプライト

本章で学ぶこと
- CSSスプライトの歴史と基本的な原則
- Compassのミックスインを使用したスプライト作成の自動化
- スプライト画像とCSS出力をカスタマイズする高度な技術

　本章では、CSSスプライトの目的、それに関連する課題、そしてCompassがWebデザインでもっとも面倒な作業の1つをどのように片付けてくれるのかを見ていきます。

　これまでにスプライトを手動で作成した経験のある方にとっては、読んで損のない内容だと思います。Compassを使うと、スプライト化が驚くほど簡単になります。Compassがスプライトマップを作成し、面倒なCSSを書き、スタイルシートワークフローにスムーズに統合してくれるのです。しかも、これはほんの手始めに過ぎません。スプライトマップの作成とCSSの生成をより細かくコントロールする必要がある場合でも、シンプルなプロセスで実現できます。

　本章では、新しいCompassプロジェクトの書き方を詳しく見ていきます。実際に動かしてみたほうが分かりやすいので、まだCompassをコンピュータにインストールしていない場合は、序章の1を参照してインストールしてください。

CHAPTER 6　SECTION 1　CSSスプライトの機能

　本来、CSSスプライトの考え方は非常にシンプルです。まずデザイナーがボタンのさまざまな状態の画像を作成し、それらを図6.1のように1つの画像として結合します。

図6.1　シンプルなスプライトマップの例

CHAPTER 6　スプライト

　そして、CSSでボタンの高さ、幅、背景画像のプロパティを設定します。背景画像の位置は状態ごとに異なる設定にします。

リスト6.1　シンプルなスプライトのCSS

```css
.go-button {
  width: 75px; height: 45px;
  background: url('images/sprite-button-usage.png') top left;
}

.go-button:hover  { background-position: center; }
.go-button:active { background-position: right;  }
```

　ボタンのサイズはスプライトマップのサイズよりも小さくして、表示領域に画像の一部だけが見えるようにします。ユーザーがカーソルを合わせるかクリックすると、背景画像の位置が変わり、表示領域に適切な状態のグラフィックが表示されます（図6.2を参照）。

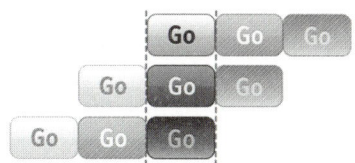

図6.2　CSSで表示領域を定義

　これは、かつてのシンプルなCSSスプライトの例です。現在ではCSS3できれいなボタンスタイルを作成できるので、このようなスプライトを実際に使用することはなくなっています。
　このテクニックが最初に知られるようになったとき、多くのテクノロジー記事では、これをブラウザが別の画像を取得する際の「ちらつき」を避ける方法として紹介し、それがすべてであるかのような書き方をしていました。しかし実際には、こうした「ちらつき」はWebのパフォーマンスに関する重要な問題の1つが目に見える形で現れたものに過ぎず、真の問題を本当に解決するにはスプライトが進化する必要がありました。

CHAPTER 6　SECTION 2　スプライト

スプライトが必要な理由

　先ほどのボタンスプライトの例から、3つの異なるボタングラフィックを1つの画像に結合しつつ、3つのグラフィックを使っているときと同じ見た目をどうやって実現しているかが分かりますね。この技術を一歩先に進めれば、サイト上で使用するほぼすべての背景画像を結合して、1つの巨大なスプライトを作成することもできます（図6.3を参照）。

図6.3　より近代的なスプライトマップ

　しかし、なぜそんなことをするのでしょうか？ このやり方では、すべての画像のサイズを測り、それぞれのスプライトマップ内での位置をスタイルシートに記録する必要があり、しかも、デザインが変更されたらそのたびに改訂を行う必要があります。これは非常に面倒で、かなり労力がかかる作業です。

　ダウンロードの高速化が目的ならば、強力な画像圧縮を使用すればいいのではないでしょうか？ 確かに画像圧縮には多少の効果がありますが、実際のところ、ファイルサイズは問題のほんの一部に過ぎません。ファイルをしっかり圧縮できれば、各ファイルの読み込み時間は短縮されるでしょう。しかし、問題はそれだけではないのです。スプライトの本当の効果を理解するには、Webブラウザが個々の画像をダウンロードするときに何をしているのかを把握する必要があります。

6.2.1　HTTPリクエストの回数は少ないほど良い

　Webサイトを自分のコンピュータ上でローカルに構築するときは、通常、ブラウザはハードディスク上のファイルを直接参照するか、コンピュータ上でローカルに動作しているWebサーバーにファイルをリクエストします。どちらの場合でも、ファイルは一瞬で転送されるため、リモートサーバーとの間にネットワーク接続を確立してファイルをダウンロードするときのような遅延を感じることはありません。

　ブラウザがサーバーからファイルをダウンロードするときには、必ず一連のステップを踏む必要があります。次に示すのは、もっともシンプルな場合のステップです。

1　**ブラウザ**——サーバーに転送用ソケットを開くようリクエストする

CHAPTER 6　スプライト

2　**サーバー**——リクエストを処理し、レスポンスを返す
3　**ブラウザ**——サーバーのレスポンスを確認する
4　**ブラウザ**——サーバーにデータをリクエストする
5　**サーバー**——リクエストを処理する
6　**サーバー**——ファイルを探す
7　**サーバー**——ファイル転送を開始する
8　**ブラウザ**——ファイル転送を承認する

　たった1バイトのデータを取得するときでさえ、ブラウザはこのやり取りをすべて行う必要があります。しっかり圧縮されたサイズの小さな画像であっても、ダウンロードを開始するためのネットワーク上の手続きにかかる時間は変わりません。最近のブラウザは、ファイルごとに接続を再確立しなくても済むように、複数のファイルを同時にダウンロードします。しかしそれでも、ネットワークが混雑しているときや、モバイル通信ネットワークなどのハイレイテンシーな接続の場合、このプロセスが大きな遅延につながります。Webサイトが必要とするJavaScript、CSSファイル、画像すべてを合わせれば、全体としてかなりの時間がかかることは簡単に想像できます。

　これは、ブラウザだけの問題ではありません。Webサーバー側も、これらのリクエストを処理してレスポンスを返すために大量の処理を行う必要があります。人気のあるWebサイトであれば、1秒当たり数百万のリクエストを処理していることもあります。つまり、自分が出した最初のリクエストから最後のリクエストまでの間に何十万もの他のユーザーからのリクエストがあり、それによってページ読み込み時間が非常に長くなる場合もあるということです。リクエストが増えるとWebサーバーに対する負担が大きくなり、サイトのパフォーマンスの低下と運営コストの増加につながります。

　CSSスプライトの利用は、Webサーバーに対する負担を大幅に減らす方法の1つです。これはただの優れたアイデアの1つではなく、もはやベストプラクティスの1つであり、トラフィック量の多いWebサイトには必須のステップです。ただ問題は、それを実現するには手間がかかるということです。さまざまなサイズの画像を結合し、それぞれの位置をCSSで指定するのは大変な作業です。

6.2.2　手作業は苦痛

　これは決してオーバーな表現ではありません。大きなスプライトマップとそれに対応するスタイルシートを手動で作成および保守することは、苦痛以外の何物でもありません。

　画像のスプライト化によってWebサイトの読み込み時間を大幅に短縮できるのは確かですが、画像に変更をかけたいときはそのたびにスプライトマップを更新する必要があります。さらに、画像のサイズを変更する必要がある場合、それによって位置が変わってしまう画像も多いため、周辺にあるものをすべて移動させて、個々の画像のサイズを測り直し、スタイルシートを更新する必要があります。

これは明らかに、Webデザイナーや開発者が行うには負担の大きすぎる作業です。そのため、あえてスプライトに取り組もうとする人は少なく、大規模なスプライトの使用例と言えば、Amazon.comのようなきわめてトラフィック量の多いWebサイトが、必要に迫られて導入している場合がほとんどでした（図6.4を参照）。

図6.4　Amazon.comのスプライトマップ

では、もっと手間が少なかったらどうでしょうか？　手間を軽減してくれるような何かがあれば、誰もがもっと速くて効率的なWebサイトを構築できるのではないでしょうか？

まず、画像のサイズ測定、結合、圧縮、およびスタイルシートの分割は、間違いなく自動化ソフトウェアで処理すべき類いの作業です。実際、この分野は解決すべき問題としてここ数年注目されてきました。

ちょっとWebを検索してみれば、コマンドラインアプリケーションからブラウザベースのWebアプリケーションに至るまで、多種多様なスプライトツールが見つかります。何をどこまで自動化できるかは、ツールによって異なります。なかには非常に優れたツールもありますが、そうしたツールでも、ある非常に重要な機能が欠けています。すなわち、ワークフローの統合です。これこそ、Compassソリューションが他の追随を許さない領域の1つです。

6.2.3　Compassソリューション

Compassはすでにスタイルシート作成ワークフローに統合されているため、CSSスプライトの作成には最適です。詳しくは7章で説明しますが、Compassにはサイトの画像の場所を示す設定ファイルがあるので、スプライト作成プロセスの自動化には非常に適しています。

次に示すのは、CompassによるCSSスプライト生成のステップです。

1　スプライト化する画像のフォルダーをCompassに指示する

2　スプライト用のCSSを書くようCompassに指示する
3　スタイルシートをコンパイルする

　わずかなSassを書くだけで、Compassがディレクトリ内の全画像を結合し、各画像のサイズを測定し、各画像のファイル名に基づくクラス名とその背景画像の位置を書き出してくれます。画像に変更を加えたときは、Compassが自動的にスタイルシートを更新して、必要に応じて新しいスプライトを生成し、背景画像の位置を更新してくれます。まるで魔法のようです！

CHAPTER 6 SECTION 3　スプライト

Compassを使用したスプライト

　本節では、シンプルなCompassスプライトプロジェクトの内容を詳しく見ていきます。サンプルとして、実際に手順を試すことのできる作業用プロジェクト（starting-point）が用意されています。このプロジェクトには、フリーのIcoMoonアイコンセット（https://github.com/Keyamoon/IcoMoon--limited-）、Compassロゴなど、必要なものがすべて含まれています。図6.5に、作業開始時の様子を示します。

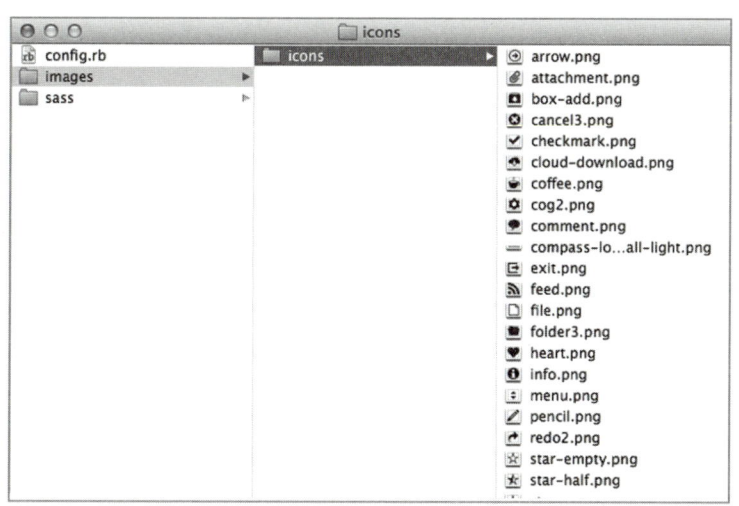

図6.5　プロジェクトセットアップの例

CompassはPNGファイルからしかスプライトを生成できないので、ここではPNGを使用します。PNGはスプライト化する画像の種類として理想的な画像フォーマットであるため、この点は問題にならないはずです。それでは、PNGファイルからスプライトマップに変換するために必要な手順を見ていきましょう。

6.3.1 スプライトマップの作成

フォルダー内の画像をスプライトマップに変換するには、screen.scssを開き、次のコードを追加します。

リスト6.2　Compassを使用したスプライトマップの生成

```
@import "compass/utilities/sprites";
@import "icons/*.png";
```

まず、Compassスプライトモジュールをインポートします。次に、スプライトインポートを使用して、スプライトマップの生成元となるPNGファイルの場所としてimages/icons/ディレクトリを指示します。これによって、imagesディレクトリに「icons-s0cad3f8f97.png」のような名前の画像が作成されます（図6.6を参照）。

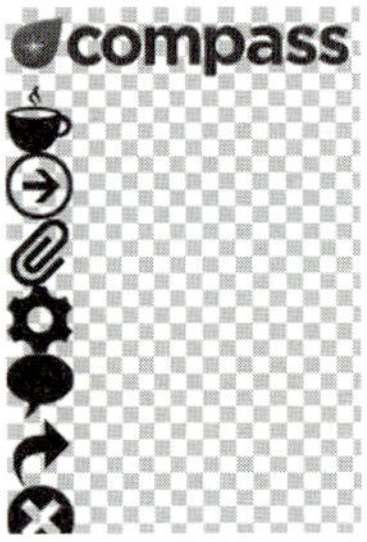

図6.6　生成されたスプライトマップ（一部）

デフォルトでは、スプライトは縦方向に並べられます。個別のスプライトおよびスプライトマップ全体のスプライトレイアウト、スペース、その他の設定を調整する方法については後述します。ここではまず、CompassがどのようにしてスプライトCSSを生成するかを見ていきましょう。

6.3.2 スプライトCSSの生成

Compassには、スプライトCSSを自動で生成できる2つの便利なミックスインがあります。

リスト6.3　スプライト関連のミックスイン

```
@include all-<map>-sprites;
@include <map>-sprite($name);
```

`<map>`の部分はプレースホルダーであり、スプライト化する画像を含むフォルダーの名前に置き換える必要があります（これをマップ名と言います）。この例の場合、ここはiconsとなります。1つ目の**all-<map>-sprites**ミックスインは、スプライトマップ全体に必要なすべてのCSSを書きます。それに対し、2つ目の**<map>-sprite**ミックスインは、1つの指定されたスプライトのCSSを出力します。これらのミックスインはともにスプライトインポート（`@import "icons/*.png"`）によって作成されるため、スプライトインポートの後にのみ使用可能になります。

以降では、この2つのミックスインがどのように機能するかを見ていきます。サンプルコードがchapter-06/automatic-spritesディレクトリ内のall-sprites-mixinとsingle-sprite-mixinに含まれているので、そちらも参考にしてください。

all-<map>-spritesミックスイン

それでは、CompassにすべてのスプライトCSSを生成させる手順を見ていきましょう。次に示すのは、サンプルのchapter-06/automatic-sprites/all-sprites-mixin/sass/screen.scssの内容です。

リスト6.4　Compassを使用したスプライトマップの生成

```
@import "compass/utilities/sprites";
@import "icons/*.png";
@include all-icons-sprites;
```

この**all-icons-sprites**ミックスインは、スプライトマップ内のすべてのスプライトに必要なCSSを書き出します（chapter-06/automatic-sprites/all-sprites-mixin/stylesheets/screen.css）。

リスト6.5　生成されたスプライトCSS（一部抜粋）

```
.icons-sprite, .icons-arrow, .icons-attachment, .icons-box-add, ... {    ——❶❷
  background: url('/images/icons-s978552be4a.png') no-repeat;    ——❸
```

```
}

.icons-arrow {
  background-position: 0 -70px;
}

.icons-attachment {
  background-position: 0 -102px;         ④
}

.icons-box-add {
  background-position: 0 -358px;
}
...
```

　紙面の都合上、CSS出力を一部省略していますが、実際には計91行にもなります。それでは、このミックスインが何を生成したかを見ていきましょう。

1. images/iconsディレクトリ内のすべてのスプライトをスタイリングする基本クラス**icons-sprite**を作成した。
2. 各スプライトのクラスを、それぞれのディレクトリとファイル名に基づいて作成した。
3. すべてのスプライトの背景画像を追加した。
4. 各スプライトの背景画像の位置を追加した。

　デフォルトでは、これらの要素の幅と高さは設定されません。Compassはスプライトのサイズスタイルを自動的に生成できますが（詳しくは後述）、それが常に有効とは限りません。
　このCSSをプロジェクトで使用するには、HTMLコンテンツのマークアップにこれらのスプライトクラスを追加するか、2章で説明した**@extend**を使用してスプライトクラスからプロパティを継承します。

リスト6.6　　@extendを使用したスプライトスタイルの継承

```
.add-button { @extend .icons-box-add; }
```

　複数のスプライトマップを作成する場合は、使用する画像を別のディレクトリに追加し、それらをインポートして、all-<map>-spritesミックスインをインクルードします。

CHAPTER 6　スプライト

`<map>`-spriteミックスイン

このミックスインを使用すると、各スプライトのスプライトCSSを個別に出力できます。次に示すのは、サンプルのchapter-06/automatic-sprites/single-sprite-mixinにあるコードです。

リスト6.7　`<map>`-spriteミックスインの使用

```scss
@import "compass/utilities/sprites";
@import "icons/*.png";


.add-button {
  @include icons-sprite(box-add);
}
```

```css
.icons-sprite, .add-button {
  background: url('/images/icons-s978552be4a.png') no-repeat;
}

.add-button {
  background-position: 0 -358px;
}
```

指定した要素のスタイリングに必要なCSSだけが出力されています。

この場合は、スプライトスタイルがセレクタ内部に含まれるため、スプライトスタイルのクラス名を生成する必要がありません。Compassが**background-image**と**background-position**にスタイルを追加するときには、そのセレクタ（この場合は`.add-button`）を選択します。all-`<map>`-spritesミックスインも便利ですが、このアプローチを使用すれば、生成されるCSSを減らし、出力をより細かくコントロールできるようになります。

最初はこれで十分なのですが、スプライト作成プロセスをもっと細かくコントロールしなければならない場合もあるでしょう。そこで次は、一から十まで自分で行わなくても、Compassを利用して適切なコントロールができるようにする方法を見ていきます。

CHAPTER 6 SECTION 4 スプライト

Compassスプライトの設定

　ベテランのユーザーにとっても、Compassを利用することでスプライト作成プロセスを大いに簡略化できます。前に説明した、特殊なスプライトインポートを思い出してください。スプライトインポートは、スプライト画像を生成するだけではありません。Compassがスプライトインポートを評価するときには、まずスプライト画像とCSSの生成に影響を及ぼし得る一連の変数をチェックします。また、スプライトインポートは、Sassでスプライトを操作するために使われるミックスインと関数をいくつか作成します。

　Compassは、これらの変数、ミックスイン、関数に名前を付けるときに、インポートされる画像を含むフォルダーの名前を利用します。前記の例では、「icons」という名前のフォルダーからスプライトをインポートしたので、そこから名前を取って**all-icons-sprites**ミックスインとなりました。ネストになったフォルダーから画像をインポートする場合には、Compassは画像を含む最後のフォルダーの名前を使用します。したがって、**@import "sprites/social/*.png"**;とした場合は、変数、ミックスイン、関数の名前に「social」が使用されることになります。この機能によって、名前を競合させずに複数のスプライトマップを扱うことが可能になります。

6.4.1　スプライトマップのカスタマイズ

　スプライトマップや個別のスプライトをカスタマイズするには、それぞれに対応する変数を設定します。スプライトマップ全体に影響する変数は、画像フォルダーの名前（マップ名）から始まる名前になります。個別のスプライトを変更する変数は、マップ名とそのスプライトのファイル名から始まる名前になります。

リスト6.8　　変数の命名規則

```
$<map>-<property>: 設定値;
$<map>-<sprite>-<property>: 設定値;
```

　この章のサンプルプロジェクトの場合、画像フォルダーの名前は「icons」なので、スプライトマップ全体のスペースを調整するときは**$icons-spacing**という変数を使用します。同様に、icons/attachment.pngのスペースを調整するときは、**$icons-attachment-spacing**という変数を使用します。

　これらの変数は、スプライトインポートを行う前に定義しておかないと効果がないので注意してください。以降では、スプライト設定の具体例を見ていきます。サンプルのchapter-06/

CHAPTER 6　スプライト

configuring-automatic-spritesディレクトリにサンプルコードが含まれているので、そちらも参考にしてください。

スプライトスペースの設定

スプライトの周囲に余白を追加するには、スプライトスペース変数を設定します。

```
$<map>-spacing: 0px;
$<map>-<sprite>-spacing: 0px;
```

デフォルトは**0px**に設定されているので、各スプライトは余白なしでスプライトマップ内に配置されます。この変数を設定すると、スプライトマップ内の各スプライトの周囲に透明なピクセルを追加してスペースを空けたり、特定のスプライトの周囲にスペースを空けたりできます。このサンプルコードは、chapter-06/configuring-automatic-sprites/spacingディレクトリにあります。

リスト6.9　スプライトスペースの設定

```
$icons-spacing: 4px;           ❶
$icons-arrow-spacing: 12px;    ❷
```

この例では、アイコンのスプライトマップに含まれる各スプライトの周囲に4ピクセル分の透明なスペースを追加し❶、さらに、矢印スプライトの周囲に12ピクセル分の余白を追加しています❷。図6.7に、この変更を適用する前と後のスプライトマップを示します。

図6.7　スプライトマップのスペースの比較

このようなスペース調整は、小さいスプライトをそれより大きい要素の背景画像として使用するデザインでは特に有用です。余白を追加しないと、隣接するスプライトが透けて見えてしまいます。

PART 3　本番のための調整

スプライトの繰り返しの設定

　スプライトをスプライトマップの横方向に繰り返すことが必要な場合もあります。その場合は、スプライト繰り返し変数を設定します。

```
$<map>-repeat: no-repeat/repeat-x;
$<map>-<sprite>-repeat: no-repeat/repeat-x;
```

　デフォルトは **no-repeat** ですが、それを **repeat-x** に変更すると、スプライトマップのx軸全体にわたってスプライトを繰り返すことができます。この設定は、スプライトマップ全体または個別のスプライトに適用できます。このサンプルコードは、chapter-06/configuring-automatic-spritesディレクトリにあります。

リスト6.10　　スプライトの繰り返しの設定

```scss
@import "compass/utilities/sprites";
$icons-arrow-repeat: repeat-x;

@import "icons/*.png";

.next {
  @include icons-sprite(arrow);
}
```

```css
.icons-sprite, .next {
  background: url('/images/icons-s5447faef29.png') no-repeat;
}

.next {
  background-position: 0 -70px;
}
```

　このように設定すると、矢印アイコンがスプライトマップ全体にわたって横方向に繰り返されます。図6.8を見ると、矢印アイコンがスプライトマップの幅いっぱいまで（Compassロゴの幅まで）繰り返されていることが分かります。

図6.8　矢印アイコンの繰り返し

> **MEMO**
> 本書（原書）の刊行時点では、Compassはy軸全体にわたる画像の繰り返しにはまだ対応していません。

CHAPTER 6　スプライト

スプライト位置の設定

次に、オフセット位置を設定する方法を説明します。スプライト画像の位置を変更すると有用な場合もあります。Compassでは、位置変数を設定することで、スプライトを横に移動できます。

```
$<map>-position: 0px;
$<map>-<sprite>-position: 0px;
```

この変数は、スプライトマップ内でのスプライトの水平位置を調整します。デフォルトは **0px** で、この場合は各スプライトが左寄せになります。この値はパーセンテージまたはピクセル値で設定します。次のサンプルコードは、chapter-06/configuring-automatic-sprites/position ディレクトリにあります。

リスト6.11　スプライト位置の設定

```
@import "compass/utilities/sprites";
$icons-position: 4px;

$icons-arrow-position: 100%;
@import "icons/*.png";

.next {
  @include icons-sprite(arrow);
}
```

→

```
.icons-sprite, .next {
  background: url('/images/icons-s1e2143ef2b.png') no-repeat;
}

.next {
  background-position: -144px -70px;
}
```

この例では、図6.9に示すとおり、アイコンのスプライトマップ内の各スプライトを右に4ピクセル分移動し、矢印スプライトをスプライトマップの右端に寄せています。

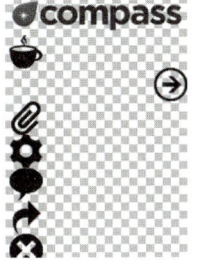

図6.9　スプライト配置例

スプライトマップレイアウトの設定

次に、スプライトマップ全体のレイアウトを変更する方法を説明します。Compassでは、いくつかの異なるスプライトレイアウトが用意されており、必要に応じて使い分けることができます。

```
$<map>-layout: vertical/horizontal/diagonal/smart;
```

デフォルトレイアウトは**vertical**で、スプライトマップ内のすべてのスプライトが縦方向に並んで配置されます。一般的には、これを**smart**に設定すると良いでしょう。こうすると、Compassは空きスペースがもっとも少なくなるようにスプライトを配置します（スマートレイアウト）。次のサンプルコードはchapter-06/configuring-automatic-sprites/layout/ディレクトリにあります。

リスト6.12　スマートレイアウトの設定

```scss
@import "compass/utilities/sprites";
$icons-layout: smart;

@import "icons/*.png";

.next {
  @include icons-sprite(arrow);
}
```

→

```css
.icons-sprite, .next {
  background: url('/images/icons-sc8e7e63c50.png') no-repeat;
}

.next {
  background-position: 0 0;
}
```

先ほどのサンプルプロジェクトでスマートレイアウトを使用した場合、スプライトマップは図6.10のようになります。

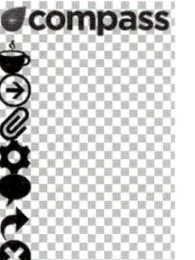

図6.10　スマートレイアウトを使用したスプライトマップ

位置および繰り返しの設定は、縦または横レイアウトのスプライトマップにのみ適用されます。スマートレイアウトまたは斜めレイアウトでは、位置と繰り返しは無効になります。

古いスプライトマップのクリーンアップ

次は、Compassが古いスプライトマップを削除しないようにする方法を説明します。画像が追加、削除、または変更されると、必ず新しいスプライトマップが生成されます。Compassでは、自動的に古いスプライトマップを削除するか、そのまま保持するかを選択できます。

```
$<map>-clean-up: true/false;
```

Compassは、デフォルトでは新しいスプライトマップが生成されると自動的に古いスプライトマップを削除します。これによって、不要なファイルでハードディスクがいっぱいになったり、スタイルシートで使用しているファイルがどれか分からなくなったりする心配が解消されます。古いスプライトマップを手動で削除したい場合は、これを `false` に設定します。

6.4.2 スプライトCSSのカスタマイズ

ここまで見てきたように、Compassではスプライトマップ内のスプライトのCSSにも自動的に影響が及びますが、生成されたCSSを直接カスタマイズする方法もあります。

スプライトのサイズの出力

特定のスプライトのサイズを指定するには、スプライトサイズヘルパーを使用します。

```
<map>-sprite-height($name)
<map>-sprite-width($name)
```

この2つの関数は、スプライトの元画像のサイズを測定して出力してくれるヘルパー関数です。これらのヘルパー関数を使用することで、スタイルシート内で個別のスプライトに幅プロパティと高さプロパティを設定できます。次のサンプルコードはchapter-06/configuring-automatic-sprites/dimensionsディレクトリにあります。

リスト6.13　スプライトサイズの設定

```scss
@import "compass/utilities/sprites";
@import "icons/*.png";

.next {
  @include icons-sprite(arrow);
  width: icons-sprite-width(arrow);
  height: icons-sprite-height(arrow);
}

.add-button {
  @include icons-sprite(box-add);
}
```

→

```css
.icons-sprite, .next, .add-button {
  background: url('/images/icons-s978552be4a.png') no-repeat;
}

.next {
  background-position: 0 -70px;
  width: 32px;
  height: 32px;
}

.add-button {
  background-position: 0 -358px;
}
```

　また、スプライトマップ内のすべてのスプライトにサイズを自動で設定したい場合は、そのスプライトマップに対応する次のような変数を設定します。

`$<map>-sprite-dimensions: true/false;`

　この設定はデフォルトでは`false`になっていますが、`true`に設定すると、各スプライトの元画像のサイズが測定され、それぞれのスプライトクラスに幅と高さが割り当てられます。

リスト6.14　スプライトサイズの設定

```scss
$icons-sprite-dimensions: true;
@import "icons/*.png";
.next { @include icons-sprite(arrow); }
.add-button { @include icons-sprite(box-add); }
```

→

```css
.next {
  background-position: 0 -70px;
  width: 32px;
  height: 32px;
}
.add-button {
  background-position: 0 -358px;
  width: 32px;
  height: 32px;
}
```

CHAPTER 6　スプライト

　個々のスプライトのサイズを手動で設定することを考えたら、スプライトサイズを自動的に生成したほうがずっと簡単です。しかし、アイコンのサイズがすべて同じである場合は、各スプライトのサイズを個別に設定したのではCSSが不必要に長くなってしまいます。そのようなときは、スプライトマップの基本クラスでサイズを手動で設定したほうが良いでしょう。

スプライトの基本クラス

　Compassでは、基本クラスを生成することで各スプライトに共通のスタイルを簡単に適用できます。この基本クラスの名前は、基本クラス変数で自由に設定できます。

```
$<map>-sprite-base-class: ".class-name";
```

　all-<map>-spritesミックスインまたは<map>-spriteミックスインを使用した場合、Compassは、**background-image**プロパティ基本クラスをセレクタチェーンに設定するときに、スプライト基本クラスに続けて、スプライトセレクタのチェーンを出力します。このとき、各スプライトマップの基本クラスは、画像フォルダーの名前によって決定されます（フォルダー名が「icons」である場合、スプライトマップの基本クラスは**.icons-sprites**となります）。それでは、この動作を変更する方法を見ていきましょう。このサンプルはchapter-06/configuring-automatic-sprites/base-classディレクトリにあります。

リスト6.15　スプライトのCSS基本クラスの変更

```scss
$icons-sprite-base-class:
".spritey-mcspriterson";
@import "icons/*.png";

.spritey-mcspriterson {
  overflow: hidden;
}

.next {
  @include icons-sprite(arrow);
}
```

→

```css
.spritey-mcspriterson,
.next {
  background: url('/images/icons-s0cad3f8f97.png') no-repeat;
}
.spritey-mcspriterson, .next {
  overflow: hidden;
}
.next {
  background-position: 0 -70px;
}
```

　各スプライトクラスはこの基本クラスを拡張するため、基本クラスに追加されたスタイルが、各スプライトにも適用されることになります。

　これは、CSS出力内の基本クラスを変更するだけである点に注意してください。変数、関数、ミックスインの名前は、これまでどおり画像フォルダーの名前に基づいて決まります。

マジックスプライトセレクタ

Compassでは、擬似セレクタを使用するスプライトCSSを自動的に生成できますが、必要に応じてそれを無効にできます。

```
$disable-magic-sprite-selectors: true/false;
```

デフォルトではマジックスプライトセレクタが有効になっている（上記の変数が**false**に設定されている）ので、Compassは自動的に、名前の末尾に**_hover**、**_active**、**_target**が付くスプライトのためにCSSの**:hover**、**:active**、**:target**擬似セレクタを出力します。この項のサンプルコードがchapter-06/configuring-automaticsprites/magic-selectorsディレクトリに含まれているので参考にしてください。

例えば、通常状態とホバー状態のスプライトを別にしたい場合に、arrow.pngとarrow_hover.pngという画像を画像フォルダーに追加しておくと、Compassによってホバー擬似クラス用のCSSスプライト背景画像が生成されます。

リスト6.16　マジック擬似セレクタを使用して生成

```scss
// マジックスプライトセレクタを無効にするには、
次の行のコメントを外す
// $disable-magic-sprite-selectors:
true
@import "icons/*.png";

.next {
  @include icons-sprite(arrow);
}
```

```css
.next {
  background-position: -32px 0;
}
.next:hover, .next.arrow-hover {
  background-position: -48px -96px;
}
```

このようなマジック擬似セレクタが各環境の画像命名規則に適さない場合は、上記の変数を**true**に設定して、すべてのスプライトマップに対してこの機能を無効にしてください。

CHAPTER 6 | SECTION 5 | スプライト

スプライトヘルパーの利用

ここまでは、スプライトマップおよびスプライトCSSを自動的に生成するツールと、その出力をカスタマイズするオプションについて見てきました。ほとんどの場合は、これらの便利なミックスインを利用するだけで用が足ります。しかし、ときにはもっと細かいコントロールが必要になることもあるでしょう。

Compassによるスプライト生成では、舞台裏でさまざまなヘルパー関数が活用されています。これらの関数を直接使用することで、スプライト作成プロセスをより柔軟にコントロールできるようになります。

6.5.1 スプライトマップの作成

先ほど見たとおり、`@import "icons/*.png";`のようなスプライトインポートを行うと、スプライトマップを作成するだけでなく、スプライトマップとそれを構成する各スプライトに関するミックスインと変数も準備することになります。スプライトヘルパーを使用する場合は、こうした変数やミックスインを使用することがまずないため、スプライトインポートを行うとやり過ぎになります。そこで、代わりに`sprite-map`ヘルパーを使用します。この項のサンプルコードがchapter-06/manual-sprites/sprite-helperディレクトリに含まれているので参考にしてください。

```
sprite-map($glob, ...)
```

このヘルパーは、`"icons/*.png"`などの画像フォルダー指定と、スプライトマップまたは個別のスプライトの設定に関するオプションのキーワード引数を受け取ります。いくつか例を挙げてみます。

リスト6.17　`sprite-map`ヘルパー

```
$icons: sprite-map("icons/*.png", $layout: smart);
```

この例では、スマートレイアウトのスプライトマップを作成し、このスプライトマップの画像URLを`$icons`変数に割り当てています。この変数は、後で他のヘルパーを利用してCSSを生成するときに使用します（詳しくは後述）。

リスト6.18　　sprite-mapヘルパーで個別のスプライトを設定

```
$icons: sprite-map("icons/*.png", $arrow-spacing: 5px);
```

　スプライトマップのプロパティまたは個別のスプライトのプロパティは、上記のような方法で設定できます。このとき、`<map>`という名前空間を使用する必要はなく、先ほど説明した変数をそのまま使用できます。例えば、繰り返しを設定するには、`$<map>-repeat`の代わりに`$repeat`を使用し、`$<map>-<sprite>-repeat`の代わりに`$arrow-repeat`を使用します（ここで「`arrow`」は設定対象となるスプライトの名前です）。

6.5.2　スプライトCSSの作成

　Compassがスプライトマップを生成したら、次に、各スプライトに関するCSSを書き出す必要があります。これには、いくつかのヘルパーとミックスインを活用します。

spriteヘルパー

　spriteヘルパーは、スプライトCSSの作成を簡略化します。

```
sprite($map, $sprite, [$offset-x], [$offset-y])
```

　spriteヘルパーは、スプライトマップとスプライト画像の名前に加えて、オプションでオフセット位置を受け取ります。

リスト6.19　　spriteヘルパー

```
$icons: sprite-map("icons/*.png");
.next {

  background: sprite($icons, arrow) no-repeat;
}
.add-button {

  background: sprite($icons, box-add) no-repeat;
}
```

➡

```
.next {
  background: url('/images/icons-s943de15a54.png') 0 -70px no-repeat;
}

.add-button {
  background: url('/images/icons-s943de15a54.png') 0 -358px no-repeat;
}
```

CHAPTER 6 スプライト

この例では、背景プロパティのみが出力されます。リクエストしていないスプライト基本クラスやその他のCSSは出力されません。

スプライト基本クラスの便利な点の1つは、背景画像の割り当てが一度に行えることです。この方法では、背景画像の割り当てを各クラスで行うことになるので、無駄な重複が生じます。

スプライト配置

背景画像の重複を避けるには、**sprite**ヘルパーの代わりに、**sprite-position**ヘルパーまたは**sprite-background-position**ミックスインを使用します。この項のサンプルコードは、chapter-06/manual-sprites/sprite-positionディレクトリに含まれています。

```
sprite-position($map, $sprite, [$offset-x], [$offset-y])
sprite-background-position($map, $sprite, [$offset-x], [$offset-y])
```

このヘルパーとミックスインは、両方とも、スプライトマップとスプライト名に加えて、オプションでオフセット位置を受け取ります。

リスト6.20　スプライト配置

```
$icons: sprite-map("icons/*.png");
.sprite-base { background: $icons no-repeat; }
.next {
  @extend .sprite-base;
  background-position: sprite-position($icons, arrow);
}
.add-button {
  @extend .sprite-base;
  @include sprite-background-position($icons, box-add);
}
```

→

```
.sprite-base, .next, .add-button {
  background: url('/images/icons-s943de15a54.png') no-repeat;
}

.next {
  background-position: 0 -70px;
}
.add-button {
  background-position: 0 -358px;
}
```

sprite-positionヘルパーと**sprite-background-position**ミックスインは両方とも同じ処理を行うため、どちらを使うかは好みの問題です。

結果を見ると、CSSが非常に効率化されていることが分かります。無駄な重複がなく、柔軟性が増しています。これにスプライトサイズを追加できれば、もう言うことはありませんね。

スプライトサイズの設定

スプライトサイズも含めるには、**sprite-dimensions**ミックスインを使用します。このミックスインは、スプライトマップとスプライト画像名を受け取って、測定されたサイズを出力します。このミックスインのサンプルコードは、chapter-06/manual-sprites/spritedimensionsディレクトリに含まれています。

リスト6.21　　　sprite-dimensionsミックスイン

```
$icons: sprite-map("icons/*.png");
.sprite-base { background: $icons
no-repeat; }
.next {
  @extend .sprite-base;
  @include sprite-background-
position($icons, arrow);
  @include sprite-
dimensions($icons, arrow);
}
```

```
.sprite-base, .next {
  background: url('/images/icons-
s943de15a54.png') no-repeat;
}

.next {

  background-position: 0 -70px;

  height: 32px;
  width: 32px;
}
```

このヘルパーはスプライト画像のサイズを測定し、その**width**プロパティと**height**プロパティをCSSに書き出します。

スプライトに関して本書で説明することは以上です。この有効性と柔軟性を活用すれば、Webデザインプロジェクトに画像スプライトを追加するときに困ることはないでしょう。

本章のまとめ

本章では、初期の画像スプライトの考え方と、それがどのようにしてWebデザインの有益なテクニックとして認知されるようになったかを説明しました。また、大量の画像をリモートサーバーから読み込んだ場合のパフォーマンスに与える影響と、高トラフィックサイトでスプライトが必須である理由についても説明しました。さらに、Compassを利用した自動的なスプライト作成プロセスと、Compassによるスプライトマップ生成およびスプライトCSS生成を細かくコントロールする方法を紹介しました。

PART-3 　本番のための調整

CHAPTER 7　プロトタイプから本番環境への移行

本章で学ぶこと

- アセットの**URL**生成のベストプラクティス
- **Web**サーバーを必要としないスタイルシートの作成
- ブラウザ内でのデザインに関するヒントとコツ
- 本番用スタイルシートのコンパイル方法と構築方法

　一口にWebサイトと言ってもいろいろあります。ごく簡単なものならば、テキストエディターとホスティングアカウントさえあれば、子供でも数分で作成できてしまいます。もちろん、もっと複雑なWebサイトもあります。動的なコンテンツを組み込んだり、1日に数百万件のアクセスがあっても問題ない規模にしなければならない場合もあります。Webは、もっとも広い範囲でソフトウェア技術が活用されている分野の1つと言えます。高校のホームページでもGoogleのサイトでも、Webはさまざまなレベルで細かい最適化が可能です。

　Webの複雑さは、HTMLマークアップだけの話ではありません。スタイルシートも、保守の上で大きな負担になる可能性があります。なぜなら、スタイルシートは画像やCSSファイル、フォントなどの外部リソースに大きく依存しているからです。

　本章では、Compassヘルパーと設定ファイルを使用して各種アセットのURLを生成し、これを利用してプロトタイプから本番環境への移行を簡単にする方法について説明します。これらのヘルパー関数を活用すると、開発時にWebサーバーを用意しなくてもスタイルシートとHTMLを自由に作成できるため、Webサーバーにまつわるさまざまな悩みから解放されます。これは、次章で説明するパフォーマンス最適化のために必要なステップでもあります。

　CSS3の高度な機能と、SassとCompassという優秀な抽象化テクニックを組み合わせると、これまでとは違った作業の流れでデザインやプロトタイピングを行うことが可能になります。この機会に、デザインやプロトタイピングに使用するツールを見直してはどうでしょうか。本章では、ブラウザ内でデザインを行うための基本的なヒントとコツを紹介します。もしかしたら、Photoshopなどのツールを使うことは、長期的な視点から見ると非効率につながっているかもしれません。

　これまでCSSを使ってきた方は、スタイルシートをプロトタイプから本番に移行するときに、移行のために必要な変更をひたすら検索置換で適用してきたのではないかと思います。3章では、アセットの保存場所と提供方法を指示するCompassの設定オプションの一部について説明しました。本章では、それらのシンプルな設定オプションと、いくつかのオーサリング関連のベストプラクティスを活用することで、「本番環境へのデプロイ」という発想自体をなくし、それと同時に、開発環境を簡略化する方法について説明します。また、コピーライト表示やバージョン管理といったお決まりの作業をどのように処理するかについても紹介します。

PART 3　本番のための調整

CHAPTER 7　SECTION 1　プロトタイプから本番環境への移行

URLの抽象化

まずはURLの生成に関するCompassのベストプラクティスを学び、プロトタイピングを行ってみましょう。

プロジェクトを作成している間に、画像を保存および参照する場所や方法を3回以上変更することもよくあります。Compassを使用すれば、画像の保存場所や保存方法を指定したり変更したりすることが簡単にできますが、Compassの恩恵はそれだけではありません。CompassはURLを生成すると同時に、画像が実際に存在することを確認し、古い画像がブラウザのキャッシュに残らないようにします。

7.1.1　アセットURLの生成

CSSには、URLを示す`url`関数があります。

```
background-image: url('/logo.png');
```

URLは、インターネット上のどこかにあるリソースを特定するためのものですが、自分が所有するアセットを参照する場合は、しばしば相対URLを使用します。相対URLの場合は、必要な情報がすべてURLに含まれているわけではないので、ブラウザは現在のリクエストについて自

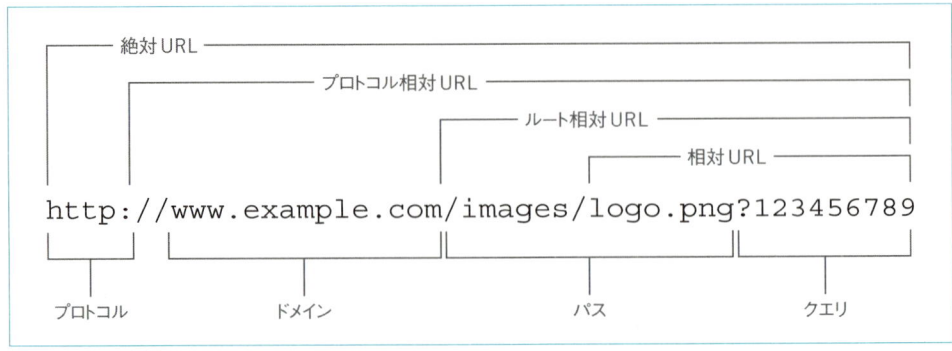

図7.1　URLの内訳

CHAPTER 7　プロトタイプから本番環境への移行

分が知っている情報に基づいて、欠けている部分を補足します。先に進む前に、図7.1でURLに関連する用語を復習しておきましょう。

完全装飾URLのどの部分が省略されているかに応じて、CSSでは4種類のURLを指定できることを思い出してください（表7.1を参照）。

表7.1　4種類のURL

例	種類	説明
`url('http://www.example.com/logo.png')`	絶対URL	この場合、ブラウザはリクエストの詳細とは無関係にURLを解決する
`url('logo.png')`	相対URL	ブラウザは、リクエストを基準としてURLを解決する。この場合は、WebページではなくCSSスタイルシートがリクエストされているため、そのスタイルシートがhttp://www.example.com/stylesheets/application.cssである場合、このURLはhttp://www.example.com/stylesheets/logo.pngを表す
`url('/logo.png')`	ルート相対URL	ブラウザは、CSSスタイルシートのプロトコルとドメインを基準としてURLを解決する。リクエストされるスタイルシートがhttp://www.example.com/stylesheets/application.cssである場合、このURLはhttp://www.example.com/logo.pngを表す
`url('//imgs.example.com/logo.png')`	プロトコル相対URL	ブラウザは、指定されたドメインを使用するが、CSSスタイルシートに対するリクエストと同じプロトコルを使用してURLを解決する。この種類のURLは特に、メインWebサイトとは異なるドメインからアセットを使用する場合に役立つ。リクエストされるスタイルシートがhttps://www.example.com/stylesheets/application.cssである場合、このURLはhttps://imgs.example.com/logo.pngを表す

Sassではどの種類のURLも使用できますが、Compassのベストプラクティスでは、自分のアセットを参照する場合はアセットヘルパー関数（http://compass-style.org/reference/compass/helpers/urls/）を使うことが推奨されます。Compassには3つのアセットヘルパー関数がありますが、これらのヘルパー関数には、必ずスタイルシートではなくアセットクラスのディレクトリを基準とした相対パスを渡します。

- `image-url('logo.png')`——画像ディレクトリのルートに保存されているファイルlogo.pngを参照します。
- `font-url('arial.ttf')`——フォントディレクトリのルートに保存されているファイルarial.ttfを参照します。
- `stylesheet-url('randomfile.xml')`——cssディレクトリのルートに保存されているファイルrandomfile.xmlを参照します。

JavaScript用のURLヘルパーがないことに気付いた人もいるのではないでしょうか。JavaScript設定オプションは、Compass拡張機能がJavaScriptファイルをインストールの一

部として提供できるようにするために存在しています。同様に、sassディレクトリ用のURLヘルパーもありません。これは単なる開発上の要素に過ぎないからです。`stylesheet-url`は、CSSファイルが存在する場所を表します。

Compassでこのアプローチが採用された理由は、それによってインポートとリファクタリングを大幅に簡略化できるためです。詳しくは後述しますが、この1つの構文だけで、CSSがサポートする4種類すべてのURLを生成できます。

Compassはプロジェクト設定ファイルを通じてアセットの場所を認識できるので、デザイナーや開発者はスタイルシート上での参照方法を気にする必要がなく、スタイルシートをプロトタイプから本番に移行させるとき、またWebサイトまたはアプリケーションを拡張するときに、設定ファイルを変更すれば済みます。

しかし、これで終わりではありません。Compassは、コンパイル時にURLが有効かつ最新の状態になっているかどうかも確認してくれるのです！

7.1.2　リンク切れの防止

人は誰でもミスをします。タイプミスをしたり、画像の名前を変更したのに参照を修正し忘れたりすることがあります。こうしたミスは誰にでもあるものです。しかし、画像を参照する際に`image-url($path)`ヘルパー関数を使用していれば、Compassはそのファイルが存在するかを確認し、もしそれが存在しなかった場合は、コンパイル時に警告をコンソールに表示してくれます。同様に、`font-url($path)`ヘルパーを使用していれば、フォントの欠落についても通知してもらえます。

次に示すのは、画像が見つからなかった場合のCompassコンパイルの出力結果です（コンソール内では、`WARNING`行が赤字で表示されます）。

```
$ compass compile
directory stylesheets/
    create stylesheets/ie.css
WARNING: 'missing.png' was not found (or cannot be read) in images/
    create stylesheets/main.css
    create stylesheets/print.css
```
警告が表示される

もちろん、Compassを使えばリンク切れが完全になくなるというわけではありません。設定エラーがあったり、コンパイル後に変更を行ったりすれば、やはりリンク切れが発生する可能性はあります。しかし、この簡単なチェックを行っておけば、開発上のよくあるミス（特定の画像が表示されないなど）のデバッグに何時間も費やすことはなくなります。

7.1.3 キャッシュバスターで古い画像の問題を解消

もう1つ、開発時および本番環境へのデプロイ中によく悩まされるのが、ブラウザのキャッシュに関する問題です。ブラウザは、ページアクセスのたびに画像やその他のアセットをダウンロードすることを避けるために、これらをキャッシュに保存して、必要なときにすぐに取り出せるようにします。これはWebページの快適な閲覧に役立つ機能ですが、Web開発者にとっては悩みの種です。画像を変更しても、その画像の古いバージョンをユーザーが最近ダウンロードしていた場合には、キャッシュ内の古いバージョンが表示されてしまうので、せっかくの変更に気付いてもらえないことがあるからです。これは望ましい状態とは言えません。この問題を回避するために、Compassは画像などの各アセットの末尾に、更新日時に基づくクエリパラメータを追加します。Webサーバーはこれらの画像を通常どおりの方法で提供しますが、クエリパラメータが変更されているときには、ブラウザにその画像を再リクエストさせます。

例を次に示します。

```
#logo { background-image: image-
url('logo.png'); }
```

```
#logo { background-image: url('/
images/logo.png?1298578273'); }
```

タイムスタンプを使用したアプローチが適さない場合は、キャッシュ回避（キャッシュバスター）パラメータによって追加される情報を独自に設定することも可能です。例えば、デプロイのたびにデプロイカウントを増やしたり、バージョン管理で使用される各ファイルのリビジョン番号を利用するといった方法が考えられます。これを行うには、ちょっとしたRubyコードを書く必要があります。例として、次のコードをCompass設定ファイルに追加してみましょう。

```
# キャッシュ回避を強制するため、各リリース前に
# deploy_versionに加算する
asset_cache_buster do |http_path, real_path|
  "v=1"
end
```

するとCompassは、ロゴ画像に関して次のような出力を生成します。

```
#logo { background-image: url('/images/logo.png?v=1'); }
```

なお、クエリパラメータをキャッシュ回避戦略の1つとして使用すると、プロキシのアセットキャッシュ機能に影響が出る可能性があります（クエリ文字列があるため、プロキシはアセットが動的に生成されるものとみなす可能性があります）。この点が問題になる場合は、次の行をCompass設定ファイルに追加するとキャッシュ回避が適用されなくなります。

```
asset_cache_buster :none
```

PART 3　本番のための調整

アセットのキャッシュを最大限に活用しつつキャッシュ回避も実現したい場合、もっとも良い方法は、アセットのパスを書き換えることです。対応するWebサーバーの設定ファイルを利用して、次のようなURLを生成することができます。

```
#logo { background-image: url('/images/logo-1307943914.png'); }
```

この方法を使うときは、Webサーバー側に、タイムスタンプ付きパスを実パスにマッピングする方法を教えておく必要があります（具体的な方法はWebサーバーによって異なります）。Compass設定ファイルは次のようになります。

リスト7.1　　　パスベースのアセットキャッシュバスターの定義

```
asset_cache_buster do |path, real_path|
  if File.exists?(real_path)          ── ファイルが実際に存在するかどうかを必ず確認する

    pathname = Pathname.new(path)     ── 文字列よりもパス名のほうが扱いやすい

    modified_time = File.mtime(real_path)  ── 最終更新日時

    new_path = "%s/%s-%s%s" % [
      pathname.dirname,
      pathname.basename(pathname.extname),
      modified_time.strftime("%s"),                ── 4つの文字列から新しいパスを構築する
      pathname.extname
    ]
    {:path => new_path}               ── パスベースのアセットを返す特殊フォーマット
  end
end
```

このように、Compass設定ファイル内には、かなり複雑なロジックをRubyスクリプトで書くことができます。この方法を使用して、コンテンツ配信ネットワーク（CDN）と統合したり、各アセットのMD5フィンガープリントを生成することも可能です。本書ではRubyの複雑な論理構造については説明しないので、カスタムコードの作成で分からないことがあれば、Compassメーリングリスト（http://groups.google.com/group/compass-users）で質問するか、身近にいるRuby開発者に尋ねてみてください。

CDNからアセットを提供する方法が気になる人もいるかもしれませんが、まずはプロトタイピングを行う必要があります。CSSの場合は、最初のセレクタを書く前にWebサーバーをセットアップすることがベストプラクティスとして推奨されています。しかし、SassとCompassを使用する場合は、必ずしもそうではありません。次はその理由について見ていきましょう。

CHAPTER 7 / SECTION 2 プロトタイプから本番環境への移行

SassとCompassを使用したプロトタイピング

　新しい概念に取り組む場合でも、目新しいモックアップやワイヤーフレームを使ってみる場合でも、プロジェクトのライフサイクルの中でSassとCompassが一番の輝きを見せるのは、新しいプロジェクトの開始時です。SassとCompassはCSSを多用する大規模なサイト向けのものだと考えている人もいますが、どんなに大きなサイトも最初は小さな部分から始まっているのです。

　また、すべてが流動的で未定であるプロジェクト開始時にこそ、SassとCompassの管理能力は不可欠です。CSS3モジュールとグリッドシステムを利用すれば、Photoshopを使うよりも簡単にブラウザ内でデザインを進めることができます。Sassカラー関数を使用すれば、サイトのカラーテーマをいろいろ試しやすくなるので、単純に楽しむためだけに使用しても良いでしょう。

　もちろん、プロトタイピングにはHTMLの作成も含まれますが、SassとCompassはHTMLには関係しないので、あらかじめSassとCompassをサポートしているServe（http://get-serve.com/）やMiddleman（http://middlemanapp.com/）などの高速プロトタイピングフレームワークの利用の検討をおすすめします。

7.2.1 開発環境の簡略化

　スタイルシートを基準とした相対URLは、新しいアプリケーションやWebサイトを作成するときに便利な出発点です。このようなURLはWebサーバーがなくても機能するため、昔ながらのプレーンなHTMLを使用してプロトタイピングするときに使用できますし、スタイルシートとアセットが同じドメインから提供されるサーバー環境でも機能します。多くのユーザーにとっては、これだけあれば十分です。

　ただしCSS開発者にとっては、相対URLを使用すると、スタイルシートの再編成が難しくなるという問題があります。図7.2に示すプロジェクト構造を考えてみましょう。

図7.2　シンプルなプロジェクト

　相対URLを使用している場合、例えば次のスタイルをmain.cssからheader.cssに移すときは、

```
#logo { background-image: url(../images/logo.png); }
```

URLの部分を次のように変更する必要があります。

```
#logo { background-image: url(../../images/logo.png); }
```

そのため、これまではずっと、プロトタイピングの時点でも必ずシンプルなWebサーバーとドメイン相対パスを使用することがベストプラクティスであると考えられてきました。しかし、開発環境上にWebサーバーをセットアップした場合でも、新しいサイトのセットアップが簡単にできるとは限りません。多くのフロントエンド開発者とデザイナーにとっては、設定ファイル、ローカルホスト名、サーバーポートといった謎を1つ1つ解いていくことのほうが、コマンドラインを扱うよりもさらに骨が折れる作業だと思われます。

しかし、Compassを使えば、相対アセットを有効にすることで、ローカルファイルを自由に利用できるようになります。相対アセットを有効にするために必要な作業は、Compassの設定ファイルに次の行を追加（または非コメント化）することだけです。

```
relative_assets = true
```

相対アセットを有効にすると、Compassは`image-url($path)`、`font-url($path)`、`stylesheet-url($path)`のいずれかが使用されたときに必ず相対パスを生成します。生成されるパスは、Sassスタイルシートではなく、「コンパイルされたスタイルシート」を基準とした相対パスである点に注意してください。

これはつまり、いくつかの異なるCSSファイルに含まれる共有パーシャルがある場合に、そのパーシャル内で参照される画像の相対パスがいつでも正しくなるということです。例として、図7.3に示すプロジェクト構造を考えてみましょう。

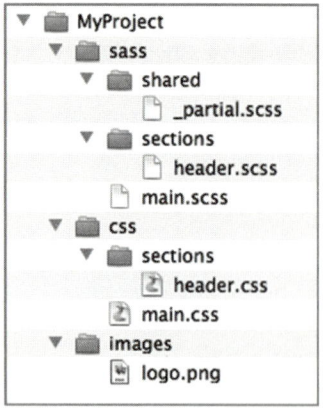

図7.3　共有パーシャルを使用したプロジェクト

_partial.scssがmain.scssとheader.scssの両方にインポートされ、_partial.scssに次の

CHAPTER 7　プロトタイプから本番環境への移行

コードが含まれている場合、

```
#logo { background-image: image-url("logo.png"); }
```

生成されたmain.cssには次のコードが含まれます。

```
#logo { background-image: url(../images/logo.png?1298578273); }
```

また、生成されたheader.cssには次のコードが含まれます。

```
#logo { background-image: url(../../images/logo.png?1298578273); }
```

これで、心置きなくスタイルシートのリファクタリングを行えます。相対URLは必ず正しく機能します。Compassを使用すれば、たった数分で開発環境をセットアップできるのです。

7.2.2　デザイニングインザブラウザ

　自分でスタイルシートを書くデザイナーの方であれば、おそらく、まずAdobeのPhotoshopまたはFireworksでWebサイトのモックアップを作り、納得するデザインができたらスタイルシートを構築するという手順に慣れているでしょう。CSS3が十分に進歩する前は、画像スライスを作成する必要性からこのワークフローがほぼ必須でした。しかし、CSS3とSassとCompassを使用すれば、Webサイトをブラウザ内でデザインすることが可能になり、大幅な効率化が見込めます。

　最新のブラウザでは、画像を使用しなくても、グラデーション、シャドウ、丸み付き要素、ファンシーフォントといった多くの一般的なデザイン要素を扱うことができます。多くの場合、CompassのCSS3モジュールを使用すれば、Photoshopで効果を再現するよりも、コードを実際に書いたほうが簡単になります。

　デザインが1回で済むだけではありません。直接ブラウザ内でデザインした場合は、デザイン要素間の関係を明確かつ明示的な方法で表現しやすくなります。デザインをしながら、「この要素の色を#4F9942っぽくしよう」などとは考えませんよね。普通は、「このヘッダーの色をもうちょっと弱くしよう」といった考え方をするはずです。このような場合に、人間的な考え方に合わせて`adjust-color ($header-color, $saturation: -15%, $lightness: -25%)`などと書き、思いどおりの結果になるまで値を何度も調整することができます。これに対して、モックアップからCSSを書く際は、カラーピッカーを使用して、モックアップ上の最終的な色の値をスタイルシートにコピーすることになります。そのため、デザイン時に考えたことが一切情報として残らず、ヘッダーの色を変えることが難しくなります。

　ブラウザには多くの限界があります。ブラウザ内でデザインすると、その限界の範囲内で作業することになるため、ブラウザの限界をデザインプロセスの1つの要素として考えることが可能

になります。例えばフロートの機能について言えば、フロート要素がどのようにブラウザウィンドウのリサイズに対応するかを想像したりエミュレートしたりするのは困難です。しかし、ブラウザ内でデザインしているなら、簡単にそれをテストして確認できます。

このアプローチで初期デザインを作成するには少し時間がかかるかもしれませんが、デザイン全体をやり直さざるを得ないような事態を除けば、ブラウザ内でデザインとプロトタイピングを行うと、より質の高いページを、より短時間に、将来的な変更のしやすい方法で作成することができます。

満足のいくデザインができたら、それを世界中で共有しましょう。そして、そのデザインを本番環境にデプロイしましょう！

7.3 本番環境へのデプロイ

プロトタイプから本番環境への移行

実際のところ、CSSを本番環境にデプロイするほうが、Sassファイルを本番環境にデプロイするよりも簡単です。CSSはプレーンなテキストファイルであるため、ただファイルをWebサーバーにコピーするだけで済んでしまいます。SassとCompassを使用する場合は、コンパイルステップと本番構成を考慮する必要があります。初めのうちはこれが面倒に感じるかもしれませんが、すぐに、Compassで必要な作業は、どのみちCSSでも必要な作業であったものであることが分かるでしょう。

7.3.1 移行作業時間の驚くべき短縮

こんな状況を考えてみましょう。クライアントから電話があって、http://example.com/fancy-app/にデプロイする予定だった制作中のアプリケーションを、http://example.com/super-fancy-app/にリネームしてほしいと指示されました。クライアントは不機嫌です。承認はすべて済んでいるのに、CEOがどうしても「スーパー」という単語にこだわっているというのです。そして、「この変更にどのくらい時間がかかるかな？」という問い合わせてきました。

スタイルシートには文字どおり何百ものURLがあり、すべての変更とテストを手動で行うとすれば、少なくとも1時間の単純作業とテストをする必要があるでしょう。しかし、Compassの各種URLヘルパーを使えば、設定ファイルを少し変更するだけで済みます。必要なのは、設定ファイル内の1行を次のように変更して、再コンパイルするだけです。

```
http_path = "/fancy-app"          ➡  http_path = "/super-fancy-app"
```

7.3.2　本番向けコンパイル

　Compassには、開発時と本番環境へのデプロイ時にそれぞれ異なる方法でスタイルシートを管理できる2つのモードがあります。通常、Compassは`development`環境（開発環境）を使用します。`production`環境（本番環境）を使用するには、次のようにしてスタイルシートをコンパイルします。

```
$ compass compile --force -e production
```

　この場合は、本番スタイルシート用の実用的なデフォルト設定を使用してコンパイルが行われます。出力は圧縮され、ほとんどのコメントは削除されます。また、現在のモードに固有の設定を設定することもできます。例えば本番モードの出力を`:compact`にしたい場合は、Compassの設定ファイルに条件設定を追加できます。

```
if environment == :production
  output_style = :compact
end
```

　このアプローチを使えば、開発マシンか本番環境かによって異なるアセット構成をセットアップしておき、必要に応じて環境を切り替えることができます。

7.3.3　ドメイン相対アセットの生成

　Compassのデフォルトでは、Web開発者がWebサーバーを介してWebページを表示していることを想定したドメイン相対URLが生成されます。Webサイトをデプロイする際には、Compassが正しくURLを生成できるようにするために、いくつかの設定を考慮する必要があります。最初に考慮すべき設定は、プロジェクト全体の`http_path`です。これはデフォルトでは「/」になっていますが、サイトが特定のディレクトリ内に配置される場合は、Compassの設定ファイル内でこの設定を変更する必要があります。

```
http_path = '/my-app'
```

　このとき、相対アセットを有効にしている場合は、生成されるCSSファイルを基準とした相対URLの生成を避けるために、次のようにして相対アセットを無効にします。これにより、`relative_assets`の設定が優先されるようになります。

```
relative_assets = false
```

コンパイル後、ロゴのURLは次のようになります。

```
#logo {
  background: url('/my-app/images/logo.png?1240702589');
}
```

また、本番環境へのデプロイ時に、サイトのルートフォルダー直下の「imgs」というフォルダーに画像をコピーする場合には、プロジェクトの **http_images_dir** を次のように設定する必要があります。

```
http_path = '/my-app'
relative_assets = false
images_dir = 'images'          ← ローカルでは images フォルダー
http_images_dir = 'imgs'       ← Webサーバーでは imgs フォルダー
```

コンパイル後、ロゴのURLは次のようになります。

```
#logo {
  background: url('/my-app/imgs/logo.png?1240702589');
}
```

もし何らかの理由で、HTMLとはまったく異なる場所に画像を置く必要が出てきた場合には、代わりに **http_images_path** を設定できます。

```
http_path = '/my-app'
relative_assets = false
images_dir = 'images'                              ← ローカルでは images フォルダー
http_images_path = '/somewhere-else/imgs'          ← HTMLとは別の場所の imgs フォルダー
```

コンパイル後、ロゴのURLは次のようになります。

```
#logo {
  background: url('/somewhere-else/imgs/logo.png?1240702589');
}
```

Compassには、アセットに関係する設定オプションが数多く用意されています。通常はこれらの設定オプションを知らなくても困りませんが、これらを利用すると少々変わったニーズにも対応できるということは覚えておくと良いでしょう。これで後はもう実際にデプロイするだけと思うかもしれませんが、その前に、細かい部分をきちんとしておきましょう。コピーライト表示などの細部をおろそかにしてはいけません。

7.3.4 コピーライト表示の追加

サイトによっては、スタイルシートにコピーライト表示をコメントとして追加する場合があります。その場合、Sassがスタイルシートを圧縮した形で生成する際にCSSコメントが削除されてしまっては困ります。これを回避するために、Sassには「ラウドコメント」という機能が用意されています。CSSコメントをラウドコメントとして記述するには、CSSコメントの最初のアスタリスクのすぐ後ろに感嘆符を付けます。

```
/*!
  Copyright © 2012, Example Inc. All Rights Reserved.
*/
```

ラウドコメント内に書いたSassスクリプトは通常どおりに評価されるので、この機能を利用してコピーライト表示に変数を組み込み、サイト全体にわたって再利用することも可能です。

```
$copyright-year: unquote("2012");
$company-name: unquote("Example, Inc.");
/*!
  Copyright © #{$copyright-year}, #{$company-name}
  All Rights Reserved.
*/
```

それでは、サイトを本番環境にデプロイしてみましょう！

7.3.5 CSSデプロイはきわめてシンプル

これまでスタイルシートをWebサーバーにコピーするという方法でCSSをデプロイしてきたのなら、することは基本的に変わりません。スタイルシートを本番用に再コンパイルすると、以前と同様のプレーンなCSSファイルが出力されます。ここからの手順は以前と同じです。必要なのは、ユーザーに提供できる場所にスタイルシートをデプロイするということだけです。図7.4に、このシンプルなデプロイプロセスの仕組みを示します。

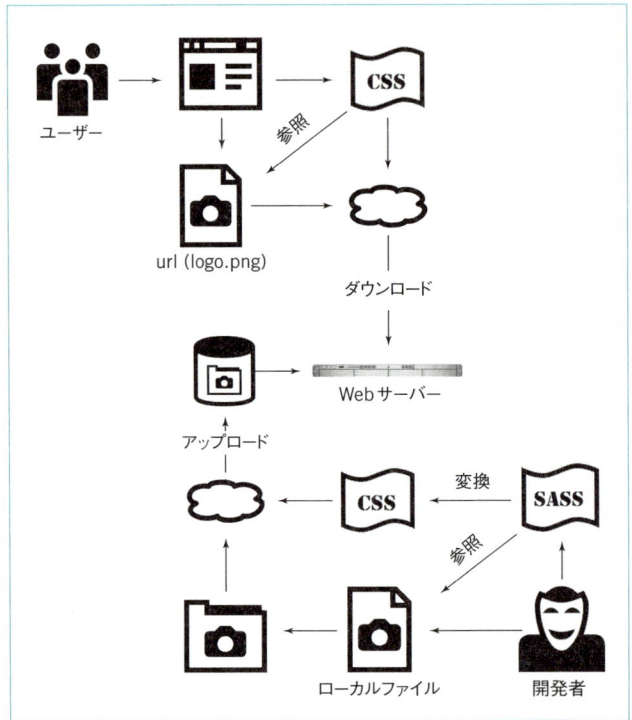

図7.4 Sassのスタイルシートの提供

　開発者があなた1人だけのシンプルなWebサイトなら、おそらくこのプロセスで十分でしょう。しかし、チームで作業しており、バージョン管理システムや、デプロイスクリプトまたはビルドスクリプトを使用しているWebサイトの場合には、他にも考えることがあります。

7.3.6　バージョン管理システムとデプロイプロセス

　バージョン管理システム（GitやSubversion等）のベストプラクティスでは、手動で編集したものではない生成ファイルをバージョン管理システムでトラッキングすることは推奨されません。生成されたCSSファイルを管理対象にするのではなく、本番環境にデプロイする前またはデプロイ手順の途中に、反復可能なプロセスでスタイルシートを生成するビルドステップを組み込むべきです。

　しかし、多くのWebサイトはそうしたビルドステップを設けていませんし、Sassを使用するためだけにそのようなステップを設けることはなかなかないものです。そのため、多くの開発者は、コンパイルされたCSSをバージョン管理システムにチェックインするという方法をとらざるを得ません。しかし、この方法をとると、いつかはマージの競合が発生します。マージの競合が起きた場合の最適な対処法は、生成されたスタイルシートを削除し、ソースファイル内でマージの競合を解決して、再コンパイルを行うことです。

ビルドステップのあるアプリケーションでは、1つのコマンドでプロジェクト全体をコンパイルできる場合もありますが、使用するビルドシステムによっては、`make`などのツールを使用してファイルを1つずつコンパイルしなければならない場合もあります。その場合は、Compassコンパイラにファイルを1つずつ渡すか、そのようなツールに適した古典的なインタフェースを持つSassコマンドラインコンパイラを使用できます。

Compassコマンドラインで1つのファイルをコンパイルするには、次のようにします。

```
$ compass compile my_sass_dir/application.scss
```

Sassコマンドラインで1つのファイルをコンパイルするには、`--compass`オプションを渡します。

```
$ sass --compass my_sass_dir/application.scss my_css_dir/application.css
```

自分が参加しているチームのビルドプロセスがよく分からない場合には、詳しい人に助けを求めてください。生成ファイルのマージの競合にそのつど対処するよりも、このようなコマンドを実行する1ステップをビルドステップに追加したほうが適切です。

7.3.7 ステージング環境の扱い

Webサイトによっては、本番環境にデプロイする準備ができたコードの最終テストを行うステージング環境を用意している場合があります。中には、完成度の異なる機能をテストおよび統合するために3つのステージング環境（エッジ、統合、ステージング）を用意しているWebサイトさえあります。

本番環境用のスタイルシートをそのままステージング環境にデプロイできることもありますが、ステージング環境が本番環境とそっくり同じである場合は少ないでしょう。通常は、ホスト名が異なるとか、本番時のようなCDNを使用していないなどの違いがあります。そのため、それぞれの環境に合わせて設定を調整する必要があります。

このときに考えられるアプローチは2つあります。1つ目は、コンパイル時に環境変数を設定することです。

```
$ STAGING=true compass compile --force -e production
```

それと同時に、設定ファイル内でRubyを使用して、この環境変数の値に応じて設定を適切に変更します。

```
if ENV['STAGING']
  relative_urls = true
```

```
    output_style = :compact
elsif environment == :production
    relative_urls = false
    output_style = :compact
else #development
    relative_urls = true
    output_style = :expanded
end
```

2つ目の方法として、各環境間で設定が大きく異なる場合は、個別の設定ファイルを作成することもできます。

```
$ compass compile --force -c staging_config.rb -e production
```

一貫性を保ち、繰り返しを避けるために、このstaging_config.rbファイルでは、次のように標準の設定ファイルをソースとして、必要な部分にのみ変更を加えるべきです。

```
eval(File.read("#{File.dirname(__FILE__)}/config.rb"))
relative_urls = true
output_style = :compact
```

ステージング環境へのデプロイは、複雑なサイトでは非常に有益なプラクティスです。このような使用例を考えると、Compassの製作者がなぜ設定ファイル内でRubyを使用できるようにしたかが分かるでしょう。Compassの設定ファイルとRubyを活用すれば、特殊なケースにも簡単に対応することができます。

これで、Webサイトをステージング環境にデプロイするところまで進みました。残すは本番環境へのデプロイのみです。ここまで準備しておけば、きっとうまくいくはずです！

本章のまとめ

本章では、Compassがプロジェクトのプロトタイピングから本番環境へのデプロイに至るまで、プロジェクトのライフサイクル全体をどのようにサポートするかについて説明しました。また、アセット提供元の詳細を隠すCompassアセットヘルパーについて説明するとともに、開発時にはローカルアセットを使用し、本番環境ではサイト高速化のために複数のアセットホストを使用する、という切り替えを1つの設定ファイルで行うアプローチを紹介しました。さらに、ブラウザ内でCompassを扱う場合のヒントとコツ、そしてスタイルシートをバージョン管理システムでどのように扱うべきかも説明しました。これで、アセットの提供方法の詳細を必要としないスマートで抽象化されたスタイルシートを作成して、Webサイトのパフォーマンスの最適化とスケーリングを行う基礎が身に付いたことでしょう。

PART-3 　本番のための調整

CHAPTER 8 　ハイパフォーマンススタイルシート

本章で学ぶこと
- スタイルシートの連結
- スタイルシートとアセットの圧縮
- 画像リクエストの削減と並列化の方法
- セレクタのパフォーマンスと最適化の方法

　前章では、スタイルシートが外部アセットに大きく依存することにより、大きな保守上の負担になる可能性があることを説明しました。さらに悪いことに、スタイルシートは、クライアント側のパフォーマンスにさまざまな悪影響を及ぼす場合もあれば、悪意のある混在したコンテンツによるセキュリティ警告の原因になる場合もあります。

　しかし、クライアント側のパフォーマンスに関するベストプラクティスに従えば、ページの読み込み時間を数秒縮めることができるでしょう。これは、検索エンジンのランキング、ユーザーエンゲージメント、コンバージョンの結果に大きな影響を与えます。丸一冊この話題について書いている本もありますが、本章では、多くのWebパフォーマンスに関するベストプラクティスを手早く実行できるようにするSassとCompassの独自機能を取り上げます。

　Webページのパフォーマンスチューニングに関するWeb上のリソースの中では、GoogleのPageSpeedのページ（http://developers.google.com/speed/pagespeed/）が非常に優れています。これは、クライアント側のパフォーマンスに力を入れている人にとっては必読です。ここで提案されている手法には簡単に実践できるものもありますが、多くは実行するのが大変です。CSSでベストプラクティスを実装するのが厳しいと、問題があっても簡単な方法で妥協しがちです。しかしSassとCompassが使えれば、ベストプラクティスの実装が非常に簡単になります。わずかな時間でスタイルシートを最適化し、Webをより軽く快適なものにできるでしょう。

　スタイルシートを最適化する場合に基本となるのは、転送されるデータ量を減らすこと、転送データが最大限キャッシュされるようにすること、ブラウザとサーバー間のやり取りを減らすことです。Webサイトを軽くする銀の弾丸はありません。それでもSassとCompassがインターネット上で最大規模のサイトでも採用されているのは、SassとCompassが提供するツールとプラットフォームにより、測定結果と特定のニーズに関連する利用パターンに基づいてスタイルシートをチューニングできるからです。

　とは言え、まず自分のWebサイトがどれぐらい重いのかを知らずに、それを軽くすることはできません。クライアント側のパフォーマンスを測定するのはかつては面倒な作業でしたが、ここ数年で、簡単に読み込み速度を測定し、ページの構造上のクリティカルパスを特定できるようになりました。

CHAPTER 8 SECTION 1　ハイパフォーマンススタイルシート

クライアント側のパフォーマンス測定

　パフォーマンスの最適化は、測定に始まり、測定に終わります。パフォーマンスに関する変更を行う前に、まずは現在の状態を知る必要があります。一昔前は、そのような測定の精度は粗く、解決策も明確でない場合がありました。現在は、こうした問題の診断に役立つ優れた開発者向けツールがあります。次に挙げるツールを使えば、Webページが表示される際に起きていることについて豊富な情報を得ることができます。

- **YSlow**——http://developer.yahoo.com/yslow/
- **Google PageSpeed**——http://developers.google.com/speed/pagespeed/
- **WebPagetest**——http://www.webpagetest.org/（図8.1を参照）

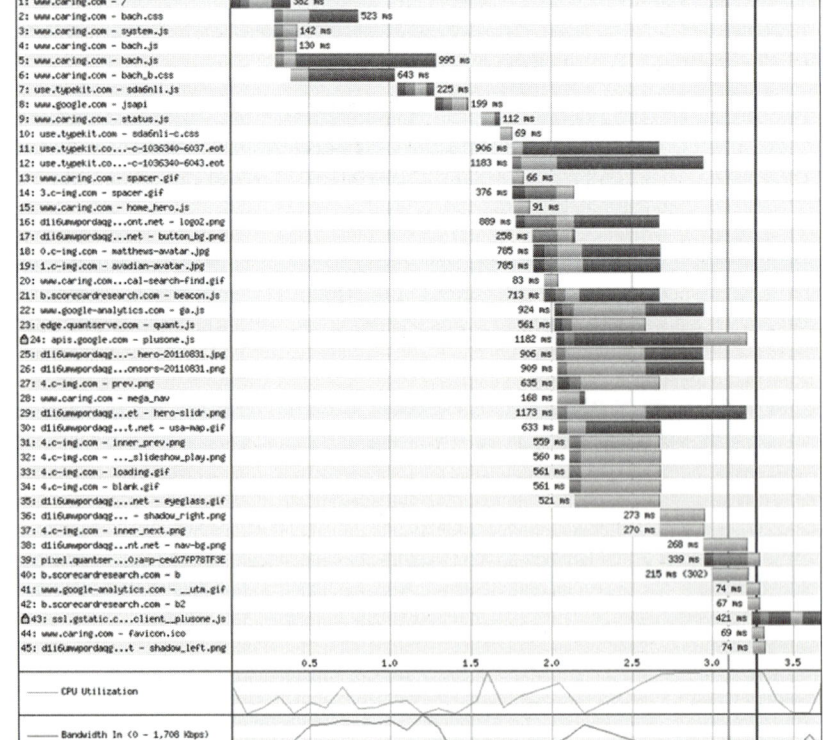

図8.1　webpagetest.orgから採取したパフォーマンスのウォーターフォール

CHAPTER 8　ハイパフォーマンススタイルシート

図8.1のグラフは、webpagetest.orgから採取したウォーターフォール図です。webpagetest.orgでは、パフォーマンスに関する問題を簡単に診断できる無料サービスを提供しています。飾りっ気のないサイトではありますが、提供している情報は素晴らしいものです。この情報から、他のリクエストをブロックしているリクエストや並列化されているリクエストを確認できます。また、キャッシュがある場合とない場合の使用感を比較することもでき、ネットワーク時間をDNS、TTFB（サーバーの処理時間＋ラウンドトリップ時間）、転送時間に分割してくれます。

これでページのパフォーマンスを測定する方法が分かったので、最適化を始めます。最初のステップは、遅延の原因になっていることをやめることです。何よりも必要のないものと言えば、CSSの`@import`でしょう。

CHAPTER 8　SECTION 2　ハイパフォーマンススタイルシート
サーバー側の@importによるHTTPリクエストの回避

2章で述べたように、`@import`ディレクティブは、大きいスタイルシートを小さいパーシャルに分割して整理するのに役立ちます。これにより、スタイルは見つけやすくなり、調査も簡単になります。CSSでは、次の例のように、1つのスタイルシートで他のスタイルシートを多数インポートすることが珍しくありません。

```
@import url("blog.css");
@import url("forum.css");
@import url("article.css");
@import url("header.css");
@import url("footer.css");
```

この場合、最初のページの表示が遅くなります。ページのスタイルをダウンロードするために何度もHTTPリクエストを行う必要があるためです（図8.2を参照）。

PART 3　　　本番のための調整

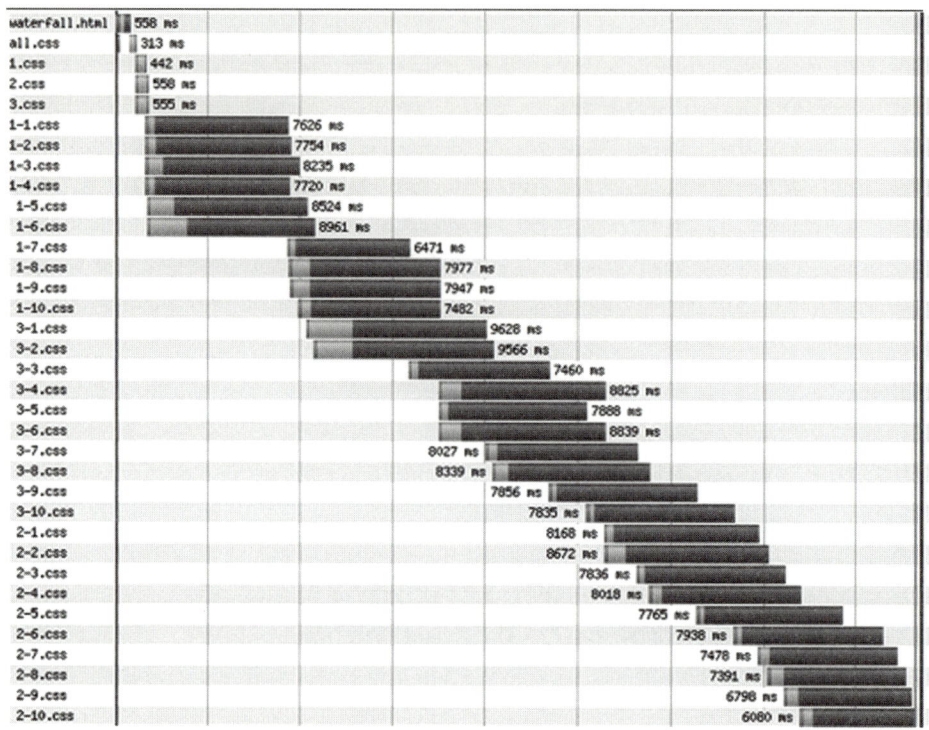
図8.2　CSSベースの@importでのパフォーマンスのウォーターフォール

　図8.2のウォーターフォールが示しているのは、ブラウザが処理している1つのスタイルシートが3つのスタイルシートをインポートしており、それぞれがさらに10個のスタイルシートをインポートしている様子です。これは、プロジェクトの構造としては一切おかしくはないのですが、見て分かるとおり、CSSファイルがダウンロードされるまで各レベルのインポートを開始することができません。さらに悪いことに、ブラウザには1つのサーバーから一度にダウンロードできるファイル数に制限があります。その結果、最終的にCSSの@importによって不必要な読み込み時間が増えてしまいます。この影響をもっとも受けるのが最初のページの表示です。このため、スタイルシートを連結し、Webサイトにとって合理性を保てる最小限度まで数を減らすことが、CSSのベストプラクティスとなっています。次の例に示すようなサーバーサイドインポートがSassに存在する理由もここにあります。

```
@import "blog", "forum", "article", "header", "footer";
```

　これによって、すべてのスタイルが1つのリクエストでダウンロードされるため、最初のページの表示が早くなります。
　ただし、注意してほしい点もあります。WebサイトやWebアプリケーションによっては、訪問者のパターンが異なります。訪問者が何度も再アクセスする傾向があり、めったに変更されな

CHAPTER 8　ハイパフォーマンススタイルシート

いスタイルシートがある場合は、一部のスタイルシートを別途ダウンロードさせるほうが理にかなっています。これによって、ブラウザは、一部のスタイルシートだけが変更された場合にキャッシュをより有効に活用できます。さもないと、スタイルシートを少し変更するだけでサイト全体のスタイルを再ダウンロードしなければなりません。同様に、訪問者がそれぞれに異なる数ページだけを見ている場合は、すべてのテンプレートのスタイルをダウンロードさせるのは非効率です。

多くのWebサイトで通用する方法の1つとして、CSSファイルを3つのレベルにまとめることが挙げられます（図8.3を参照）。

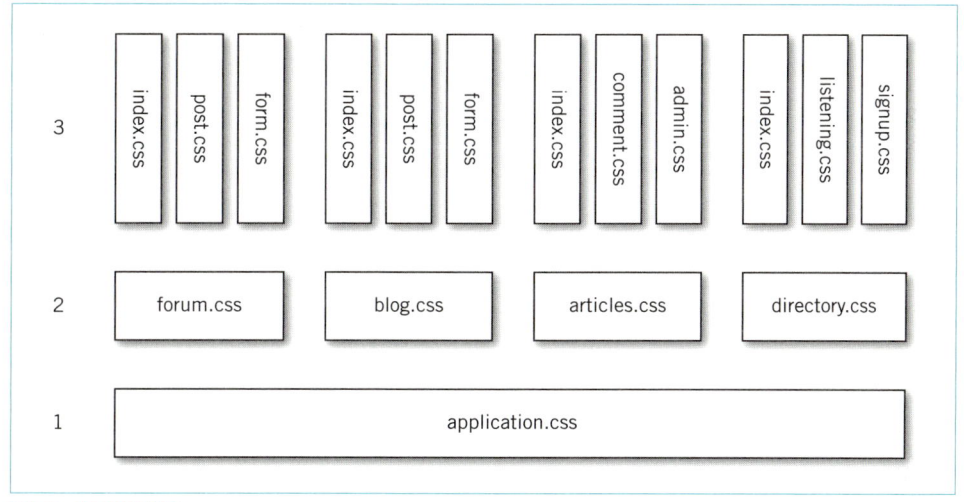

図8.3　共通CSS構造

- **コアスタイルシート**——ほとんどのページで必要とされる共通スタイル
- **セクションスタイルシート**——アプリケーションまたはWebサイトの大きなセクションで必要とされる共通スタイル
- **単一ページスタイルシート**——1つのページでのみ必要とされるスタイル。通常は、デザインが複雑で個性的なマーケティングページなどのスタイル

これで組織的な構造を犠牲にすることなく無駄なやり取りを排除できたので、次はスタイルシートや画像などのアセットをダウンロードするのにかかる時間を短縮する方法について説明します。

CHAPTER 8 | SECTION 3 | ハイパフォーマンススタイルシート

圧縮による転送時間の短縮

サイトを軽くする方法としてもっともシンプルなのは、インターネットを介して送信するコンテンツのサイズを小さくすることです。これは言うまでもありませんが、そのために何をすればよいのかとなると、それほど単純ではありません。

まだこれに着手していないなら、まずSass出力を圧縮してみましょう。ほとんどのユーザーは、`-e production --force`引数を指定してCompassコンパイラを再実行するだけで済みます。本番環境のデフォルトでは、出力フォーマットとして`compressed`を使用するように設定されていますが、Compass設定の`output_style`を`:compressed`に設定するか、Sassコマンドラインツールに`-t compressed`引数を渡すことでも同様の結果が得られます。

スタイルシートのテキスト圧縮から着手するのは良いアプローチです。Sassはコメントと無駄な空白をなくし、できる限りカラーコードを小さくします。しかし、これは手始めに過ぎません。次に説明するgzipによる圧縮のほうがはるかに効果があります。

8.3.1 gzip圧縮

最新のブラウザは、`Accept-Encoding: gzip`というヘッダーをリクエストに付けて送信します。これにより、レスポンスに`Content-Encoding: gzip`のヘッダーが含まれている限り、そのレスポンスを圧縮できます。CSSは冗長で繰り返しが多いという特徴があるので、スタイルシートの圧縮率は高く、元のサイズの約10〜15%まで圧縮できます（JavaScriptファイルでは、元のサイズの約25%程度です）。

一般的に、フロントエンドのパフォーマンスのベストプラクティスの1つとして、送信するアセットのサイズをできる限り小さくすることが挙げられます。gzipを使ったテキストアセットの圧縮と画像をWeb用に最適化することは、クライアント側のパフォーマンスを重視するサイトでは必須です。

ほとんどのWebサーバーには、転送中の圧縮を有効にする設定やプラグインがあります。圧縮に時間はかかりますが、多くの場合は、インターネットでコンテンツを転送するときに、それを補って余りある時間を節約できます。

また、スタイルシートを事前に圧縮しておき、リクエストヘッダーに基づいて異なるファイルを送信することもできます。詳細な設定方法はWebサーバーごとに異なりますが、Compassを使用すれば、圧縮されたスタイルシートを簡単に自動で生成できます。Compassでコールバックを登録すると、新しいスタイルシートが保存されるたびにコードが実行されます。これに必要なのは、次のコードをCompass設定ファイルに追加することだけです。

```
on_stylesheet_saved do |filename|
    # 対象ファイル名の末尾に.gzを付けた圧縮ファイルを
```

```
    # 生成するためのgzipツールを実行する
    `gzip -f #{filename}`
end
```

サイトでgzip圧縮を有効にする方法を確認することをおすすめします。少し時間はかかるでしょうが、ユーザーのためを思えば安いものです。

残念ながら、スタイルシートは圧縮する必要があるコンテンツのごく一部に過ぎません。多くの場合にもっとも改善の余地が見込めるのは画像です。

8.3.2 画像圧縮

本項の内容はSassともCompassとも関係ありませんが、画像圧縮の基本についてある程度知っておく必要があるのでここで説明します。

画像に関してまず知っておくべきことは、ほとんどの画像フォーマットに圧縮機能があるということです。一般的には、コンテンツを最大限圧縮できる画像フォーマットを使用すべきです。つまり、基本的には次のフォーマットを使用します。

- GIF（色数が少なく、サイズの小さなファイル向け）
- JPG（画質が著しく劣化しない範囲で画質設定をできる限り下げた写真向け）
- PNG（上記以外のあらゆる画像向け）

PNGは、幅広い画像の種類を処理できる複雑なフォーマットです。透過性を必要としない限り、必ずアルファチャンネルを削除してください。フリーツールのPngcrushをインストールし、それをすべてのPNG画像に対して実行することを強くおすすめします。Pngcrushはhttp://pmt.sourceforge.net/pngcrush/からダウンロードできます。

8.4 アセットホストによるページ読み込みの高速化

HTTP/1.1の仕様では、Webブラウザが無茶な振る舞いをしないように、1つのドメインからページリクエストをするときの同時ダウンロード数を制限することになっています。しかし、多くのWebサーバーを使って負荷分散されたサイトであれば大量のトラフィックを処理できるので、Webブラウザにこの制限が適用されないようにするテクニックが必要です。一般的な方法

として、同じ場所に解決される複数のドメイン（またはサブドメイン）を登録することが挙げられます。そうすることで、Webブラウザはより多くのアセットを同時にダウンロードできるようになり、ユーザーのページ読み込み時間が短縮されます。

例えばexample.comというサイトの場合、img-1.example.com、img-2.example.com、img-3.example.com、img-4.example.comなどを設定します。これらの各DNS名は実は`CNAME`レコードと呼ばれているもので、実際にはwww.example.com.のエイリアスとなります。

このような並列化だけでなく、アセットホストが「クッキーレスドメイン」（クッキーをサイトと共有しないドメイン）を使うように設定することも重要です。これにより、画像がリクエストされるたびにWebサーバーに送信されるバイト数が少なくなります。これはそれほど大きな効果はありませんが、新しいドメインをセットアップする労力を考えれば、基本的には何のリスクもなく実現できるので、小さいですが重要な節約です。クッキーレスドメインの詳細については、GoogleのPageSpeedのページ（http://developers.google.com/speed/docs/best-practices/request/）を参照してください。

これによって、画像、スタイルシート、JavaScriptへのリンクが、利用可能なアセットホスト間で均一に分散されます。このとき、同じアセットには必ず同じアセットホストを介してアクセスされるようにすることが重要です。そうしないと、アセットが複数回ダウンロードされてしまう可能性があります。もちろん、このソリューションが可能なのは、面倒な作業や人的ミスを排除できるフレームワークが利用できる場合だけです。ここでも、Compassがアセットホストを非常に使いやすくしてくれます。

8.4.1 アセットホストによるURLの生成

アセットホストはCompassプロジェクトではデフォルトで無効になっていますが、アセットホスト間でアセットを分散する方法を指示することで有効にできます。例えば4つのサブドメイン間で分散を行うためには、次のRubyコードをCompassの設定に追加します。

```
asset_host do |asset|
  host_number = (asset.hash % 4) + 1
  "http://img-#{host_number}.example.com"
end
```

このコードで何が行われているかを説明しましょう。前章で学んだように、Compassのすべてのアセットの参照にはアセットURLヘルパーを使って書いていますか？ このベストプラクティスにすでに従っているならば、アセットホストを利用する準備が整っています。コードは次のように書いても構いません。

```
#logo {
  background-image: image-url("logo-small.png");
}
```

Compassの設定に定義した`asset_host`関数は、引数`asset`を受け取ります。この引数は、アセットへの完全に解決された絶対HTTPパスです。他の設定に応じて、これは/images/logo-small.pngなどになります。`asset_host`関数は、アセットの生成済みURLのプロトコルとホスト名を返します。

必要に応じてどのようなロジックでも自由に実行できますが、通常は前掲のコード例で間に合います。まず、`asset.hash`によって`asset`文字列を一意に表現する数値が得られます。次に、それを剰余演算子（`%`）によって4で割った余り（0〜3の整数）が返されます。最後に、その余りに1を足すと1から始まるカウンターになります。2行目では、適切な戻り値を構成するため、`host_number`が文字列に挿入されています。関数の最後の値が返される値となります（明示的な`return`は必要ありません）。

続いてCompassは、渡されたパスとキャッシュバスターをアセットホスト値に結合し、完全なURLを生成します。

```
#logo {
  background-image:
    url('http://img-3.example.com/images/logo-small.png?1298578273');
}
```

アセットホストを使うことで、クライアント側の表示にかかる時間を大幅に削減できます。これは非常に簡単なので、やらない理由はないでしょう。

8.4.2　ドメインベースアセットによる混在コンテンツ警告の回避

SSLアクセスをサポートしているサイトでアセットホストを使いたい場合は、ユーザーのブラウザに危険なアセットに関する警告が表示されないようにすることが重要です。警告が表示されないようにするには、次のようなプロトコル相対URLを使用します。

```
#logo {
  background-image:
    url('//assets3.example.com/images/logo-small.png?1298578273');
}
```

「http:は必要なのでは」と思ったかもしれませんが、不要です。ブラウザがプロトコル相対URLを処理する際には、元のリクエスト（この場合はスタイルシートのリクエスト）を送信するのに使われたのと同じプロトコルを使います。主要なブラウザであれば（Internet Explorer 6ですら）、プロトコル相対URLに対応しています。Compassでアセットホストでプロトコル相対URLを使うように設定するには、次のように記述します。

```
asset_host do |asset|
  host_number = (asset.hash % 4) + 1
```

```
  "//img-#{host_number}.example.com"
end
```

ただし、HTMLマークアップ内でプロトコル相対URLを使用する場合には注意が必要です。Internet Explorer 6と7には、プロトコル相対スタイルシートの`<link>`が2回ダウンロードされてしまうバグがあります。

CHAPTER 8　SECTION 5

ハイパフォーマンススタイルシート

インラインデータURI

　CSS3を使えば画像を必要とせずに素晴らしい効果を生み出せますが、デザインを一味違ったものにしたり、重要な部分に注目させたりする場合に頼りになるのは、やはり画像です。画像をローカルで作成していると忘れがちですが、どの画像も即座に読み込まれるわけではありません。デスクトップPCでは遅延の少ないブロードバンド接続がますます普及してきている一方で、海外やモバイルデバイスからの訪問者のユーザー層も拡大しており、低帯域幅で利用しているユーザーへの配慮も必要です。

　スタイルシートの中に埋め込まれた画像を送信する場合を考えてみましょう。これに対応するHTTPのやり取りのコストを回避するには、図8.4に示す「データURI」というメカニズムを使います。

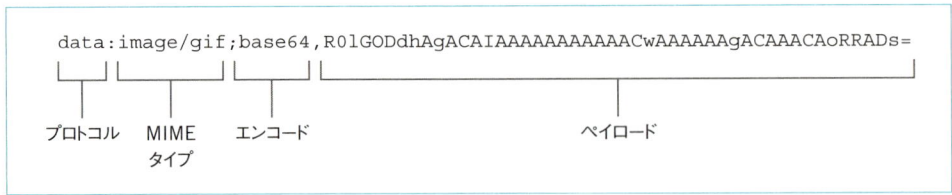

図8.4　データURIの内訳

　図8.4に示したURIは、2×2ピクセルの黒一色の画像を表しています。元の画像は35バイトで、それがbase-64エンコードを使用して70バイトのデータURIに変換されています。これをブラウザのURLバーに入力すると、小さな画像が表示されます。

　CSSの場合は、画像をアップロードしてデータURIに変換できるWebサービスを使って、埋め込む必要がある画像ごとにこのプロセスを繰り返す方法がありますが、面倒な上に保守するのも困難です。Compassなら画像とその他のアセットの埋め込みは簡単です。

CHAPTER 8　ハイパフォーマンススタイルシート

```
.icon { background: inline-image("black-dot.png"); }
```

Compassでは、画像の拡張子に基づいて一般的な画像フォーマットのMIMEタイプが認識されますが、拡張子を判別できず、その拡張子がMIMEタイプの2つ目の部分と同じではない場合は、次のようにMIMEタイプを明示することもできます。

```
.icon {
  background: inline-image("black-dot.bitmap", "image/bmp");
}
```

Compassを使って画像を埋め込むことは非常に簡単で、余計なやり取りをすべて回避できるという利点があります。それなら、常にこの方法を使えばよさそうですが、そうしない理由がいくつかあります。

- **肥大化**——base-64エンコードのアルゴリズムは、通常のバイナリエンコードほど効率的ではありません。base-64エンコードではバイナリデータのサイズが約20%大きくなります。スタイルシートを圧縮しても大量のインラインデータがあれば、エンコードのオーバーヘッドが大きくなり、HTTPのオーバーヘッドと遅延が改善されてもそれを上回ってしまいます。一般的には、1KBより大きいデータの埋め込みには注意が必要です。
- **キャッシュ**——画像のインライン化によって速度は上がりますが、CSSファイルのサイズが非常に大きくなる可能性があります。ユーザーエージェントの中には、サイズが大きすぎるファイルをキャッシュしないものもあります。例えば、iPhone（iOS 3.x）は25KB以上のCSSファイルはキャッシュしません。また、インライン化された画像を変更すると、スタイルシート全体を変更する必要があります。しかし、リクエストが各画像ごとであれば、変更された画像のみを再リクエストするだけで済みます。
- **ブラウザの対応**——Internet Explorer 6とInternet Explorer 7はデータURLに対応しておらず、Internet Explorer 8ではサイズが32KBに制限されています。この回避策として、次のようにフォールバック画像を使って古いブラウザに対応する方法があります。

```
background-image: inline-url("logo.gif");
*background-image: image-url("logo.gif");
```

これを行う場合、ユーザーは画像を2回ダウンロードするため、パフォーマンスが低下します。ブラウザ対応要件にこうした古いブラウザが含まれる場合、条件付きでリンクされた別のスタイルシートでデータURIを送信することを検討しましょう。

インライン画像がニーズに合致しない場合、画像の読み込みを高速化する方法として6章で説明したスプライトを使うこともおすすめします。

ここまでは、送信するファイルのサイズを小さくしたり、HTTPリクエストの数を少なくしたりすることでパフォーマンスを改善する方法について説明しました。次は、ブラウザ側のレンダ

PART 3　本番のための調整

リングに焦点を当て、Sassを最適化してセレクタのパフォーマンスを向上させる方法を学びましょう。

CHAPTER 8　SECTION 6

ハイパフォーマンススタイルシート

セレクタのパフォーマンス

　JavaScriptファイルによってページがどれほど重くなるかが簡単に分かる方法があります。無限ループを作成するだけで、ブラウザは固まってしまうでしょう。CSSのセレクタにはループがなく、JavaScriptよりもかなり軽いため、スタイルシートがどれほどWebページの読み込み時間と全体的なレスポンスに影響するかは、JavaScriptよりも分かりにくくなっています。スタイルシートの転送と解析にかかる時間に加え、セレクタの数と構造は、ページに小さいながらも無視できない影響を与える場合があります。大規模なWebサイトの場合、この影響は数百ミリ秒程度であり、このような取るに足らない問題がパフォーマンスに関する最優先事項となっている場合、そのWebサイトは比較的良好な状態と言えるでしょう。

　パフォーマンスに関する問題には、パレートの法則がほぼ当てはまります。高速化の約80%は、作業の20%によってもたらされているということです。セレクタの最適化は、簡単な部分をやり終えてから手を付けるべきステップです。数週間作業して、やっと100ミリ秒程度節約できるというレベルです。一部のサイトではこの労力を費やす意義もありますが、それをやるくらいなら、デザインを直したり、テンプレートの構造を大きく変えたりすることにコストをかけるほうが効果的です。

　このパフォーマンスに関する問題について考える前に、まずWebページの読み込み順、サーバーのレスポンス時間、ネットワーク転送コストに力を入れるべきです。

8.6.1　チリも積もれば山となる

　セレクタは非常に軽いですが、数が膨大になれば、セレクタのカスケードと継承の計算や、文書中における要素のプロパティの解決などが積み重なります。文書自体に多くの要素が含まれる場合は特にそうです。

　セレクタのパフォーマンスに関する対策には、プルーニング（決定木の刈り込み）とマッチングという2つの段階があります。プルーニングフェーズで、ブラウザは、特定の要素にマッチしないと即座に断言できるすべてのセレクタを排除します。ブラウザは少なくとも、キーセレクタ（通常、右端のセレクタ部分）を確認して、そのセレクタをプルーニングできるかどうかを決定

します（最近では、ブラウザにIDスコーピングなどの新しいヒューリスティックなプルーニングが導入され始めました）。

マッチングフェーズでは、プルーニングできなかった各セレクタをブラウザが確認して、そのセレクタ全体が要素の文書コンテキストに一致するかどうかを判断します。これは、文書階層を検証すること（子孫セレクタと子セレクタの場合）、または兄弟要素を確認することを意味します。

一般的に、セレクタを使用する場合は、セレクタがマッチしているかどうかを判断するために考慮する必要があるHTMLセレクタの数を最小限に抑えることで、セレクタがあまり複雑にならないようにすると良いでしょう。

8.6.2　ネストの濫用の危険性

今さら言うなと思うかもしれませんが、Sassを使用すると重いセレクタを大量に作ってしまいがちになります。Sassによって実現できる素晴らしいスタイルシートによって、Webページは重くなってしまうのです。

コンパクトかつ非常に読み取りやすいSassファイルも巨大なCSSファイルになってしまう場合があるので、Sassでコードを書く場合は生成されるCSSのサイズと複雑さも念頭に置くことが重要です。特に、Sass初心者はネストセレクタを使用してHTML構造を複製しがちです。これは未熟なアプローチです。最終的に、マークアップにわずかな変更を加えるだけでデザインが壊れる可能性があり、インラインスタイルよりも保守が難しくなってしまいます。さらに、ネストにしたときのデフォルトの連結子は子孫連結子（スペース）で、キーセレクタは通常、要素セレクタであるため、このコーディングスタイルではもっとも非効率な形式でセレクタが生成されてしまいます。

肥大化しすぎていることが確実なスタイルシートを特定するには、Compassの**stats**コマンドを使います。まずは**css_parser**というRubyGemsをインストールする必要があります。

```
$ gem install css_parser
```

そして、Compassの**stats**コマンドを実行します。

```
$ compass stats
```

すると、そのSassファイルに関する有益な各種情報を確認できます。次に示すのは、CompassのWebサイトのスタイルシートに**compass stats**を実行した出力です（注：紙面の都合で、一部の列を省いています）。

Filename	Sass	CSS	CSS	CSS

PART 3 　本番のための調整

```
|                           | Size  | Selectors | Properties | Size   |
|---------------------------|-------|-----------|------------|--------|
| home.scss                 |   387 |       510 |       1579 |  41879 |
| ie.scss                   |   114 |         3 |          4 |    306 |
| screen.scss               |   595 |       932 |       2846 |  68575 |
| core/_base.sass           |  2052 |        -- |         -- |     -- |
| core/_clearing.sass       |   382 |        -- |         -- |     -- |
| core/_extensions.scss     |   192 |        -- |         -- |     -- |
| partials/_ads.scss        |   666 |        -- |         -- |     -- |
| partials/_blog.scss       |    84 |        -- |         -- |     -- |
| partials/_code.scss       |  4100 |        -- |         -- |     -- |
| partials/_example.scss    |   483 |        -- |         -- |     -- |
| partials/_home.scss       |  2508 |        -- |         -- |     -- |
| partials/_install.scss    |   603 |        -- |         -- |     -- |
| partials/_layout.scss     |   683 |        -- |         -- |     -- |
| partials/_main.scss       |  1840 |        -- |         -- |     -- |
| partials/_nav.scss        |  2085 |        -- |         -- |     -- |
| partials/_sidebar.scss    |   550 |        -- |         -- |     -- |
| partials/_theme.scss      |  9667 |        -- |         -- |     -- |
| partials/_typography.scss |  1824 |        -- |         -- |     -- |
|---------------------------|-------|-----------|------------|--------|
| Total (18 files):         | 28815 |      1445 |       4429 | 110760 |
|---------------------------|-------|-----------|------------|--------|
```

　見て分かるとおり、これによって、生成されるセレクタの数とファイルのサイズが簡単に確認できます。ここで生成されるCSSファイルは、ソースファイルの約4倍の大きさになっています。SassとCompassは多くの仕事をこなしてくれますが、その力をうまくコントロールするのを忘れないことが重要です。

本章のまとめ

Webの仕事をしていて非常に驚かされるのは、最適化を必要とするほぼすべてのものに対して、簡単な最適化の方法が数多く存在することです。残念ながら、それらのアプローチの多くは、その作業を迅速に実行できるようにするフレームワークがない限り、労力をかけるほどの効果はありません。すでに見たとおり、Compassには、訪問者数が数千から数百万に至るまで、さまざまなWebサイトの調整をサポートする幅広いツールがあります。

これまで学んだように、サイトをより軽くするためにスタイルシート作成者ができることは、たくさんあります。パフォーマンスはサーバー側だけの問題はありません。むしろその逆で、多くのサイトにとっては、クライアント側のパフォーマンスを最適化することがもっとも難しいということなります。そのような場合に、SassとCompassが非常に役に立ちます。

D&WT Sass&Compass 標準ガイドブック

PART-4：Sass と Compass の高度な機能

　PART1〜PART3では、SassとCompassの基礎、そしてそれらを使ってスタイルシートを作成する方法について学びました。最後のこのPARTでは、SassとCompassの高度な機能について説明します。

　9章ではまず、Sassがインテリジェントな単位変換によってデータ型および式をどのように処理し、文字列と値の追加を可能にするかを見ていきます。次に、数値、リスト、色を扱うさまざまな関数を紹介します。Sassがいかに簡単に色を操作できるかが分かり、スタイルシートで動的にカラーテーマを設定する方法を正しく知ることができるでしょう。また、ユーザーが自分でSassの関数を書く方法についても説明します。最後に、@forや@eachを使用してループを書く方法と、@ifおよび@elseディレクティブを使用して条件付きでスタイルを指定する方法を説明します。

　10章では、これまでに学んだことに基づいて、Compassの拡張機能を作成します。まず、スタイルシートとフロントエンドコードを共有するいくつかの方法とその欠点を示し、SassとCompassが再利用可能なスタイルシートの共有をいかに簡単にしているかを説明します。次に、もっとも基本的な形式で拡張機能を書く方法を学んだ後、CSS3ボタンのスタイルを指定するための高度な拡張機能を作成します。自分で拡張機能を書き、リファクタリングしながら、拡張スタイルシートを書く際のデザイン決定とベストプラクティスについて学んでいきます。そして、拡張機能をリリースするいくつかの方法を紹介し、拡張機能の配布に役立つRubyGemsを簡単に作成する方法を説明します。最後に、GitHubでオープンソースプロジェクトを共有および管理する方法について簡単に触れます。

　本書を読み終えたら、SassとCompassを使用して非常にスマートで保守しやすいスタイルシートを書く方法が理解できていることでしょう。強力な新しいツールを活用して、新たな視点からWebデザインに関する問題に対応する力が身に付いているはずです。また、オープンソースを通して自分のアイデアと発見を共有することで、より気軽にデザインコミュニティに参加する方法も分かるはずです。

PART-4　SassとCompassの高度な機能

CHAPTER 9　**Sassを使用したスクリプティング**

本章で学ぶこと

- SassによるCSS値の操作
- 高度な四則演算およびカラーテーマ用の組み込みSass関数
- 計算の繰り返しを避けるための独自関数の定義
- 高度で再利用可能なミックスインを作成する制御ディレクティブ

　本章では、Sassを読みやすく保守しやすくするために最適化する方法と、CSSの制限を超えたスマートなスタイルシートを書く方法を説明します。

　すでに、SassがプレーンなCSSにもたらす多くの恩恵について学びました。変数、ネストルール、ミックスインは、CSSの繰り返しを減らすのに役立ちます。特にミックスインは、スタイルシートで繰り返されるスタイルやパターンをリファクタリングし、それらを再利用できるようにするための優れた方法です。

　しかし、変数およびミックスイン自体は、スタイルシートで使っているパターンを表現することしかできません。場合によっては、幅の計算を繰り返すのを避けたり、ミックスインにおいて条件によって微妙に異なるスタイルを使用したいこともあります。そのためには、本章で紹介するSassのより高度なスクリプティング機能が必要です。

　高度なSassの使用の中核となるのは、CSS値（プロパティ値として現れるもの）を操作できる点です。Sassは、小学生のときに学んだ四則演算（加算、減算、乗算、除算）をサポートしています。また、`5px + 10px = 15px`のように単位も認識します。

　Sassは、色、名前（`bold`、`center`など）、リスト（`1px solid black`、`font, font, font`など）といった、その他の標準的なCSSのデータ型もすべて認識します。また、`true`と`false`を表現する、CSSにはないデータ型もあります。このデータ型は使用するスタイルを決定するために使用します。

　SassでCSS値を操作する主要な方法としては、四則演算（ほとんどの場合に数値とともに使用します）の他に、関数もあります。`rgb()`や`hsl()`のような組み込みCSS関数に加え、Sassは便利な独自の関数をたくさん追加しています。それらの関数の多くは主に複雑なスクリプティングで役に立ちますが、特に色を操作する関数など、独立して使っても便利なものもあります。このような関数を使えば、いくつかの基本色から全体のテーマに使用する色を生成することができます。

　また、Sassによって、CSS値とSass変数をプロパティ外で利用できるようになります。これらは特殊な構文を使ってセレクタやプロパティ名に含めることができます。ミックスインにセレクタまたはプロパティ名をパラメータとして渡す場合に便利です。

　CSS値のもっとも高度な利用方法は、制御構造で使用することです。制御構造によって、ス

CHAPTER 9　Sassを使用したスクリプティング

タイルを実際に使用するかどうかを制御し、ミックスインを使わずに1つのスタイルを複数のバリエーションで作成することができます。JavaScriptまたはその他のプログラミング言語を使用した経験がある方は制御構造は見慣れていると思いますが、経験がない方でも心配はいりません。制御構造は高度ではありますが、とても単純です。

CHAPTER 9　SECTION 1　Sassを使用したスクリプティング
式の利用

　式は、SassでCSS値を操作するもっとも一般的な方法です。では、式とは何でしょうか？ 式はプロパティの右側にあるものです。これはプレーンなCSSでは通常、**bold**や**5px**などの単純な値、または`1px solid black`などの値のリストです。Sassでは、式には変数だけでなく、本章で説明する四則演算子を含めることができます。

　式にはあらゆる型の値を使用できますが、もっとも役に立つのは数値と併用するときです。数式は、使い慣れた演算と同じように機能します。つまり、+、-、*、/を使って、加算、減算、乗算、除算が可能です。演算子の優先順位も同じです。つまり、*と/は+と-より先に実行され、括弧内の式が先に実行されます。リスト9.1のスタイルでは、乗算や減算、除算を利用して、シンプルなグリッドシステムを作成しています。

リスト9.1　Sassの式の使用

```
$grid-cells: 20;
$cell-width: 25px;
#main {
  $main-width: $grid-cells * $cell-width;
  $main-padding: 10px;
  width: $main-width;
  padding: $main-padding;
  .sidebar {width: ($main-width - $main-padding*2)/4}
}
```
― 式を使用

　式はプロパティまたは変数値内のどこででも使用でき、全体に適用しなければならないわけではありません。これは、空白文字で区切られた複数の値を取る**border**や**background**のようなプロパティで役立ちます。例として、次のプロパティを見てください。

```
border: ($something - $something-else) solid blue
```

`$something - $something-else`が**5px**であれば、プロパティは**5px solid blue**になります。括弧は必須ではありませんが、あったほうが読みやすくなります。

CHAPTER 9 SECTION 2

Sassを使用したスクリプティング

データ型

本節では、CSSとSassで使用されるデータ型、そしてSassの式においてデータ型がどのように機能するかを見ていきます。

CSSプロパティまたはSass変数のすべての値には型があります。型によって値の働きは異なります。`#abcdef`や`violet`などの値は色を表し、テキスト、背景、枠線などに色を付ける場合に使用します。`100%`や`5px`などの値は数値を表し、幅、余白、パディングの設定に使用します。`center`や`auto`などの値が表せるものは多岐にわたり、通常は選択肢の1つ、または特殊な値です。

Sassが認識できる型はこれら以外にもあり、式の中で操作できます。操作方法は型によって異なりますが、いずれの型も（ある程度は）四則演算子（`+`、`-`、`*`、`/`）をサポートしています。本節では、各型と、それがどのように演算子を使用するかについて説明します。

9.2.1 文字列と名前

文字列は、CSSでもっとも一般的なデータ型です。「文字列」と呼ばれるのは、文字が並んだものだからです。`bold`、`auto`、`center`などのように名前であるものはすべて文字列であり、`"Helvetica Neue"`のように引用符で囲まれたものも文字列です。前者を単純文字列（unquoted string）、後者を引用文字列（quoted string）と呼びます。

引用文字列と単純文字列の主な違いは、引用符自体の存在と文字列に使用できる文字の種類です。引用文字列には"以外であればどんな文字でも使用できますが、単純文字列は数値または特殊文字で始めることはできず、空白文字や`*`、`&`などの一部の特殊文字を含めることはできません。

しかし、Sassが文字列とみなす特殊なケースがいくつかあります。1つは`!important`です。これは`!`で始まるため、通常であれば単純文字列とはみなされませ

> **MEMO**
> このルールに例外はありますが、それはCSS自体の問題であるため、本書の範囲外です。

CHAPTER 9　Sassを使用したスクリプティング

んが、Sassでは単純文字列とみなされます。また、`(`や`)`、URLに一般的に含まれる特殊文字は許さないのに、`url()`値は単純文字列とみなされます。しかし、`url()`の括弧に`$variable`を入れた`url($variable)`は文字列とみなされません。

　Internet Explorer固有のフィルター値も文字列とみなされます。この値は、Sassのパーサーが従うCSSの仕様では技術的に正しくない構文であるためです。`progid:DXImageTransform.Microsoft.gradient (startColorstr=#550000FF, endColorstr=#55FFFF00)`は、1つの長い単純文字列とみなされます。同様に、現時点ではCSS3の`calc()`関数も文字列とみなされます。

　文字列でもっともよく使われる演算子は`+`です。`+`で文字列を他の値に追加すると、その値が文字列かどうかにかかわらず、2つの値は1つの新しい文字列として結合されます（表9.1を参照）。文字列を引用符で囲むと、その結果も引用符で囲まれます。引用符で囲まなければ、結果にも引用符は使用されません。両方の値が文字列であり、一方は引用符で囲まれていて、他方は引用符で囲まれていない場合、結果として得られる文字列には左側の文字列の引用符の状態が適用されます。

表9.1　文字列での+演算子の使用

式	結果
`foo + 1`	`foo1`
`"foo" + 1`	`"foo1"`
`foo + bar`	`foobar`
`"foo" + "bar"`	`"foobar"`
`"foo" + bar`	`"foobar"`
`foo + "bar"`	`foobar`

　`+`以外の演算子のほとんどは文字列ではサポートされていません。歴史的な理由から、`-`と`/`は`+`と同様に文字列を結合しますが、演算子自体も結果に含まれます（表9.2を参照）。

表9.2　文字列に対して+のように機能する-および/演算子

式	結果
`foo - bar`	`foo-bar`
`foo / bar`	`foo/bar`

9.2.2　数値

　数値も、文字列と同様、CSSとSassにおける一般的なデータ型です。Sassでも、CSSと同様、数値は実数値と単位（オプション）の2つの部分からなります。よく使われる単位としては、`px`、`em`、`%`があります。

　Sassは単位に従って数値を認識するので、演算でも必ず単位が処理されます。これは、科学

PART 4   SassとCompassの高度な機能

計算で単位を処理する規則に従います。単位付きの数値を乗算および除算すると、数値とともに単位も乗算および除算されます。

つまり、`5em * 4px`は`20em*px`、`99px/1in`は`99px/in`になります。

この単位の計算は、単位間の変換をする際に便利です。例えば`$pixels-per-em: 16px/1em`を設定した場合、`5em * $pixels-per-em`で`5em`のピクセルを計算できます。結果は`80px*em/em`となり、`80px`が得られます。Sassは、これをすべて自動で処理します。

> **MEMO**
> `px*em`と`px/in`という表記は有効なSass構文ではありません。これらの値を得るには、数値で乗算または除算を行わなければなりません。

加算または減算時には、必ずしも結果が得られる適切な単位があるわけではありません。例えば、Sassはピクセルとパーセンテージ間の変換方法を認識していないので、`5px + 10%`は意味をなしません。このような場合、Sassはエラーを返します。しかし、Sassが単位間の変換方法を認識している場合(`in`と`cm`など)は、変換は正常に行われます。

> **MEMO**
> SassがサポートするCSS3の`calc()`関数では、`5px + 10%`の計算ができます。しかし、それはすべてのレイアウト方法を知っているブラウザが計算を行っているからです。

これまでに説明したように、数値に対して実行できる演算は小学校レベルの四則演算に過ぎませんが、剰余というもう少し複雑な演算もあります。剰余は`%`演算子を使って、2つの数値の除算の余りを求めます。つまり、`$num1 % $num2`は`$num1 / $num2`の余りです。

数値で`/`を使用する場合は、複雑な問題が発生します。CSSでは、特定の値をスラッシュ(`/`)で区切ることができますが、その場合、除算を意味しません。これを実際に使うことはほとんどありませんが、Sassの式はCSSの上位互換なので、数値を除算しないこの構文を意識しておく必要があります。

Sassはこれを処理するために、除算するのか、プレーンなスラッシュ(`/`)を使用するのかを判断するいくつかの簡単なルールを適用します。`/`の左右のいずれかの値が文字列の場合、その結果はプレーンなスラッシュを使ったものになります。どちらも文字列ではない場合、Sassは次に示す3つの条件のいずれかが満たされた場合に限り、除算を行います。

- `/`のどちらかの側に変数がある。
- 値全体が括弧で囲まれている。
- 値が他の四則演算式の一部として使用されている。

例えば、次の式では除算が行われません。

`1px/2px` ── 結果は 1px/2px

これに対し、次の3つの式では、除算が行われます。

```
$var: 1px; $var/2px        結果は0.5px
(1px/2px)                  結果は0.5px
1 + (1px/2px)              結果は1.5px
```

9.2.3 色

色は、Sassのデータ型の中でもっとも特徴的なものの1つです。

CSSでは、色をさまざまな方法で記述できます。もっとも一般的な方法は、RGBチャンネルの16進表現を使用することです。**#abcdef**は、10進数で赤171、緑205、青239を表します。また、関数**rgb(171, 205, 239)**を使用しても、同じ情報を表すことができます。**blue**、**violet**など、名前付きの色もあります。こちらのほうが分かりやすいのですが、選択の幅は狭まります。**hsl()**関数は、**rgb()**と同様に働きますが、調整がしやすくなっています。また、**rgba()**と**hsla()**はそれぞれ**rgb()**および**hsl()**とおおむね同じ働きをしますが、さらに色にアルファ透明度を指定できます。Sassは、これらすべての形式を認識します。

内部的には、どの形式が使われたかにかかわらず、Sassは色のRGB値とHSL値の両方を管理しています。これは、色を操作する関数に有効です（多くは色のHSLプロパティを操作します）。

また、色は数値や他の色との**+**、**-**、*****、**/**をサポートしていました。しかし、これらの演算は単純ではなく、さほど有用でもなかったため、色関数に取って代わられました。色関数については本章の3-2で説明します。

9.2.4 リスト

リストは、**border**や**background**のようなプロパティで使用される値の並びです。例えば**1px solid black**は、**border**プロパティに利用できる3つの値のリストです。リスト内の値は、この例のように空白文字で区切るか、**font, font, font**のようにカンマで区切ります。

厳密に言えば、Sassのリストには複数の項目が含まれていなければなりません。しかし、個々の値は、本章で後述するリスト関数や**@each**などの制御ディレクティブを含むリストに関係するすべてのものに関して、単一の項目を含むリストとみなせます。

> **MEMO**
> 色などのリストはCSSやSassで頻繁に使用されますが、それらを独自のエンティティと考えることに慣れている方は少ないでしょう。

CSSではリストに含めることができるのは個々の値のみですが、Sassではリスト内に他のリストを含めることもできます。リスト内に他のリストを含めるもっとも簡単な方法は、カンマ区切りリスト内に空白文字区切りリストを含めることです。例えば、**foo bar, baz bang, bip bap**には**foo bar**、**baz bang**、**bip bap**の3つの要素が含まれています。この場合、それぞれが2つの要素（2つの語）を含むリストです。

リストは、**(foo bar) (baz bang) (bip bop)**、**(foo, bar)**、**(baz, bang)**、**(bip, bop)**のように括弧を使用して、同じ型の他のリスト内にネストにすることもできます。この例はどちらも、2つの要素からなるリストを3つ含むリストになっています。リストを含むリストをCSSに変換すると、それを有効なCSS構文にするために括弧が削除されます。

四則演算は、リストでは役に立ちません。使用はできますが、リストが単純文字列に変換され、対応する文字列演算が行われるだけです。

リストが真価を発揮する2つのケースがあります。1つは、@eachディレクティブを使用してコードを簡潔にできる場合です（本章の5-2を参照）。もう1つは、複雑な引数をミックスインに渡し、Sass関数を使ってアクセスできるようにする場合です（本章の3-3を参照）。

9.2.5 ブール値

論理学者のGeorge Booleにちなんで名付けられたブール値は、真偽値を表します。真偽値にはtrueとfalseの2つしかありません。それらは、Sassでは、使用するスタイルを決定するために（本章の5-3で説明する@ifとともに）使用されます。

> **MEMO**
> ブール値は、CSSからのものではなく、ミックスインで論理を使用して選択を行えるようにするために追加されたものです。

ブール値は四則演算を使用しません。代わりに、and、or、notという論理演算を使用します。これらの演算は単純です。$bool1 and $bool2は、$bool1と$bool2の両方がtrueの場合にtrueになります。$bool1 or $bool2は、$bool1と$bool2のいずれかがtrueの場合にtrueになります。notは1つの値のみを取り、not $boolは、$boolがfalseの場合にtrueになり、$boolがtrueの場合にfalseになります。

実際には、and、or、notはあらゆる値で使用できますが、ブール値と併用するのがもっとも有効です。数値、色、文字列、リストはand、or、notと使用すると、すべてtrueとみなされます。非ブール値を使用すると、andとorの結果も非ブール値になります。$val1 and $val2は、$val1がfalseでない限り$val2を返します。$val1 or $val2は、$val1がfalseの場合のみ$val2を返します。

> **MEMO**
> Sassはすべての色のRGB値とHSL値を認識するので、==で使用すると、blue、#0000ff、hsl(240, 100, 50)はすべて同じ色とみなされます。

表9.3に示すように、ブール値以外の型に適用してブール値を返す演算子があります。不等号を含む演算子は数値にのみ適用できますが、==演算子はすべての型に適用できます。

表9.3　ブール値を返す演算子

演算子	意味
<	より小さい
<=	以下
>	より大きい
>=	以上
==	等しい

CHAPTER 9 SECTION 3 Sassを使用したスクリプティング

関数

　　データ型の多くは、演算子だけでは十分に活用できないため、Sassは関数を通して多くのスクリプティング機能を提供しています。

　　Sass関数は、いくつかの値（引数と呼ばれます）に対して特殊な操作を実行します。`rgb()`や`hsl()`などのCSS関数と同じような構文を使用しますが、それらはSassの式の一部として評価され、Sassの値を返します。

　　CSS関数と異なり、Sass関数にはキーワード引数を使用できます。つまり、関数の各引数が何を行うのか分かるよう、引数の順序を使用するのではなく、引数の一部またはすべてに明示的な名前を付けることができるということです。そのための構文は`$name: value`です。引数の名前が、関数の名前とともにリスト化されます。これは、多くの引数を取る関数で特に有効で、どの引数を何番目に指定するかを覚えておく必要がありません。

```
rgb($green: 127, $blue: 127, $red: 255)
```

　　Sassの設計理念の重要な点として、現在、どのブラウザが何に対応しているかを常に把握しておくことは不可能なので、それを把握しようとはしないということが挙げられます。このため、Sassが認識しない関数を使用した場合、SassはプレーンなCSS関数とみなし、それをそのまま渡します（引数の評価は除きます）。これは関数名に入力ミスがあった場合に面倒なことになるので、注意が必要です。

　　Sassの組み込み関数のほとんどは、さまざまな状況に広く役立つよう設計されています。しかし、それだけで色や数値のセットに対して実行したい操作をすべてカバーできるわけではありません。そのため、Sassでは、ミックスインの定義と同じように、ユーザーが独自の関数を定義できるようになっています。ユーザー定義関数については、本節の最後に説明します。

　　Sassの関数の多くは、独自の関数やミックスインを簡単に定義できるように設計されています。Sassの数値関数は一般的なデザインではそれほど役に立ちませんが、グリッド幅を把握するための関数などを書く場合には有効です。同様に、値に関する情報を与える一連の関数が用意されているため、関数やミックスインはそれに基づいて決定を下すことができます。

　　本節では、頻繁に使用されるSassの組み込み関数のいくつかを紹介し、まとめとして自分で関数を書く方法を説明します。まず数値関数を取り上げ、色関数、リスト関数について説明した後、他の分類に入らない関数を簡単に紹介します。

9.3.1　数値関数

　　Sassには、特にSassでスタイルシートを頻繁に書く状況において、数値をより簡単に処理できるようにする関数がいくつかあります。表9.4に、それらの関数を示します。

> **MEMO**
> 現時点では、べき乗、対数、三角法などの比較的複雑な演算をスタイルシートで有効に活用できることはほとんどないので、そのための関数はありません。それらが必要な場合は、Rubyの拡張APIを使えば追加できます。

表9.4 数値を扱う関数

関数	説明
`abs($number)`	`$number`の絶対値を受け取る
`ceil($number)`	`$number`を切り上げる
`comparable($number-1, $number-2)`	`$number-1`と`$number-2`を比較できるかどうかを返す
`floor($number)`	`$number`を切り捨てる
`percentage($number)`	小数の`$number`をパーセンテージに変換する
`round($number)`	`$number`を四捨五入して整数にする
`unit($number)`	`$number`の単位を返す
`unitless($number)`	`$number`に単位がないかどうかを返す

　Sassの数値関数には、数値を整数にするためのものが3つあります。2つの数値を除算すると、その結果は常に整数になるわけではなく、小数になる場合もあります。この結果は正しいものですが、整数が求められる場面もあります。そのために丸め関数があります。`ceil($number)`は切り上げ、`floor($number)`は切り捨て、`round($number)`は四捨五入を行って整数にします。

　数値の絶対値を返す`abs($number)`は、丸め関数と似ています。`$number`が正である場合、`abs()`はそれをそのまま返します。負の値である場合、`abs()`は`$number`を正の値にして返します。

　`percentage($number)`は、小数（0.6、0.33、1.3など）を受け取り、それをパーセンテージに変換します。つまり、0.6は60%、0.33は33%、1.3は130%になります。これは`$number * 100%`と同じですが、いくらか読みやすくなります。

　また、数値に関する情報を返す数値関数もあります。`unit($number)`は、数値の単位を文字列として返します。これは、ミックスイン引数の単位が正しくないときにエラーメッセージを表示する場合に便利です。`unitless($number)`は、数値に単位がない場合に`true`を返し、単位がある場合に`false`を返します。`comparable($number-1, $number-2)`は、単位に基づいて2つの数値が加算または比較できるかを返します。例えば、インチとセンチメートルは相互に変換可能であるため、`comparable(13in, 5cm)`は`true`になります。一方、ピクセルとパーセンテージは同じ尺度で計ることはできないため、`comparable(5px, 10%)`は`false`になります。

9.3.2 色関数

Sassの色関数は、大きく分けて、色に関する情報を返す関数と、指定された色を新しい色に変換する関数があります。表9.5はそれらの関数の一覧で、「情報」と「変換」で分類しています。

表9.5 色を扱う関数

関数	種類	説明
`alpha($color)`、`opacity($color)`	情報	`$color`のアルファチャンネルを返す
`blue($color)`	情報	`$color`の青チャンネルを返す
`green($color)`	情報	`$color`の緑チャンネルを返す
`hue($color)`	情報	`$color`の色相チャンネルを返す
`lightness($color)`	情報	`$color`の輝度プロパティを返す
`red($color)`	情報	`$color`の赤チャンネルを返す
`saturation($color)`	情報	`$color`の彩度プロパティを返す
`adjust-color($color, ...)`	変換	`$color`のプロパティを指定値で調整する
`complement($color)`	変換	`$color`の色相環の補色を返す
`grayscale($color)`	変換	`$color`をグレースケールにして返す
`invert($color)`	変換	`$color`を反転して返す
`mix($color-1, $color-2, [$weight])`	変換	`$color-1`と`$color-2`の色を`$weight`の重み付けで混ぜ合わせて返す
`scale-color($color, ...)`	変換	`$color`のプロパティをパーセンテージでスケールする
`change-color($color, ...)`	変換	`$color`のプロパティを指定値に設定する

本章の2-3で、Sassの色はすべて、それがどのように作成されたかにかかわらず、RGB値とHSL値で認識されていることについて触れました。情報関数は、それらの値の個々の成分に直接アクセスできます。個々の成分の例としては、赤、緑、青、色相、彩度、輝度、アルファチャンネルなどが挙げられます。情報関数、つまり`red($color)`、`green($color)`、`blue($color)`、`hue($color)`、`saturation($color)`、`lightness($color)`、`alpha($color)`（または`opacity($color)`）は、その関数が返す成分にちなんで名付けられています。

情報関数はそれぞれ、`rgba()`または`hsla()`関数のどちらかに渡されるものと同じ形式で成分を返します。つまり、`red()`、`green()`、`blue()`は、0～255の数値を返します。`hue()`は`0deg`～`359deg`の数値、`saturation()`と`lightness()`は0%～100%の数値、`alpha()`は0.0～1.0の数値を返します。

変換関数を使うと見た目の良いカラーテーマを簡単に素早く作成できるようになるため、変換関数は情報関数よりもよく使われます。

> **MEMO**
> 色が`rgba()`、`hsla()`、または特定のSass関数で作成されていない限り、アルファチャンネルの値は1で、完全に不透明な色を示します。

> **MEMO**
> CSSの仕様では、HSL色の色相成分の単位は`deg`となっています。`deg`の指定はオプションなので、通常は省略されます。

もっとも便利なものとしては、`adjust-color($color, ...)`と`scale-color($color, ...)`が挙げられます。どちらの関数も、最初の引数として色を取り、次にその色の特定の成分を変換する方法を示す一連のキーワード引数を取ります。どちらの関数も各成分のキーワード引数（`$red`、`$saturation`、`$alpha`など）を取りますが、それらの引数の扱いは異なります。

`adjust-color($color, ...)`は、指定された量で成分の値を増減させます。例えば、`adjust-color($color, $red: 20, $alpha: -0.5)`は、`$color`の赤成分を20増やし、不透明度を0.5減らします。`adjust-color($color, $lightness: 15%, $hue: 10deg)`は輝度を15%増やし（新しい輝度＝以前の輝度＋15%）、色相を10度増やします。

一方`scale-color($color, ...)`は、すべての成分でパーセンテージの値を取ります。つまり、設定された量で成分を増減するのではなく、指定されたパーセンテージで流動的にスケールします。例えば`scale-color($color, $lightness: 30%)`は、`$color`の既存の輝度と100%の間で、`$color`を30%明るくします（30%分だけ純白に近づけます）。これは、すでに明るい色の場合には`adjust-color()`よりも有効です。輝度が80%の色の場合、`adjust-color()`はそれを純白（輝度100%）にしてしまいますが、`scale-color()`はその輝度を86%にします。色相環は円であり、スケールの変更には関係しないため、`scale-color()`は`$hue`をサポートしていません。

> **MEMO**
> HSLキーワードとRGBキーワードを同時に使用することはできません。それらを同時に使用しなければ、キーワードはいくつでも利用できます。これは他の関数でも同様です。

その他の有用な色関数としては、`mix($color-1, $color-2, [$weight])`が挙げられます。この関数は、2つの成分の平均を取って2つの色を混ぜ合わせます。オプションの`$weight`引数を使って、それぞれの色がどの程度その混合色に影響するかを選択することもできます。`$weight`が100%に近づくほど、`$color-1`が多く使用されます。0%に近づくほど、`$color-2`が多く使用されます。混合は、色の不透明度によっても影響を受けます。色の不透明度が高い色ほど、結果として得られる色への影響が強くなります。

> **MEMO**
> `mix()`関数の引数`$weight`を囲む角括弧は、それがオプションの引数であることを示します。

`change-color($color, ...)`関数は、`adjust-color()`および`scale-color()`と似たような働きをしますが、既存の成分を変更するのではなく、それを新しい値に設定します。例えば`change-color($color, $red: 120)`は、`$color`の赤成分を120に設定するだけです。

最後に、その他の便利な色関数のいくつかを簡単に紹介します。これらの関数の効果は、その関数を使わなくても実現できますが、その関数を使用したほうが簡単で明確です。`grayscale($color)`は`$color`の彩度を0%にして、色合いをグレーにします。`complement($color)`は色相を180度回転して、元の色の補色を作成します。`invert($color)`はすべてのRGB成分を反転して、元の色をネガに変換したものを返します。

9.3.3 リスト関数

繰り返し行う演算は自分で関数を定義すると便利な場合もありますが、Sassのリスト関数を使用すれば、リストに関して必要なことはひと通り行えます。

もっとも便利なリスト関数は`nth($list, $n)`です。この関数はリスト内の`$n`番目の項目を返します。JavaScriptなどの言語と異なり、Sassはリスト内の項目のカウントを「1」から開始します。したがって、`nth(foo bar baz, 2)`は`bar`を、`nth(a b c, 1)`は`a`を返します。

`join($list1, $list2, [$separator])`関数は新しい項目の作成に使われ、2つのリストを結合します。1つの値は1つの項目を含むリストとみなせるため、この関数は個々の項目からリストを作成する場合にも利用できます。オプションの`$separator`引数では、リストの形式を空白文字区切り（`space`）またはカンマ区切り（`comma`）のどちらにするかを指定します。このオプションを省略すると、`$list1`の形式が使われます。

`length($list)`関数は、`$list`内の項目の数を返します。したがって、`length(1 2 3)`は3に、`length(foo)`は1になります。

9.3.4 その他のSass関数

Sassのその他の関数のほとんどは、ミックスインを書くために使われます。

`type-of($value)`関数は、対象の値の型を表す単純文字列を返します。返される文字列は、`number`、`string`、`color`、`bool`、`list`のいずれかになります。

`if($condition, $if-true, $if-false)`は、ブール値に基づいて2つの値のどちらかを選択します。`$condition`が`true`の場合は`$if-true`が返されます。それ以外の場合は`$if-false`が返されます。ブール演算子と同様、非ブール値は`true`とみなされます。

9.3.5 ユーザー定義関数

独自のSass関数を定義するには`@function`ディレクティブを使用します。独自の関数は、多くのコンテキストで繰り返し使っている数値計算や色変換が存在する場合に役立ちます。`@function`は、`@function`内で使用できる項目がわずかである点、すべての`@function`が次の結果を返さなければならない点を除けば、`@mixin`と同様の働きをします。

```
@function grid-width($cells) {
  @return ($cell-width + $cell-padding) * $cells;
}
```

`@return`ディレクティブが`@function`の中核です。このディレクティブは、JavaScriptの`return`とほとんど同じ働きをします。つまり、Sassの式を受け取り、関数の結果として値を返します。また、関数をすぐに終了させるためにも使えます（制御ディレクティブを使うときに意味があります）。

PART 4　SassとCompassの高度な機能

プロパティと同様、関数の中でCSSルールは意味を持ちません。実際、`@function`に含めることができる項目は、`@return`をはじめ、変数宣言、コメント、制御ディレクティブ（本章の5を参照）だけです。

CHAPTER 9　SECTION 4　Sassを使用したスクリプティング

セレクタとプロパティ名における式の使用

CSS値をSassで使用できるのは、CSSプロパティだけではありません。Sassは、セレクタやプロパティ名などにおいて、CSS値に加え、変数および式を使用するための特殊な構文を追加しています。これはミックスイン、特に汎用目的で作成され、可能な限り広く適用できる必要があるミックスインで役立ちます。

セレクタまたはプロパティ名内のどこにでも、式を`#{`と`}`で囲んで入れることができます。結果は`#{...}`に代わってCSS出力が含まれたものになります。この結果は、引用文字列から引用符が削除される点を除き、それがプロパティの値である場合とまったく同じになります。これは「補間（interpolation）」と呼ばれます。

リスト9.2では、セレクタとプロパティ名にミックスインの引数を利用するために補間を使うミックスインを作成しています。`#{$class}`は`foo`に、`#{$prop}`は`bar`に置き換えられるため、結果として得られるCSSは右側のようになります。

リスト9.2　　値と式の置き換え

```
@mixin thing($class, $prop) {
  .thing.#{$class} {
    prop-#{$prop}: val;
  }
}
@include thing(foo, bar);
```

```
.thing.foo {
  prop-bar: val;
}
```

補間を利用すると、複数のスタイルをまとめること以外にもミックスインを活用できるようになります。例えば、ブラウザが提供する最新のCSS機能を使用する場合に、共通のプロパティに対してベンダープレフィックスを繰り返し書かなくて済むようにするといった目的に使用できます。リスト9.3では、`experimental`ミックスインで補間を利用して、最新のCSSプロパ

CHAPTER 9　Sassを使用したスクリプティング

ティすべてに対してブラウザのベンダープレフィックスを書かなくて済むようにしています。

リスト9.3　　補間を利用した、CSSプロパティへのベンダープレフィックスの追加

```
@mixin experimental($property, $value) {
  -moz-#{$property}: $value;
  -webkit-#{$property}: $value;
  -ms-#{$property}: $value;
  #{$property}: $value;
}
```

特定のブラウザを対象としたCSSハックは楽しいことではありませんが、必要な場合もあります。そのようなときにも補間が有効です。リスト9.4では、補間を利用して、Internet Explorer 6固有の値を与える際にプロパティ名を2回書く必要をなくしています。

リスト9.4　　CSSハックでの補間の利用

```
@mixin bang-hack($property, $value, $ie6-value) {
  #{$property}: $value !important;
  #{$property}: $ie6-value;
}
```

補間は式内でも利用できますが、式自体で変数や他の式を使用できるため、さほど有用ではありません。しかし、リスト9.5のように補間を式内で使うことにより、変数を文字列や文字列のような式（`calc()`やInternet Explorerの`filter`構文など）に挿入できるようになります。

リスト9.5　　文字列への変数の挿入

```
content: "This element is #{$color}";
width: calc(10% + #{$padding});
filter: progid:DXImageTransform.Microsoft.Alpha(
          Opacity=#{$opacity * 100}
        );
```

見て分かるように、補間は動的なスタイルシートを書く際に非常に役立つ場合があります。これは頻繁に使用するテクニックではありませんが、覚えておくと便利です。

CHAPTER 9 SECTION 5　Sassを使用したスクリプティング

制御ディレクティブ

　制御ディレクティブはSassを使用したスクリプティングのもっとも高度な要素であると言えます。CSSをベースにしているSassの他の要素はプログラミング言語とはほとんど感じられないものですが、制御ディレクティブはかなりプログラミング言語に近いものです。しかし、プログラミング経験がないデザイナーの方も気にする必要はありません。Sassの制御ディレクティブは単純なものです。制御ディレクティブは設計を行う場合および設計をサポートするミックスイン（Sassの一部にする必要があるもの、またはSassの一部にはならないもの）を作成する場合に役立ちます。

　制御ディレクティブは、SassスタイルのコードがCSSになる方法を制御する特殊な種類のディレクティブです。制御ディレクティブは `@directive { ... }` という形式を取り、ブロック内のスタイルを制御します。その働きはディレクティブによって異なります。本節では、Sassの3つの制御ディレクティブをすべて紹介します。初めに紹介する `@for` と `@each` は、毎回異なる形でスタイルのコードを何度も使用させます。`@for` はこれを一定回数行い、`@each` はリスト内の項目ごとにそれを行います。3つ目の `@if` はスタイルのコードを使用するかどうかを制御します。

　制御ディレクティブではスタイル以外も扱えます。複雑なミックスインや関数を書くときは、制御ディレクティブ内でのみ変数割り当てを行うと便利な場合があります。それによって、`@if` を使用した変数定義の選択や、`@for` や `@each` を使用した値の構築が可能になります。

9.5.1　一連の数値に対するスタイルの繰り返し

　`@for` ディレクティブは、ある数値からある数値までカウントし、毎回スタイルのコードを使用します。このディレクティブは、次に示すような2つの似た構文があります。

```
@for $i from 1 to 5 { ... }
@for $i from 1 through 5 { ... }
```

　どちらの場合も、変数 `$i` はまず1に設定された後、ブロック内のスタイルが使用されるたびに1ずつ増えていきます。この2つの構文は、`$i` がどこで止まるかが違います。`1 to 5` の場合は4で止まり、`1 through 5` の場合は5で止まります。

　次のスタイルは、それぞれ背景画像が異なる5つのレイティングクラスにコンパイルされます（各クラスの画像としては、1つから5つの星マークや、親指を立てた「いいね！」マークなどが使われるでしょう）。

```
@for $i from 1 through 5 {          ←――― $iは1～5まで
  .rating-#{$i} {
    background-image: url(/images/rating-#{$i}.png);
  }
}
```

もちろん、開始と終了が1と5でなければならないわけではありません。-5と15、22と379でも構いませんし、変数を使って`$a`から`$b`までカウントするといったこともできます（これはミックスインやユーザー定義関数で有用な場合があります）。また、カウント変数（上記の例では`$i`）には好きな名前を付けることができます。

ただし、`@for`で何でもできるわけではありません。カウントダウン、1つ飛ばしのカウント、分数のカウントはできません。しかし、リスト9.6のように`$i`でちょっと計算を行うことで、カウントダウンや1つ飛ばしのカウントを行うことができます。

リスト9.6　　　カウントダウンと1つ飛ばしのカウント

```
// 10から0までカウントダウン
@for $i from 0 through 10 {
  $i: 10 - $i;
  ...
}

// 1つ飛ばしで20までカウント
@for $i from 0 through 10 {
  $i: $i * 2;
  ...
}
```

カウントは役に立ちますが、値のリストの要素ごとにスタイルを作成したいだけの場合も多いでしょう。そのようなときは、`@each`ディレクティブを使用します。

9.5.2　値のリストに対するスタイルの繰り返し

`@each`ディレクティブは、`@for`と同様、スタイルのコードを何度も繰り返します。しかし、`@each`はただカウントするのではなく、リストの項目ごとにコードを使用します。構文は`@each $item in foo, bar, baz { ... }`という形式で、この場合、`foo`、`bar`、`baz`のそれぞれに`$item`を割り当てます。次の例では、`@each`を使用して、Webサイトの各セクションのリンクにスタイルを指定しています。

```
@each $section in home, about, archive, projects {    ← $sectionはWebサイトの各セクション
  nav .#{$section} {
    background-image: url(/images/nav/#{$section}.png);
  }
}
```

@eachを適用するリストは空白文字区切りでもカンマ区切りでも構いませんが、カンマ区切りリストのほうが読みやすい場合が多いでしょう。変数で表されたリスト、他の型の値を格納する変数に適用しても構いません（非リスト値は単一要素のリストとみなされるからです）。

9.5.3　条件によるスタイル指定

@ifディレクティブはスタイルのコードが使用されるかどうかを制御します。このディレクティブは、多くのプロジェクトで利用されるミックスインや関数を書く場合に頻繁に使われます。このようなミックスインや関数は、さまざまなパラメータを受け取る必要があり、場合によっては、それらのパラメータに基づいて別の働きをする必要があります。@ifを使用すれば、それが可能になります。

構文は`@if condition { ... }`という形式で、conditionはブール変数やブール値を含む式（==や>を使用したもの）、さらにはその他の値を含む式（そのような値はtrueとみなされます）のいずれにもできます。式がtrueの場合はそのスタイルのブロックが使用され、そうではない場合は無視されます。リスト9.7の例では、@ifを使用して、$use-browser-prefixes変数が設定されている場合にブラウザプレフィックスをスタイルに追加します。

リスト9.7　@ifを使用したスタイル指定

```
.rounded {
  @if $use-browser-prefixes {    ← 条件
    -moz-border-radius: 5px;
    -webkit-border-radius: 5px;
  }
  border-radius: 5px;
}
```

オプションとして、@ifブロックの後に@elseディレクティブを含めることもできます。これにより、最初のスタイルのブロックが使用されなかった場合に別のブロックを適用できます。@elseディレクティブは、`@else if condition { ... }`というように独自の条件を持たせて、その条件がtrueの場合にのみブロックが使用されるようにすることも、`@else { ... }`のように単体で指定して、そのブロックが常に使用されるようにすることもできます。各@ifに対して@else ifはいくつでも、@elseは1つだけ使用できます。リスト9.8の例では、@else ifと@elseを使用して、アルファチャンネル値に基づいて背景色を調整しています。

CHAPTER 9 | Sassを使用したスクリプティング

リスト9.8　　高度な条件のための@ifと@elseの組み合わせ

```
@if $alpha < 0.2 {
  background-color: black;
} @else if $alpha < 0.5 {  ←―― @ifの条件が満たされなかったときに使用
  background-color: gray;
} @else {  ←―― 上記の条件が満たされなかったときに使用
  background-color: white;
}
```

本章のまとめ

本章では、四則演算とその中での変数の使用方法を含め、Sassの式がどのように機能するかを学びました。Sassがサポートするさまざまなデータ型について、それらの型に対する演算も含めて説明しました。

また、これらのデータ型を処理するためにSassが提供する関数について紹介し、関数を自分で書く方法も説明しました。そして、補間を利用してセレクタとプロパティで関数や式の結果を使用しました。

最後に、制御ディレクティブの使用方法について説明しました。

PART-4　SassとCompassの高度な機能

CHAPTER 10　Compassの拡張機能の作成と共有

本章で学ぶこと
- Sassスタイルシートの共有とCompassの拡張機能
- シンプルな拡張機能の紹介
- 高度な拡張機能の作成手順の詳細
- 拡張機能のブートまたはデモのためのテンプレートの作成
- 拡張機能を共有するさまざまな方法

これまでの各章では、SassとCompassのさまざまな機能と、それがどのようにスタイルシートの操作を快適にするかということに焦点を当ててきました。本章では、SassとCompassの知識をもとに、Compassフレームワークを書くことへと進みます。具体的には、コードの共有と、CSS3ボタンのスタイル指定のために拡張機能を書く方法について説明します。それを通して、この拡張機能の構築に至るデザインの決定、きれいなコードを生成するための原則とベストプラクティスを知ることができるでしょう。

10.1　スタイルシートの共有と再利用

10.1.1　CSSよりも共有しやすいSass

以前はスタイルシートの共有と言えば、CSSスニペットとダウンロード可能なデモをブログに投稿することを意味していました。ソリューションが独創的なものであればあるほど、他者がそれを使うのも難しいという状況でした。親切な作成者は、スタイルシートを適切にカスタマイズおよび再利用する方法について説明していました。逆に言えば、複雑で興味深いCSSスタイルシートは、共有するための負担が大きく、他の人が利用するのも難しかったのです。また、CSSフレームワークでは、含まれているスタイルシートは自動的にWebサイトのスタイルに影響します。つまり、ユーザーは使用するクラス名に注意し、CSSフレームワークを編集して、必要な部分を選ばなければなりません。

一方、Sassのユーザーは、CSSを1行も出力しない、非常に便利なスタイルシートを共有することができます。ミックスインと関数からなるスタイルシートは、サイトのスタイルに直接は

CHAPTER 10 Compassの拡張機能の作成と共有

影響しません。Sassはデザイナーが独自のサイトを構築するための道具を提供しているのです。Sassのスタイルシートは、セレクタ、プロパティ、値だけではありません。変数、`@if`、`@else`、`@for`、`@each`、さらには独自の関数およびミックスインを使用することができ、SassにはCSSよりも高い表現力が備わっています。

CSSフレームワークの重大な欠点は、コピーの域を超えた再利用の概念がないことです。これに対し、Sassの作成者が`@mixin button-style($color)`と書けば、それは特定の目的のコードのブロックを定義したことになり、そのミックスインをインクルードしたときは常に、その要素がデザインの組織化されたフレームワークに属することを示しているのです。CSSだけではそんなことは不可能です。CSSスタイルのブロックを再利用するには、コピーするしかありません。CSSでは、複数のスタイルシートで使う場合にその整合性を保つ方法はありません。

このような表現力と抽象化こそ、Sassを分かりやすく、かつ共有しやすくしている、重要な特性です。

10.1.2 Sassにおける共有への対応

CSSフレームワークを使用した経験がある人なら、新しいクラス名とデザインパターンに慣れるのにフラストレーションを感じたことがあるはずです。きちんと文書化されたフレームワークもたまにはありますが、通常は、フレームワークの中から気に入った部分だけを取り出すために、イライラしながら何時間もコード全体を探って、残したい部分を残しつつ不要な部分を削除することになります。考えただけでもぞっとする作業です。Sassのスタイルシートを共有するときは、このような面倒で古臭い作業にわずらわされることはありません。

これまでのCSSフレームワークと同様、ボタンやリスト、テーブル、タイポグラフィのお気に入りのデザインをパッケージ化できるだけでなく、Sassの機能によって一味違った共有が可能になります。ある特定のボタンのスタイルを書くのではなく、ミックスインの内部にスタイルをカプセル化することができるのです。スタイルを一連のミックスインとしてパッケージ化するのは、スタイルシートフレームワークを共有する際にユーザー選択を可能にする優れた方法であり、ユーザーがサイトのデザインを完全にコントロールできるようになります。また、一連の変数を受け取るミックスインをつなげて、ユーザーがフレームワークの属性をカスタマイズできるようにすることも可能です。

Sass関数も非常に便利な道具となります。フレームワークによりカスタマイズ可能なカラースキームを提供できたとしても、質の高い配色を保つのは難しい場合があります。例えば、ユーザーがボタンの背景色を選択できる場合でも、そのボタンのテキストは読みやすくなっていなければなりません。そんなときに役に立つSassのスニペットをリスト10.1に示します。このスニペットは、選択された背景色に合わせてテキスト色を選択する、Sassに組み込まれた色関数を使用します。

> **MEMO**
> このコードは、サンプルのchapter-10/color-helpers.scssに含まれています。

| PART 4 | SassとCompassの高度な機能 |

リスト10.1　役に立つ色関数

```
// 色の輝度が50%より明るい場合はtrueを返す
@function is-bright($color) {
    @return (lightness($color) > 50%);
}

// 明るい場合は$lightの値、暗い場合は$darkの値を返す
@function if-bright($bg, $light: true, $dark: false) {
    @return if(is-bright($bg), $light, $dark);
}

// コントラストの高い色を返す
@function text-contrast($bg, $dark-text: #000, $light-text: #fff) {
    @return if-bright($bg, $dark-text, $light-text);
}
```

このコードは、SassによってどうやってWebデザインにおけるさまざまな問題に対処し、デザイナーや開発者がスタイルシートでできることの幅を広げるかを示す良い例です。ここに、Sassの共有がCSSの共有とどう違うのかが示されています。また、作成者が実装ではなくツールの共有と再利用を行うことで、スタイルシート作成が最終的にどのようにWeb開発の世界と結び付くかも示されています。

10.1.3　Sassの共有で十分か

すでに見たとおり、SassはCSSよりもはるかに共有に適しています。しかし、共有したい便利なSassスニペットがある場合、それを世に出す方法としては何がベストなのでしょうか？ それについてブログを書くこともできますし、CodePen (http://codepen.io/) やjsdo.it (http://jsdo.it/) でインタラクティブなデモとして公開することもできます。そうすれば、他の人は読者のコードをプロジェクトにコピーするだけでその恩恵に浴することができます。

でも、スニペット以上のものを公開したい場合はどうでしょう？ 画像、フォント、JavaScript、HTMLといった付属アセットを含める必要がある場合、読者の作品をプロジェクトに統合するためには、ユーザーはそれらのファイルをすべて適切な場所に移動しなければなりません。ソリューションが複雑になればなるほど、他の人がそれを使うために必要な労力も大きくなります。

Web上にSassのファイルやスニペットを投稿するだけでは十分とは言えません。Compassの拡張機能を使えば、一歩先に進むことができます。

CHAPTER 10　Compassの拡張機能の作成と共有

10.1.4　なぜCompassの拡張機能を使うのか

　Compassの拡張機能はSassスクリプト（および関連アセット）を共有するための優れた手法であり、他の人が読者の作品を簡単に利用できるようにしてくれます。また、Compassの拡張機能は個人用あるいは企業用のフレームワークを構築する基礎としても優れています。Sassのスニペットをプロジェクトごとにコピーするくらいなら、Compassの拡張機能を作成するべきです。

　Compassの拡張機能をインストールすれば、Compassが提供するミックスインや関数、その他の機能のライブラリにアクセスできるようになります。これにより、Compassに含まれる堅牢なライブラリで簡単にビルドできるようになります。スプライトやCSS3を使って何かを行いたい場合は、拡張機能が複雑になることを気にすることなく、Compassのツールを活用できます。

　Compassの拡張機能には、自分の拡張機能のさまざまな機能をユーザーに示すための複数のプロジェクトテンプレートを含めることができ、それらは実際に使用する際の出発点となります。Compassは設定ファイルに基づいてアセットが存在する場所を認識するので、テンプレートにより簡単にスタイルシートや画像、JavaScriptなどを正しい場所にインストールできるようになります。

　以上の話を聞くとCompassの拡張機能を利用するのは大変そうに思えるかもしれませんが、心配はいりません。独自の拡張機能を作成するのは簡単です。

CHAPTER 10　SECTION 2　シンプルな拡張機能

> **MEMO**
> この拡張機能はサンプルのchapter-10/color-helpersに含まれています。

　この例では、これまでに見てきた色関数を取り上げ、それをcolor-helpersというシンプルな拡張機能としてパッケージ化します。ディレクトリ構造はリスト10.2のようになります。

リスト10.2　もっともシンプルな拡張機能

```
color-helpers/
    stylesheets/
```

```
color-helpers.scss
```

　拡張機能の名前にちなんだcolor-helpersディレクトリには、Sassファイル（こちらも拡張機能にちなんだ名前）が存在するstylesheetsディレクトリが含まれています。これはもっとも基本的な構成の拡張機能です。GitHub上のプロジェクトとしてこれを共有したり、Webサイトにzipファイルをアップロードしたりすることができます。このような拡張機能は「アドホックな拡張機能」と呼ばれることがあります。また、拡張機能をRubyGemsとして配布することもできます。そうすれば、ユーザーはコマンドラインから拡張機能をダウンロード、インストール、更新できるようになります。この詳細については後述します。

10.2.1　アドホックな拡張機能のインストール

　この拡張機能をインストールするには、color-helpersディレクトリをプロジェクトのextensionsディレクトリにコピーします。拡張機能を適切なディレクトリに置いたら、拡張機能のSassファイルを（プロジェクトのsassディレクトリに置いている場合と同じように）インポートできます。

　スタンドアロンプロジェクトの場合、拡張機能はプロジェクトのルートにあるextensionsディレクトリに存在します（例えばproject_root/extensions/color-helpers/）。Railsプロジェクトの場合、アドホックな拡張機能はvendor/plugins/compass_extensionsにインストールされます。デフォルトでは、Compassはこれらのディレクトリを自動的に作成しないため、ユーザーは手動で追加する必要があります。

10.2.2　拡張機能のテスト

　新しい拡張機能を試してみるために、Compassプロジェクトを新たに作成し、color-helpers拡張機能をインストールします。ターミナルで次のコマンドを実行するか、サンプルコードのtest-color-helpersディレクトリを利用します。

```
$ compass create test-color-helpers --bare
```

　次に、sass/screen.scssを追加し、extensionsディレクトリを作成します。color-helpers拡張機能をextensionsディレクトリにコピーすると、プロジェクトは図10.1のようになるはずです。

CHAPTER 10 Compassの拡張機能の作成と共有

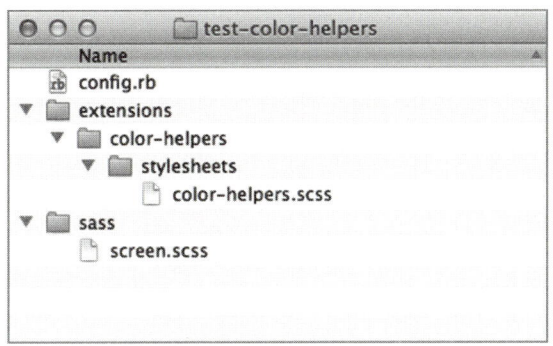

図10.1 color-helpersプロジェクトのセットアップ

これで、`@import "color-helpers";`をscreen.scssに追加し、プロジェクトで色関数を利用することができるようになりました。サンプルコードには`color-contrast()`関数を使った例がいくつかあります。率直に言って、これは興味をそそられるような拡張機能ではありません。2つの色関数には大した意味はありませんが、拡張機能は単なるスタイルシートではありませんので、もう少し機能的なものを追加してCSS3のボタンを作ってみましょう。

CHAPTER 10 SECTION 3　拡張機能のデモプロジェクトの作成

すでに見たとおり、拡張機能は完全に形成されたCompassプロジェクトではなく、Compassプロジェクト内で使われることを目的としたファイルのライブラリです。拡張機能の開発を開始するのに最適な方法は、Compassのデモプロジェクトを作成することです。高度な拡張機能は後で取り組むことにして、まずはデモプロジェクトのセットアップから始めましょう。

このデモには2つの役割があります。1つは、拡張機能の開発とテストに役立つことです。もう1つは、拡張機能の完成後、その拡張機能のプロジェクトテンプレートとして利用できることです。ユーザーは、このデモを自身のCompassプロジェクトに簡単にインストールすることができ、拡張機能を手軽に試せるようになります。

この拡張機能の目的は、ユーザーが少ない労力できれいなCSS3ボタンを作成できるようにすることです。この拡張機能の名前はnice-buttonsとします。デモプロジェクトのディレクトリ構造は図10.2のようになります。

PART 4　　SassとCompassの高度な機能

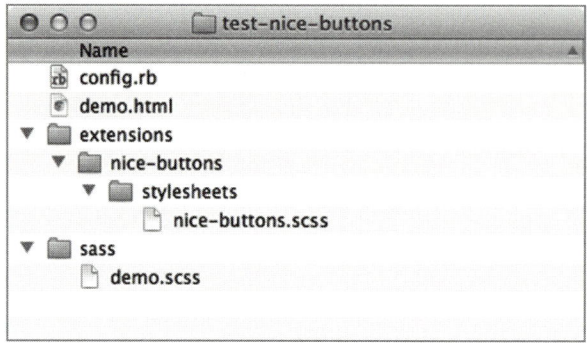

図10.2　nice-buttonsデモプロジェクトのセットアップ

　シンプルな拡張機能の場合と同様、拡張機能の名前にちなんだnice-buttonsディレクトリに、Sassファイルが存在するstylesheetsディレクトリが含まれているという、基本的な構成のCompassプロジェクトになっています。ここでの違いは、ブラウザでスタイルをプレビューする際に使うdemo.htmlファイルがあることだけです。デモHTMLは凝ったものである必要はありません。ここでは、リスト10.3に示すように、拡張機能でスタイルを設定するボタンとリンクがあれば十分です。

リスト10.3　　demo.htmlファイル

```
<!DOCTYPE html>
<html>
  <head>
    <title>Nice Buttons - Demo</title>
    <link href="stylesheets/demo.css" rel="stylesheet" type="text/css">
  </head>
  <body>
    <h1>Button Test</h1>
    <button>Click Me!</button>　　——ボタン
    <a class="button" href="#">Click Me!</a>　　——リンク
  </body>
</html>
```

　なぜ`<input type="submit" value="Click Me!">`ではなく`<button>Click Me!</button>`を使っているのか不思議に思ったかもしれません。歴史的に、`<input>`のボタンはブラウザとオペレーティングシステムの間で一貫したスタイルにするのが難しいものでした。最近のブラウザではいくらか扱いやすくなってきてはいますが、HTML 4.01の仕様（http://www.w3.org/TR/html401/interact/forms.html#h-17.5）では、`<button>`要素が導入されたのはより豊かな表現の可能性を広げるためとされています。このため、OSやブラウザのデフォルトのスタイルを使いたい場合には`<input>`要素を使うことにしています。スタイ

CHAPTER 10　Compassの拡張機能の作成と共有

ルをカスタマイズしたい場合は**<button>**要素が適しています。

次に、リスト10.4のように、demo.scssにnice-buttons拡張機能をインポートし、Sassの記述を追加します。

リスト10.4　demo.scssファイル

```scss
@import 'nice-buttons';       ← 拡張機能のインポート
html {
  font-family: Helvetica, Arial, sans;
  background: #f4f4f4;
}
body {
  text-align: center;
  position: absolute;
  top: 30px; left: 30px; bottom: 30px; right: 30px;
  padding-top: 20px;
  background: #fff;
  border: 1px solid #e5e5e5;
}
```

ボタンやリンクのスタイルをまだ書いていないので、demo.scssをコンパイルすると図10.3のようになります。

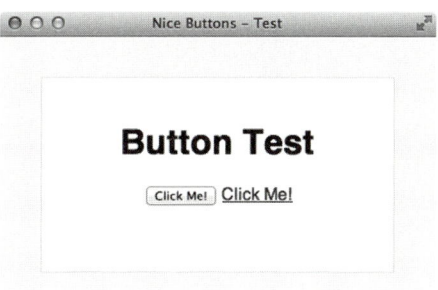

図10.3　nice-buttonsのデモ（スタイル設定前）

デモプロジェクトのセットアップが完了したので、高度な拡張機能を書いてみましょう。

CHAPTER 10 SECTION 4 Compassの拡張機能の作成と共有

高度な拡張機能の作成

CSS3の楽しい部分に入る前に、シンプルなボタンリセットスタイルを書いて試してみましょう。オペレーティングシステムやブラウザによって、ボタンのデフォルトのスタイルは異なります。リンクはボタンと同じスタイルにしたいので、両方にスタイルが一貫して適用されるようにする必要があります。そのため、リスト10.5のように、**nice-button**ミックスインをnice-buttons.scssに追加します。

リスト10.5　nice-buttons.scss ファイル

```
@import "compass/css3";  ── CSS3モジュールのインポート

@mixin nice-button() {

    // リセットスタイル
    font: normal 16px/18px "Lucida Grande", Lucida, Arial, sans-serif;
    margin: 0;
    text-decoration: none;
    cursor: pointer;
    padding: .5em 1.2em;
    @include border-radius(.3em);
    &:active, &:hover { outline: none }

    // 通常のスタイル
    background-color: #eee;
    border: #bbb 1px solid;
    color: #333;
}
```

> **MEMO**
> ユーザーがすでにCSS3モジュールをインポートしている場合、このインポートは無視されます。

CompassのCSS3 ミックスインに依存しているので、まずCSS3モジュールがインポートされるようにします。後は、このミックスインをdemo.scssでインクルードするだけです。

```
button, .button { @include nice-button }  ── nice-button ミックスインのインクルード
```

ブラウザに表示された内容（図10.4を参照）を見ると、正しい方向に進んでいることが分かります。ただし、ボタンとリンクは同じように見えますが、まだ美しいとは言えないので修正する必要があります。

CHAPTER 10 Compassの拡張機能の作成と共有

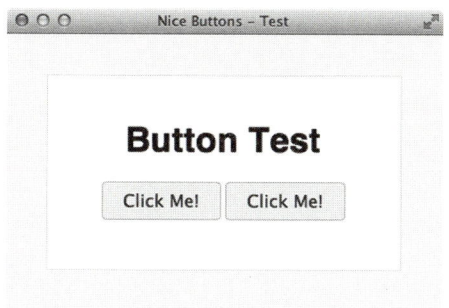

図10.4　一貫したスタイリングのボタン

10.4.1　面倒な部分の自動化

　これまでで土台はできたので、この拡張機能の利用価値の高い部分に取りかかりましょう。ユーザーがミックスインに任意の色を指示するだけで、きれいなボタンが作成されるようにします。スタイル設定の一部を自動化できるようにするため、9章で紹介したSassの色変換関数（`scale-color()`）と、本章で前述した2つの色関数（`text-contrast()`と`if-bright()`）を利用します。

　ここでは、まずextensions/nice-buttons/stylesheets/に_color-helpers.scssを作成し、前述の3つの色関数を追加します。

　次に、nice-buttons.scssの先頭で`@import "color-helpers";`を使ってファイルをインポートします。そして、背景色を受け取って調和する色を選択するようミックスインを変更します。

リスト10.6　nice-buttons.scss

```
@mixin nice-button($bg: #eee) {
  ...
  //
  background-color: $bg;
  color: text-contrast($bg, $dark-text: mix($bg, #000, 25%));  ❶
  border: scale-color($bg, $lightness: -20%) 1px solid;  ❷
}
```

　ここでは、このミックスインによってユーザーが背景色（何も指定さなければデフォルトの`#eee`が適用されます）を設定できるようにした後、`text-contrast()`関数を使用して、背景色に適したテキスト色を選択しています❶。暗い色のテキストに背景色を少し混ぜることで、ボタンの他の部分とうまく調和するようになります。そして、`scale-color()`関数を使用して、背景色を暗くした枠線の色を選択しています❷。

　demo.scssにリスト10.7のコードを追加します。

PART 4　SassとCompassの高度な機能

リスト10.7　demo.scssの更新

```
button { @include nice-button }          ← ミックスインのデフォルトの背景色
.button { @include nice-button(#494e57) }  ← 暗い青みがかった灰色
```

図10.5は、ここまでの進捗状況を示しています。

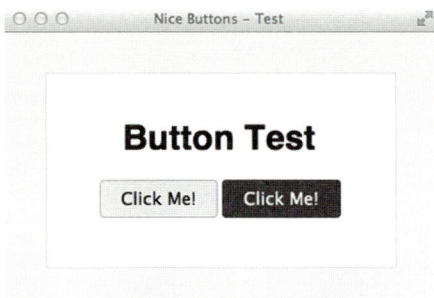

図10.5　色の選択自動化の開始

次に、ボタンの見栄えを良くするためにグラデーションを追加します。`nice-button`ミックスインをシンプルな状態に保つため、別の「補助」ミックスイン（`nb-gradient`）でグラデーションを生成します。`nb-gradient`のような補助ミックスインを作成する際は、拡張機能の頭文字を先頭に付けて命名すると良いでしょう。この方法であれば、ミックスインの名前を短く保ちつつ、ソースコードを読む人に「これは内部ミックスインであり、これ自体を使用するものではない」と伝えることができます。

リスト10.8　nb-gradient (nice-buttons.scss)

```scss
@mixin nb-gradient($bg) {
  // scale-color()関数を使って背景色の輝度をスケールする
  $top:      scale-color($bg, $lightness: 40%);
  $middle-1: scale-color($bg, $lightness: 10%);
  $middle-2: scale-color($bg, $lightness: -5%);
  $bottom:   scale-color($bg, $lightness: -20%);
  @include background-image(linear-gradient(
    $top, $middle-1 50%, $middle-2 50%, $bottom));
}
```

リスト10.8の変数により、上部が輝き、下部に陰影があり、ほのかに中央線のある美しいグラデーションを作成し、ボタンの見た目を3Dにできます。`@include nb-gradient($bg);`を`nice-button`ミックスインに追加すると、図10.6のようになります。

CHAPTER 10 | Compassの拡張機能の作成と共有

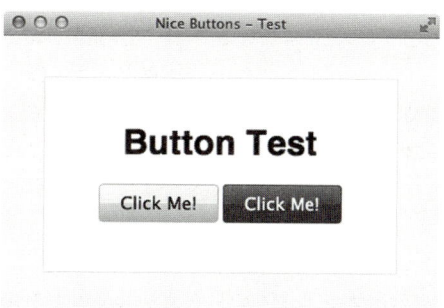

図10.6　最初のグラデーションスタイル

　しかし、暗いボタンの見栄えは良いのですが、明るいボタンのグラデーションのコントラストが少し高すぎるように見えます。これに対処するには、明るい背景色と暗い背景色を別々に処理します。

リスト10.9　　`nb-gradient`ミックスインにおける色の割り当て

```
// scale-color()関数を使って背景色の輝度をスケールする
$top:      scale-color($bg, $lightness: if-bright($bg, 80%, 40%));
$middle-1: scale-color($bg, $lightness: if-bright($bg, 20%, 10%));
$middle-2: scale-color($bg, $lightness: if-bright($bg, -2%, -5%));
$bottom:   scale-color($bg, $lightness: if-bright($bg, -10%, -20%));
```

明るい色と暗い色を別々に処理

　これで、色の変換を調整して、最終的なグラデーションを改善できます。`if-bright()`関数は`$bg`を参照し、それが50％よりも明るい場合は最初のパーセンテージ（2番目の引数）を使用し、50％よりも暗い場合は2番目のパーセンテージ（3番目の引数）を使用します。これは、明るい色と暗い色のために別々のグラデーションコードを書くよりもはるかにシンプルです。適切なパーセンテージを決めるのは少し面倒ですが、それによって結果が改善されます（図10.7を参照）。

図10.7　色変換の調整によるグラデーションの改善

図10.6と図10.7の違いは微妙ですが、このような注意を払うことにより優れた拡張機能を作成できるようになります。

`text-shadow`（テキストに影を付けます）と`box-shadow`（ボックス要素に影を付けます）を追加する際も、色の操作に同じアプローチを適用できます。

リスト10.10　text-shadow (nice-buttons.scss)

```scss
text-shadow: scale-color($bg, $lightness:
    if-bright($bg, 25%, -25%)) 0 1px 1px;  ❶
@include box-shadow(rgba(#fff,
    if-bright($bg, .6, .2))    0 0 1px 1px inset);  ❷
```

`if-bright()`関数により、`text-shadow`の場合は色を暗くするか明るくするかを決定し❶、`box-shadow`の場合は適切な透明度を選択しています❷。図10.8は、ここまでの作業の結果を示しています。

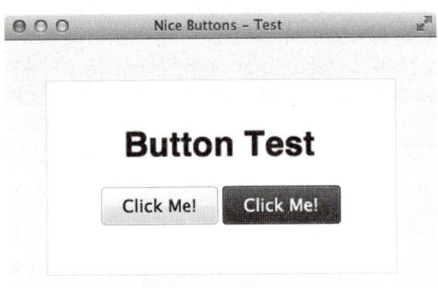

図10.8　text-shadowとインセットのbox-shadowの追加

ここからは、今あるものをさらに磨き上げ、インタラクティブなスタイルとCSS3トランジションを追加していきます。

ボタンのフォーカス、ホバー、アクティブ状態のスタイルを設定する場合、明暗を調整し、影を追加するのが一般的です。ここではそれらの効果をCSS3で実現していきますが、生成されるCSSのサイズに注意を払う必要があります。公開する際には、やはりCSS3ベンダープレフィックスを使う必要があるのです。それはCompassが面倒を見てくるのですが、出力がかなり大きくなってしまう可能性があります。特にホバーやアクティブなどの状態ごとに明暗のグラデーションを新たに生成するとなると、CSSの出力は大きくなります。この拡張機能を使って異なるボタンごとに多くのスタイルを設定する場合は、その影響は顕著になるわけです。

出力をスリムな状態に保ちつつインタラクティブなスタイルを追加するには、工夫が必要です。`nb-gradient`ミックスインをインクルードするときに、部分的に透明な色を使用します。つまり、グラデーションを通してボタンの背景色が透けて見えるということです。これで、グラ

CHAPTER 10　Compassの拡張機能の作成と共有

デーションの後ろにあるボタンの背景色を変更すると、その変更が透けて見えるようになります。通常のボタンスタイルはリスト10.11のようになります。

リスト10.11　通常のボタンスタイル (nice-buttons.scss)

```scss
// 通常のスタイル
background-color: $bg;
border: scale-color($bg, $lightness: -20%) 1px solid;
color: text-contrast($bg);

@include nb-gradient(rgba($bg, .7));  // ← アルファ値で色の遷移を示す
@include transition(background-color,box-shadow .15s);
text-shadow: scale-color($bg, $lightness:
    if-bright($bg,25%,-25%)) 0 1px 1px;
@include box-shadow(rgba(#fff,
    if-bright($bg,.6,.2)) 0 0 1px 1px inset);
```

次に、ボタンの状態ごとのスタイルを追加します。

リスト10.12　ボタンの状態ごとのスタイル (nice-buttons.scss)

```scss
// 状態のスタイル
&:hover, &:focus {  // ← ホバー、フォーカス時のスタイル
  background-color: scale-color($bg,
    $lightness: if-bright($bg, 85%, 25%)
  );
}

&:active {  // ← アクティブ時のスタイル
  background: scale-color($bg,
    $lightness: if-bright($bg, 55%, 15%)
  );
  border-color: rgba(#000, if-bright($bg, .4, .8));
  @include box-shadow(
    if-bright($bg,
      rgba(mix($bg, #000, 25%), .4),
      rgba(mix($bg, #000), .9)
    ) 0 2px 12px inset
  );
}
```

基本的に、背景色を調整し、ボタンが押されている間は濃いボックスシャドウが追加されるよ

うにします。アクティブ状態では、`background-color`を設定する代わりに、適切な`background`プロパティを設定し、グラデーション背景画像を削除して背景色とインセットのボックスシャドウを残し、凹んで見えるようにします。図10.9は、3つの状態を並べて示しています。

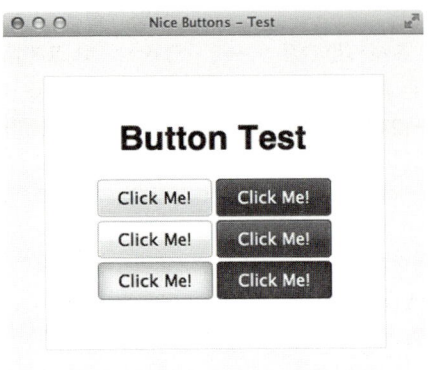

> **MEMO**
> スクリーンショットではボタンをクリックするときの感じが分かりづらいので、サンプルのデモで確認してください。

図10.9 インタラクティブなボタンの状態

これで拡張機能のスタイル部分は完成したので、リファクタリングに進みましょう。

10.4.2 拡張機能のリファクタリング

現在、拡張機能のメインのミックスインである`nice-button`は次の3つのセクションで構成されています。

- リセットスタイル
- 通常のボタンスタイル
- ボタンの状態ごとのスタイル

リセットスタイルはすべてのボタンに共通であり、各ボタンは同じCSS3トランジションを使用します。そのため、`nice-button`ミックスインがインクルードされるたびに、Sassのコードが繰り返され、ベンダープレフィックス用に生成されるCSSが追加されます。これを調整する必要があるのは明らかです。

ここで真価を発揮するのが`@extend`です。以下のように、このスタイルを基本クラスに追加し、各ボタンでそれを`@extend`させるということもできます。

```
.button-reset {
  // リセットスタイル
  ...
}
```

CHAPTER 10　Compassの拡張機能の作成と共有

```
@mixin nice-button {
  @extend .button-reset;
  ...
}
```

しかし、このように記述してはいけません。

ここは、拡張機能を書く方法が、自分のプロジェクトで同じスタイルを書く場合とは異なる状況です。`.button-reset`は安全に使用できるクラス名かもしれませんが、それは拡張機能を作る上での重要な原則「拡張機能は、要求されない限りCSSを出力しない」に反しています。拡張機能のスタイルは、可能な限りミックスイン内で機能するようにします。そうしないと、他の人が使用する要素やクラス名について仮定しなければならなくなり、拡張機能のスタイルシートをインポートすることが、デザインの要素がスタイルを自動的に継承する原因になる可能性があります。

ミックスイン内にリセットスタイルを置き、プレースホルダーセレクタの下でリセットミックスインをインクルードすることで、同じ目的が達成できます。

```
@mixin nice-button-reset() {
  // リセットスタイル
}
%nice-button-reset { @include nice-button-reset; }
```

1章で見たとおり、プレースホルダーが拡張されなかった場合、その中のスタイルはCSSにコンパイルされません。これにより、拡張機能は、不必要なスタイルやクラス名を生成せずにセレクタ継承の恩恵にあずかることができるので、拡張機能の作成者にとっては好都合です。

なぜ、単にプレースホルダーの下でスタイルを書くのではなく、リセットミックスインを使うのでしょうか？　その理由は、どこでも再利用できるよう、ミックスインがリセットスタイルを格納するからです。他の人のプロジェクトでは、そのスタイル設定が読者のリセットスタイルよりも優先される場合があります。ミックスインを使えば、カスケードを避けて、スタイルを簡単にインクルードすることができます。

この原則を適用すると、拡張機能の概要はリスト10.13のようになります。

リスト10.13　拡張機能の概要

```
@mixin nb-reset() {
  // リセットスタイル
}
%nb-reset { @include nb-reset }

@mixin nb-gradient($bg) {
  // グラデーションスタイル
}
```

PART 4　SassとCompassの高度な機能

```scss
@mixin nice-button($bg: #eee) {
  @extend %nb-reset
  //  通常のスタイル
  //  ボタン状態スタイル
}
```

すべての重複を削除すると、拡張機能はとてもスリムになり、きれいなボタンとCSSを生成します。拡張機能を構成するSassはリスト10.14のようになります。

リスト10.14　拡張機能の全コード

```scss
@import "compass/css3";
@import "color-helpers";

//  ボタンリセットスタイルと基本スタイル
@mixin nb-reset() {
  font: normal 16px "Lucida Grande", Lucida, Arial, sans-serif;
  margin: 0;
  text-decoration: none;
  margin-bottom: .3em;
  cursor: pointer;
  padding: .5em 1.2em;
  display: inline-block;
  border: { width: 1px; style: solid }
  @include border-radius(.3em);
  &:active, &:hover { outline: none }
  @include transition(background-color,box-shadow .15s);
}

%nb-reset { @include nb-reset; }

//  シンプルな色遷移でグラデーションを自動化する
@mixin nb-gradient($bg) {
  $top:      scale-color($bg, $lightness: if-bright($bg,80%,40%));
  $middle-1: scale-color($bg, $lightness: if-bright($bg,20%,10%));
  $middle-2: scale-color($bg, $lightness: if-bright($bg,-2%,-5%));
  $bottom:   scale-color($bg, $lightness: if-bright($bg,-10%,-20%));
  @include background-image(linear-gradient(
    $top, $middle-1 50%, $middle-2 50%, $bottom));
}

@mixin nice-button($bg: #eee) {
  @extend %nb-reset;
```

CHAPTER 10　Compassの拡張機能の作成と共有

```scss
// 通常のスタイル
background-color: $bg;
border-color: scale-color($bg, $lightness: -20%);
color: text-contrast($bg);
@include nb-gradient(rgba($bg, .7)); // アルファは色遷移を示す

text-shadow: scale-color($bg, $lightness:
  if-bright($bg,25%,-25%)) 0 1px 1px;
@include box-shadow(rgba(#fff,
  if-bright($bg,.6,.2)) 0 0 1px 1px inset);

// 状態のスタイル
&:hover, &:focus {
  background-color:
              scale-color($bg, $lightness: if-bright($bg, 85%, 25%));
}

&:active {
  background: scale-color($bg,
    $lightness: if-bright($bg, 25%, 10%));
  border-color: rgba(#000, if-bright($bg, .4, .8));
  @include box-shadow(
    if-bright($bg,
      rgba(mix($bg, #000, 25%), .4), rgba(mix($bg, #000), .9)
    ) 0 2px 12px inset
  );
}
}
```

図10.10は、この拡張機能でできることを示しています。

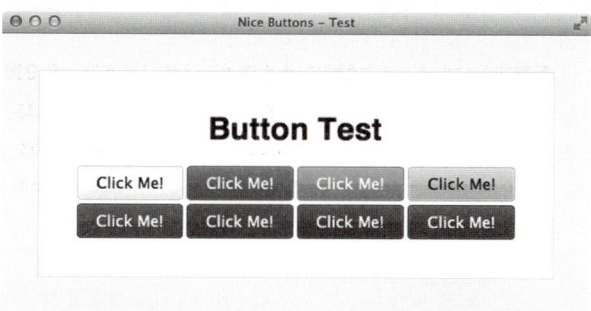

図10.10　nice-buttonsの色の試験

これで、この拡張機能があれば、Compassユーザーはたった1行のSassできれいなCSS3ボタンを作成できるようになりました。

CHAPTER 10　SECTION 5　Compassの拡張機能の作成と共有

テンプレートの作成

　拡張機能が機能するようになったので、次にそれを公開する準備をします。すでに完成したデモがあるので、それを使って新規ユーザーにnice-buttons拡張機能がどのように動作するかを示せます。Compassでは、ユーザーがすぐに使い始めるのを助けるために、拡張機能の作成者がテンプレートをその拡張機能内に含めることができます。現在ビルドしている拡張機能は単なるデモに過ぎませんが、大規模な拡張機能の場合、高度なフレームワークを用意するのにテンプレートを使用することがあります。テンプレートとSassの拡張機能を使用している場合は、拡張機能のディレクトリ構造はリスト10.15のようになります。

リスト10.15　拡張機能のディレクトリ構造

```
my-extension/
  stylesheets/
    my-extension.scss
  templates/
    project/
      manifest.rb
      screenshot.png
      test.html
      test.scss
  lib
    my-extension.rb
    my-extension/
      sass_extensions.rb
```

　nice-buttons拡張機能ではSassの拡張機能を書く必要はありませんが、デモをインストール可能なテンプレートにしておくと良いでしょう。デモをテンプレートに変換するには、demo.htmlとdemo.scssをnice-buttons/templates/projectにコピーする必要があります。どのように動作するかが分かるよう、スクリーンショット（screenshot.png）も入れておきましょう。
　そして、Compassがアセットを検索および識別する際に使うmanifest.rbを作成する必要があります。manifest.rbはtemplates/projectディレクトリに置きます。このファイルはテンプレートのアセットをリストしています。また、プロジェクトの説明、ヘルプテキスト（`compass help nice-buttons`を実行したときに表示されます）、拡張機能のインストール時に表示されるウェルカムメッセージを追加することもできます。nice-buttonsの場合、manifest.rbはリスト10.16のようになります。

> **MEMO**
> 可能であれば、ウェルカムメッセージやヘルプテキストとともに、ドキュメントやサポートURLも含めると良いでしょう。

CHAPTER 10　Compassの拡張機能の作成と共有

リスト10.16　　nice-buttons/templates/project/manifest.rb

```
stylesheet 'demo.scss', :media => 'screen, projection'    ●──── テンプレートのアセット
html 'demo.html'
image 'screenshot.png'
                                              プロジェクトの説明テンプレートのアセット
description "Create beautiful CSS3 buttons from a single color"  ●──
help "This will install a demo (HTML and Scss) to show you how to use
  nice-buttons"
welcome_message %Q{  ●──── ウェルカムメッセージテンプレートのアセット
Example usage: button { @include nice-buttons(#444) }
See demo.html and demo.scss for example usage.
See screenshot.png for a screenshot of the rendered demo.
Enjoy!
}
```

　デモをテンプレートとして追加すると、拡張機能のディレクトリ構造はリスト10.17のようになります。

リスト10.17　　nice-buttonsのディレクトリ構造

```
nice-buttons/
  stylesheets/
    _color-helpers.scss
    nice-buttons.scss
  templates/
    project/
      demo.html
      demo.scss
      manifest.rb
      screenshot.png
```

　ユーザーがプロジェクトのextensionsディレクトリにnice-buttons拡張機能を入れたら、次のコマンドを実行してデフォルトのテンプレートをインストールすることができます。

```
$ compass install nice-buttons
```

　これは、プロジェクトのCompass設定を使って、templates/projectからアセットを適切な場所にコピーします。templates/warm-cookiesディレクトリに2つ目のテンプレートを作成したら、ユーザーはディレクトリ名を渡すことで、それをインストールできるようになります。

```
$ compass install nice-buttons/warm-cookies
```

リリースする前に、その拡張機能の動作、使用方法、インストール方法を説明したREADMEファイルを追加しておくと良いでしょう。

10.6 拡張機能の配布

Compassの拡張機能の作成と共有

本節では、拡張機能を他の人が使用できるように公開する方法について説明します。

以前は、Webデザインコミュニティにおける共有はzipファイルを使い、ブログに投稿するという手法が一般的でした。開発者は洗練されたバージョン管理システムや配布チャンネルを通してソフトウェアをリリースしていましたが、デザイナーはまだ単純な方法に頼っていました。しかし現在では、オープンソースプロジェクトに参加するデザイナーも増えてきているので、その正しい方法を知っておくことが大切です。

これは内容の深い話題なので、本節ではさまざまなリリース方法の基本的な考え方だけを紹介します。本節の内容は、オープンソースソフトウェアをリリースする方法を順を追って説明するものではありません。

10.6.1 アーカイブでの拡張機能の配布

Compassの拡張機能を配布するもっともシンプルな方法は、それをzipでアーカイブし、いずれかのサーバーにアップすることです。これならほとんど時間はかかりませんが、欠点があります。

まず、更新する際に、ユーザーが手動で古いコードを置き換えなければならない点が挙げられます。ファイルが複数の場所にある場合、これは非常に面倒です。また、バージョン管理システムなしで、プロジェクトの過去のさまざまな状態に対処しなければならないとなると、古いリリースを管理するのは困難です。バージョン管理システムはすべてのファイルの履歴を残し、タグ付けなどの機能も提供しますが、アーカイブは単にある時点における拡張機能のスナップショットに過ぎません。これは大きな欠点です。

10.6.2 RubyGemsとしての拡張機能の配布

　RubyGemsは、コードをパッケージ化して配布する洗練された方法です。アーカイブでの配布と比較した場合、gemでリリースすることの最大の利点は依存関係を管理する機能が組み込まれていることです。これにより、拡張機能のユーザーに対して、SassやCompassなどの他のgemの特定のバージョンのインストールを要求することができます。もちろん、どのようなリリース方法でも、READMEファイルで最低限の対応バージョンを示すことはできますが、gemを使えば、そのgemをインストールするだけで、依存するgemの正しいバージョンが取得およびインストールされます。

　アドホックな拡張機能の場合、ユーザーはその拡張機能のコードすべてをプロジェクトのextensionsディレクトリにコピーする必要がありますが、gemを使えば、拡張機能のコードは1つの場所に集約され、複数のプロジェクトで同じ拡張機能のコードを参照できます。

アドホックな拡張機能のgemへの変換

　拡張機能をRubyGemsとして配布するには、図10.11に示すように、いくつかのファイルをプロジェクトに追加する必要があります。

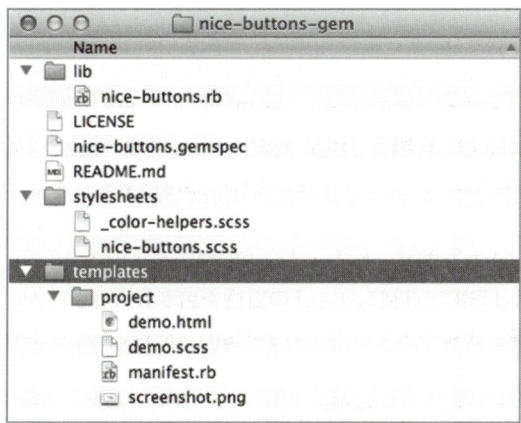

図10.11　gemプロジェクトのセットアップ

　gemには少なくとも、gemspecとそのgemにちなんで名付けられたRubyファイルを含むlibディレクトリが必要です。Compassに拡張機能を登録し、拡張機能のディレクトリの場所を示すために、nice-buttons.rbを使います。nice-buttons.rbのコードは、リスト10.18のリストのようになります。

リスト10.18　nice-buttons.rb

```
require 'compass'   ← Compass gemが必要
```

```
Compass::Frameworks.register('nice-buttons',          ← 拡張機能の登録
  :stylesheets_directory => File.join(File.dirname(__FILE__), '..',
    'stylesheets'),          ← stylesheetsディレクトリの指示
  :templates_directory => File.join(File.dirname(__FILE__), '..',
    'templates'))          ← templatesディレクトリの指示
```

これは、見慣れたSassのようにきれいなものではありませんが、まずCompass gemが必要なことをgemに伝えています。続いてCompass関数を使って、nice-buttonsという拡張機能を登録し、stylesheetsディレクトリとtemplatesディレクトリがある場所を指示しています。

次に、nice-buttons.gemspecを見てみましょう。gemspecを構成するにはさまざまな方法がありますが、ここでは1つの方法だけを紹介します。

リスト10.19　　nice-buttons.gemspec

```
# -*- encoding: utf-8 -*-
Gem::Specification.new do |gem|
  gem.name          = "nice-buttons"
  gem.version       = "1.0.0"
  gem.authors       = ["Brandon Mathis"]
  gem.email         = ["brandon@imathis.com"]
  gem.description   =
                      "Easily create beautiful CSS3 buttons with Compass."
  gem.summary       = "Nice and easy CSS3 buttons for Compass users"
  gem.homepage      = "http://github.com/imathis/nice-buttons"
                                                              ← gemに関するメタデータ
  gem.files         = %w(README.md LICENSE)
  gem.files        += Dir.glob("lib/**/*")
  gem.files        += Dir.glob("stylesheets/**/*")
  gem.files        += Dir.glob("templates/**/*")          ← gemに含まれるファイル

  gem.add_dependency  "sass", ">= 3.2"
  gem.add_dependency  "compass", ">= 0.12"          ← 依存関係
end
```

このファイルは3つのセクションからなります。最初のセクションでは、gemに関するメタデータ、つまりgemの名前、バージョン番号、作成者などを指定します。2番目のセクションでは、gemに含まれるファイルを指定します。3番目のセクションでは、他のgemに対する依存関係をセットアップします。この拡張機能はSassとCompassの機能に依存しており、ユーザーは少なくともSass 3.2とCompass 0.12をインストールしている必要があります。

以上をすべてセットアップしたら、RubyGemsでgemファイルを生成するために次のコマンドを実行します。

```
$ gem build nice-buttons.gemspec
```

これで、プロジェクトのルートにnice-buttons-1.0.0.gemというgemファイルが生成されます。

gemの公開

このgemを公開するには、RubyGems.org（gemをホストするフリーの中央リポジトリ）にアカウントを作成し、そのセットアッププロセスに従う必要があります。準備ができたら、次のコマンドを実行してgemを公開できます。

```
$ gem push nice-buttons-1.0.0.gem
```

これで、他の人が読者のgemをインストールして、拡張機能を使用できるようになりました。

gemのインストール

ターミナルから次のコマンドを実行すると、gemをインストールできます。

```
$ gem install nice-buttons
```

これは、RubyGems.orgからgemを取得し、適切なバージョンのCompassまたはSassを持っていない場合は、そのバージョンのgemパッケージも自動的にインストールします。zipファイルを配布するよりもこちらの方法のほうが優れていることは、一目瞭然です。

Compassプロジェクトでこのgemを使うには、Compass設定ファイルの冒頭に次の行を追加する必要があります。

```
require "nice-buttons"
```

これでCompassがnice-buttonsのgemを認識するので、プロジェクトでnice-buttonsスタイルシートをインポートして使用することができます。必要ならば、コマンドラインで次のコマンドを実行して、先ほど作成したデモプロジェクトをインストールすることもできます。

```
$ compass install nice-buttons
```

これで、Compassプロジェクトにデモファイルが展開され、スタイルシートが再コンパイルされます。

PART 4　SassとCompassの高度な機能

Bundlerによるgemのインストール

　かつては、前項の内容がCompassでgemをインストールして使用するもっとも一般的な方法でした。しかし最近では、ほとんどの開発者はgemのインストールと管理にBundler（http://gembundler.com）というgemを使用しています。

　Bundlerは、プロジェクトで利用するgemをリストするのにGemfileを使います。gemをリストに追加するにはリスト10.20のように記述します。

リスト10.20　Gemfileへのnice-buttonsの追加

```
source :rubygems
group :assets do
  gem 'nice-buttons'
end
```

　Gemfileを更新したら、次のコマンドでgemをインストールします。

```
$ bundle
```

　これは、RubyGems.orgに接続し、nice-buttons gemの最新バージョンとその依存関係をすべて検索し、それらをシステムにインストールします。また、Gemfile.lockというファイルを作成します。このファイルには、プロジェクトが使用しているgem一式、それらのバージョン番号、ダウンロード元、gemの依存関係の階層が含まれます。この詳細な記録を管理することによって、互換性のないバージョンを使ってしまう問題が回避されます。これを手動で行うのは面倒なので、Bundlerが人気なのもうなずけます。

　BundlerでCompassを使用するには、次のように **bundle exec** をCompassコマンドの前に付けて実行します。

```
$ bundle exec compass compile
```

　これにより、Compassは、拡張機能を検索するGemfileのアセットグループにアクセスして、プロジェクトで使用できるようになります。作成したデモプロジェクトをインストールしたい場合は、次のコマンドを実行します。

```
$ bundle exec compass install nice-buttons
```

　gemをインストールしたら、ユーザーはnice-buttonsスタイルシートをインポートし、コードを利用できるようになります。

CHAPTER 10　Compassの拡張機能の作成と共有

10.6.3　GitHubでのソーシャルコーディング

　拡張機能をRubyGemsとして配布するのは簡単であり、単にアーカイブを共有するよりも利点が多いので、労力をかけるだけの価値はあります。しかし、他の人とコードを共有すると、他の人がバグを見つけたり、改善を提案してきたりすることがあります。ここに新たな課題が発生します。特に、ユーザーの拡張機能が評判になると、他の開発者とどうコミュニケーションを取るか、コントリビュートされたコードをどう扱うかが大きな課題となるでしょう。このような場合は、GitHubを利用すると良いでしょう。GitHubはオープンソースコミュニティとコラボレーションするための優れたサービスです。

　GitHubは、もっとも人気のあるオープンソースコミュニティです。GitHubは、他の人が読者のコードを閲覧およびダウンロードできるよう、うまく設計されたWebサイトでプロジェクトをホストしてくれます。また、コントリビューターの管理、プロジェクトWebサイトの公開、Wikiの編集を行うためのツールも提供しています。他のGitHubユーザーは、ユーザーのプロジェクトをフォークし、改良して、その変更点をフィードバックすることができます。GitHubのイシュートラッカーにより、Webサイト上で、コントリビュートされたコードのレビューや承認、プロジェクトへのマージが可能です。GitHubは、これらすべてを無料でオープンソースプロジェクトに提供しています。

　GitHubで拡張機能を公開するには、新しいリポジトリを追加し、拡張機能のコミットとプッシュについての簡単なルールに従う必要があります。READMEファイルをプロジェクトに追加すると、GitHubはそれをプロジェクトのホームページに表示します。現在、nice-buttons GemはGitHubのhttp://github.com/imathis/nice-buttonsで公開されています（図10.12を参照）。

　アドホックな拡張機能を

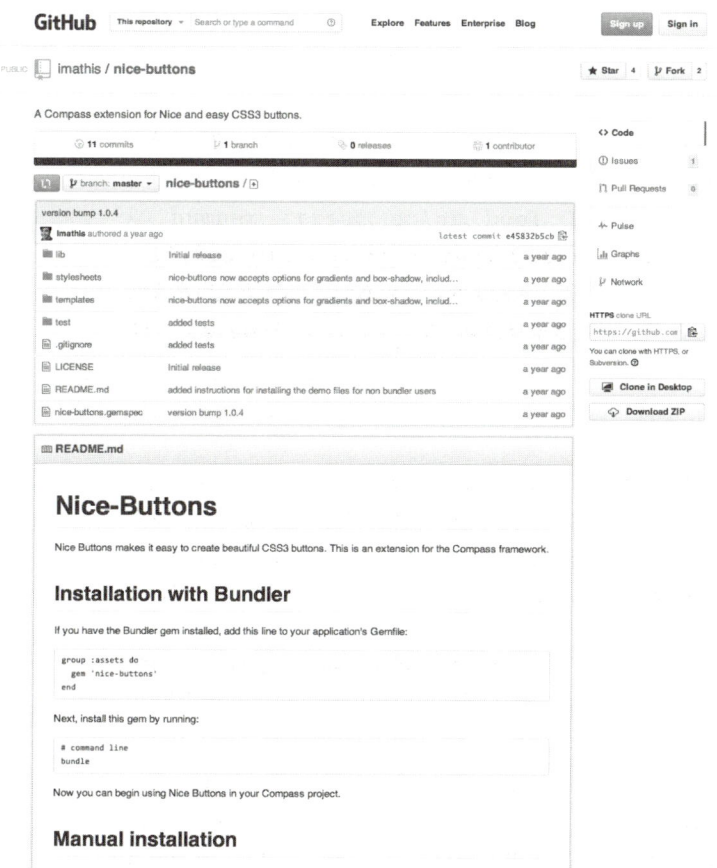

図10.12　nice-buttonsプロジェクトのページ

PART 4　SassとCompassの高度な機能

公開しているので、ユーザーはプロジェクトのWebサイトからnice-buttonsをダウンロードするか、extensionsディレクトリで次のコマンドを実行してインストールすることができます。

```
$ git clone https://github.com/github_user_name/nice-buttons.git
```

以降は、extensions/nice-buttonsディレクトリで次のコマンドを実行すれば最新バージョンに更新できます。

```
$ git pull
```

これは拡張機能の最新バージョンをダウンロードしますが、拡張機能がSassやCompass、その他のgemのバージョンの更新も必要とする場合、ユーザーは手動でそれらを最新バージョンに更新しなければなりません。GitHubは、オープンソースソフトウェアのコードをホストし、共同作業を行うのに最適な場所ですが、依存関係の管理が必要な場合は、コードをRubyGemsで配布すべきです。

オープンソースソフトウェアをどのようにリリースし、管理するかについてはまだ学ぶべきことが多くありますが、本節の説明が良い出発点となるはずです。

本章のまとめ

本章では、SassとCompassを使用すれば、スタイルシートに関する問題を解決する可能性が広がるだけでなく、今までになかった方法で知識と経験を共有し、デザインコミュニティに参加できることを見てきました。Compassの拡張機能の作成、リファクタリング、パッケージ化の手順について順を追って説明しながら、優れた拡張機能のデザインの原則について説明しました。また、拡張機能のさまざまな配布方法を紹介し、他の人とコードを共有し、共同作業を行う方法についても説明しました。

本書では、動的なスタイルシート言語としてのSassの能力、そして読みやすく保守しやすいスタイルシートを書く上でSassがいかに有用かを見てきました。またCompassについて、それが提供する堅牢なライブラリ、開発環境との統合、拡張機能提供用のプラットフォームという点から見てきました。SassとCompassを使用することで、CSSを書くことのわずらわしさから解放され、クリエイティブな新たな挑戦の機会が得られことでしょう。SassとCompassを使用した経験がない方にとっても、長年それらを使用している方にとっても、本書が、新たな視点からスタイルシートを捉えるきっかけとなり、新たなテクニックや知識を獲得する手助けとなれば幸いです。

APPENDIX a SECTION 1

付録

インデント Sass 対 SCSS

　本書の内容のほとんどは、SCSS構文（Sassy CSS）に関するものでした。SCSSは、CSSの上位互換なので、文法的に妥当なCSSであればSCSSファイルでも正常に動作します。そのため、CSSファイルscreen.cssをscreen.scssに変更し、他に一切の変更を行うことなくSass機能を追加できるわけです。結果として、SCSS構文は後からリリースされたのにもかかわらず、今やSassにおけるもっとも人気のある構文になっています。

　元々Sassには、「インデント構文」と呼ばれる1つの構文（当時は単に「Sass」と呼ばれていました）しかありませんでした。これらの構文間の違いを理解するため、それぞれの構文で書いた同じサンプルコードを見てみましょう。

　まずは、SCSS構文から見てみます。

リストA.1　　SCSS構文の例

```scss
/* Compass makes CSS3 easy!
   Especially CSS3 gradients. */

@import "compass/css3";

// This mixin gives us easy gradients
// It picks colors for us, how nice.

@mixin easy-gradient($bg, $alpha: false) {
  @if ($alpha) {
    $bg: rgba($bg, $alpha);
  }
  $top: lighten($bg, 5);
  $bottom: darken($bg, 5);
  @include background-image(
    linear-gradient($top, $bottom)
  )
}

nav {
  margin: 20px { left: 0; right: 0 }
  @include easy-gradient(#ccc);
  a { color: blue; text-decoration: none }
}
```

　次に、インデント構文の同じコードを見てみます。

APPENDIX

リストA.2　　インデント構文の例

```
/* Compass makes CSS3 easy!
   Especially CSS3 gradients.

@import compass/css3

// This mixin gives us easy gradients
   It picks colors for us, how nice.

=easy-gradient($bg, $alpha: false)
  @if ($alpha)
    $bg: rgba($bg, $alpha)
  $top: lighten($bg, 5)
  $bottom: darken($bg, 5)
  +background-image(linear-gradient($top, $bottom))

nav
  margin: 20px
    left: 0
    right: 0
  +easy-gradient(#ccc)
  a
    color: blue
    text-decoration: none
```

　一目で分かるいくつかの違いと微妙ないくつかの違いがあります。詳細に説明していきましょう。

a.1.1　空白 vs. 括弧とセミコロン

　もっとも明確な違いは、インデント構文には波括弧とセミコロンがないことです。SCSSが馴染みの波括弧を利用するのに対し、インデント構文は（もちろん）インデントを使います。また、セミコロンを使用する代わりに、インデント構文は改行を使ってプロパティを分離します。

　インデント構文のほうを好む人は、目障りな文字が消えることでSassがよりきれいで読みやすくなると主張します。SCSSのほうを好む人は、好きなように空白を使用して、1行に複数のプロパティを入れたり、長い関数を複数の行に分割したりできることを重視します。また、標準のCSSを利用する際、インデント構文のルールに合わせなくてもそのままSCSS上で使い始められる点も好んでいます。

　文字の代わりに空白を使用する点はもっとも明確な違いですが、他にも違いはあります。

a.1.2　@importディレクティブ

SCSSでは、`@import`ディレクティブを使用する際、対象を引用符で囲む必要がありますが、インデント構文では引用符は不要です。また、`@import`ディレクティブを使用する場合、ファイル拡張子も必要がない点に注意してください。ファイル拡張子まで明記することはできますが、そうしないことで.scssファイルまたは.sassファイルのどちらでもインポートできます。`@import "some-file";`というディレクティブでは、Sassはsome-file.sassとsome-file.scssを探します。そのため、両方の構文を共存させることは容易で、他の人がインデント構文で書いた拡張子をインポートしつつ、SCSSでスタイルシートを書くということができます。

a.1.3　ミックスイン

ミックスインを作成および利用する方法も異なります。SCSSでは、`@mixin`および`@include`ディレクティブはミックスインを定義および使用するために使われます。

```
@mixin easy-gradient($bg, $alpha: false) { ... }
@include easy-gradient(#ccc);
```

インデント構文はSCSSと同じようにこれらのディレクティブを使用することも実際できますが、`@mixin`の代わりに=、`@include`の代わりに+も利用できます。

```
=easy-gradient($bg, $alpha: false)
+easy-gradient(#ccc)
```

インデント構文の支持者は、ミックスインディレクティブをできる限り目立たない状態にすることを重視しますが、`@mixin`および`@include`と書いて明確に分かるようにすることを好む人もいます（これがインデント構文でもこれらを利用できる理由です）。

a.1.4　コメント

Sassには、3種類のコメントがあります。//で始まるコメントは生成されたCSSには出力されません。/*で始まるコメントは非圧縮CSSには出力されます。/*!で始まるコメント（ラウドコメント）は、圧縮CSSにも非圧縮CSSにも出力されます。インデント構文では、作成者が次のようにコメントマーカーの下で各行をインデントさせた場合、それらのコメントはすべて複数行のコメントになります。

```
// some comment
   which spans
   multiple lines
```

APPENDIX

```
/* This comment
   spans multiple
   lines too

/*! As does
    this one
```

SCSSでは、`//`コメントは1行コメントであり、残り2つの複数行コメントは次のように一致する終了コメント文字で閉じる必要があります。

```
// some comment
// which spans
// multiple lines

/* This comment
   spans multiple
   lines too */

/*! As does
    this one !*/
```

まとめ

この議論においてどちらの構文陣営にもSassの上級者がいますし、用途によって使い分けるという人もいます。幸いなことに、どちらかに決めなければならないということはありません。Sassプロジェクトのメンテナたちはどちらの構文も利用できるよう約束しており、sass-convertコマンドラインツールを使って変換することさえできます。@importディレクティブには柔軟性があるので、同じプロジェクト内で両方の構文を併用することも容易です。

APPENDIX a | **SECTION 2** | 付録

現場で陥りやすい落とし穴

最後に、日本語訳として新たに監修の石本光司が、現場で陥りやすい落とし穴と題して、Sass入門者が失敗してしまうであろうケースや、自分なりに考えたSassを導入するにあたってのベストプラクティスについて紹介します。

a.2.1 ネスト

まずは、ネスト（入れ子）の機能です。SassといってもSCSSならばCSSの上位互換なので、既存のCSSファイルの拡張子を.scssに変更するだけでSassファイルとして使用できます。私もそのようにまず拡張子から変えることでSassを導入していきました。

拡張子を書き換えて次に取りかかったのがネストです。単にブロックで包むだけでよいので、この機能の導入自体は非常に簡単なものです。簡単ゆえに、ついついネストしがちな傾向があります。

例えば、ログインページにあるボタンをCSSコーディングする場面を想像してください。私は次のようなSassコードを記述していました。

```
body.login {
    section {
        div.box {
            a.button { color: red; }
        }
    }
}
```

ログインページなので、ルートである要素の`body`要素に`login`とクラス名が付随しています。そこから順々にHTMLの階層を降りていくかのように、CSSのネスト構造も追随していきます。このSassコードをコンパイルすると、次のようになります。

```
body.login section div.box a.button { color: red; }
```

このように、とても長いセレクタができあがってしまいました。以前に記述があったように、セレクタの解析処理に関するパフォーマンスコストは微々たるものですが、このようなセレクタが量産されることは、決して見逃されるものではありません。

また、このログインページで使うボタンとまったく同じデザインでマイページでも使いたい場合はどうしたら良いでしょうか。

APPENDIX

```
body.mypage section div.box a.button { color: red; }
```

　ボタン自体のスタイルは同一であるにもかかわらず、セレクタが異なるという理由で再度同じコードをスタイルシート内に記述しなければなりません。これではCSSファイルサイズの増加は目に見えて明らかです。

　ここで問題なのは、ネストを深くすることでセレクタが長くなるというよりも、宣言したスタイルを再利用できないことにあります。つまり、ページに基づいてネストを深くしていけば、再利用できないコードが増えてしまいます。私自身、5階層もあるようなネストのSassコードを記述してしまったときは、そのリファクタリングに多大な時間を割くはめになりました。一度HTMLとCSSが密結合してしまうと、それを紐解くのは大変な苦労になるので、ネストは、ページから独立したUIコンポーネント（ボタン、見出し、タブなど）単位でコーディングすることをおすすめします。

　4階層以上ネストしてしまっている場合、一度コンポーネントの単位を考え直すべきです。

```
//
.button {
    .button-icon { ... }
    color: #c00;
}
```

a.2.2　ミックスイン

　ミックスインに関しては、私は**box-shadow**のスタイルにベンダープレフィックスを適用する簡単な自作のミックスインを作成しました。当初はSassだけの利用でCompassは使用していなかったので、Compassで用意されているミックスインを使用すればよかったのですが、自作のミックスインを使用していました。

```
// 自作のミックスイン
@mixin box-shadow($x, $y, $blur, $spread, $color) {
  -webkit-box-shadow: $x, $y, $blur, $spread, $color;
  box-shadow: $x, $y, $blur, $spread, $color;
}
```

　このミックスインは結局、ショートカットの記法や、**none**の値を指定したいケースなどに対応できないので、後からCompassのCSS3ミックスインに置き換えることになりました。

　box-shadowのミックスインは一見簡単そうに見えますが、いろいろなケースで使用されることを考えると、Compassのミックスイン定義のように複雑なものになってしまいます。

```
// CompassのCSS3ミックスイン
@mixin box-shadow(
```

```
    $shadow-1 : default,
    $shadow-2 : false,
    $shadow-3 : false,
    $shadow-4 : false,
    $shadow-5 : false,
    $shadow-6 : false,
    $shadow-7 : false,
    $shadow-8 : false,
    $shadow-9 : false,
    $shadow-10: false
) {
  @if $shadow-1 == default {
    $shadow-1 : -compass-space-list(compact(if($default-box-shadow-inset,
inset, false), $default-box-shadow-h-offset, $default-box-shadow-v-offset,
$default-box-shadow-blur, $default-box-shadow-spread, $default-box-shadow-
color));
  }
  $shadow : compact($shadow-1, $shadow-2, $shadow-3, $shadow-4, $shadow-5,
$shadow-6, $shadow-7, $shadow-8, $shadow-9, $shadow-10);
  @include experimental(box-shadow, $shadow,
    -moz, -webkit, not -o, not -ms, not -khtml, official
  );
}
```

　基本的にSassの使い始めからミックスインを定義することはおすすめできません。必要とするたいていのものはCompassに用意されているので、それを使いましょう。

　また、Compassで出力されるベンダープレフィックスはデフォルトですべてのベンダープレフィックスが出力されるのですが、これを制御するために`$experimental-support-for-<vendor>`変数に`false`を指定することで、指定のベンダープレフィックスを出力させないようにできます。

```
$experimental-support-for-opera: false;
$experimental-support-for-mozilla: false;
$experimental-support-for-microsoft: false;
```

　条件判定のないミックスインに関しては、単なるコード記述のためのショートカット（スニペット）でしかないので、最近のテキストエディター（Sublime Text2やWebStorm）であればコード入力の賢い補助が期待でき、ミックスインを率先して使う必要性を感じられないと私は思います。使いすぎには注意しましょう。

a.2.3 継承

　Sass上のコードを少なくするにはミックスインをうまく使えばよいのですが、出力されたコードは結局膨れ上がったCSSなので意味がありません。そこで、ミックスインの代わりに継承を使えばよいのではないかと私は考えました。しかし、これもまた失敗の原因でした。

　結論から言うと、私の失敗例ではClearfixを継承しすぎました。何かオブジェクトをフロートしたのならばそれを後続の要素でクリアしなければなりません。そこで、Clearfixというコードを使用するのですが、前述のとおり、ミックスインでこのコードを記述すると、ミックスインの呼び出し分だけコード量が増加してしまいます。しかし継承であれば、複数セレクタでスタイルを共有するので、ミックスインよりはコード量を減らすことが期待できそうです。

```scss
// 継承元のクラス定義
.clearfix {
  &:before, &:after {
    content: "";
    display: table !important;
  }
  &:after {
    clear: both;
  }
}

.foo {
  @extend .clearfix;
}
.bar {
  @extend .clearfix;
}
```

このコンパイル結果は次のとおりです。

```
.clearfix:before,.foo:before,.bar:before,.clearfix:after,.foo:after,.bar:after{content:"";display:table !important}.clearfix:after,.foo:after,.bar:after{clear:both}
```

　しかし、これも限度があります。当たり前ですが、フロートクリアする箇所が増えるにつれてセレクタの数も増えていきます。これが前述の深いネストだった場合を考慮すると、いくらセレクタ分の増加とはいえ、見過ごせない量となってきます。

　また、継承元のクラスはたいてい分かりやすいように始めのほうに宣言されているでしょう。そのため、コンパイルすると、継承したセレクタも継承元のクラスのスタイルを宣言した位置に記述されることになります。スタイルの適用ルールとして同じ詳細度であれば後勝ち（後に宣言されたルールが優先される）のルールが適用されます。これにより、意図しない結果、つまりこの場合はClearfixを継承したのにもかかわらずクリアされないといったことも起こり得るとい

APPENDIX

うことを想定しておかなければなりません。

　継承という機能も私は基本的に使いません。なぜなら、フロートをクリアしたければ、HTMLコンテンツの側に`.clearfix`というクラスを付けてしまえばよいだけのことだからです。

```
<p class="float">...<p>
<p>Lorem ipsum dolor sit amet, consectetur....<p>
<div class="clearfix">...<div>
```

　CSSファイル側ですべての責任を持たなければならないということはありません。もちろん、CSSファイル側ですべて管理できたほうが都合がよいといったケースは十分考えられますので、ケースバイケースで考えれば良いでしょう。大事なのはバランスです。それでも、Clearfixのようなユーティリティ系のクラスは継承せずに、ボタンとエラーボタンのような継承の適用回数が限られるであろうUIコンポーネント単位で継承させるのがベターでしょう。

a.2.4　変数

　SassはCSSの上位互換と言われていますが、現状（2014年2月）のブラウザサポートでSassの機能が使えるのは変数（Firefox 29でサポート）くらいです。それだけ変数への要望が強いという意味と考えても良いでしょう。しかし、Sassの使い始めの私は変数をほとんど使用していませんでした。なぜなら、ブランドカラーなど特定のカラー変更などはテキストエディターで全置換していましたし、その全置換自体もそれほど行わない（ブランドカラーが変わるということはあまりない）ので、特に変数の便利さに気付いていませんでした。

　しかし、当然ながら色以外にも変数は使えますし、演算などと一緒に利用すれば適用範囲は広がります。例えばベースとなるサイズを決めてそれを2倍ずつの余白サイズとする、あるいは同様にベースとなるサイズを決めて2px間隔でフォントサイズとする、といったルールで運用すると非常に便利です。「やっぱりベースのフォントサイズが16pxだと大きすぎるので、14pxにしよう」といったデザイナーからの意向なども、リアルタイムにHTMLで確認できます。これは全置換などではとうてい不可能です。

```
// 余白
$space-base: 6px;
$space-2: $space-base * 2;
$space-3: $space-base * 4;
$space-4: $space-base * 6;

// フォントサイズ
$font-size-base: 16px;
$font-size-1: $font-size-base - 6px;
$font-size-2: $font-size-base - 4px;
$font-size-3: $font-size-base - 2px;
$font-size-4: $font-size-base + 2px;
```

```
$font-size-5: $font-size-base + 4px;
$font-size-6: $font-size-base + 6px;
```

また、こういった変数でデザインスタイルを明確に定義しておけば、デザイナーとフロントエンドエンジニアとの間で共通のルールができ、効率よく制作を進められます。

a.2.5 Compass

　Compassは非常に高機能で何でもできそうですが、あまりコンパスに頼りすぎるとコンパイル時間が遅くなるという問題があります。昨今の制作フローではSassを編集・保存する、CSSへコンパイルされる、ブラウザのライブリロードのように変更を随時確認しながらトライアンドエラーを実行する、という手法が一般的です。そこでCompassのコンパイルの時間が遅くなると、非常にリズムが悪くなってしまいます。

　例えばCompassと言えばCSSスプライトの自動生成がとても便利であり、Compassを使い始める理由ともなりますが、これは画像を生成することになるので、非常に重い処理と言えます。通常、このスプライト画像作成にはCompassはchunky_pngというRuby製のライブラリを使用するのですが、代わりにC拡張のoily_pngのライブラリを利用すれば、もっと素早く画像を生成できます。

```
$ gem install oily_png
```

　インストール自体はとても簡単で、上記のコマンドをターミナルで入力してインストールしておけば、後は自動でCompassがそれを利用してくれます。

　また、CSSスプライトは使用せずにCompassの便利なミックスインだけを使いたいケースでは、Compassの代わりにBourbon（http://bourbon.io/）という軽量のミックスインライブラリ集を利用することでコンパイル時間を短くできます。

　インストールはターミナルから次のコマンドを実行します。

```
$ gem install bourbon
```

　Sassファイル内でこれをインポートすれば、Compassのミックスインと同等（もしくはそれ以上の）のミックスインを利用できるようになります。

```
@import 'bourbon/bourbon';
```

　当然ですが、SassとCompassが行う処理が増えれば増えるほど、コンパイル時間は長くなります。それは本当にSassとCompassを使わなければならないのか？ 他に代替案はないのか？ といったように、一度見直してみるのも必要でしょう。

a.2.6　CSS設計とインポート

　　SassとCompassを導入すると、せっかく導入したので必要以上にSassとCompassの機能に頼る傾向があります。しかし、これまでSassとCompassがなくてもCSSが記述してきた（いくらかの不便はありますが）ように、無理に使わなくてもWebサイトやアプリケーションは構築できます。しかも、不慣れな状態でSassとCompassの機能を利用したところで、メリットが得られるどころか、デメリットのほうが大きくなることさえ考えられます。

　　では、CSSには一体何が必要とされているのでしょうか？ OOCSS (https://github.com/stubbornella/oocss)、SMACSS (http://smacss.com/ja)、BEM (http://bem.info/) のようなアーキテクチャという概念が必要だと私は考えています。従来のCSSコーディングは単純にページデザインをコードに落とし込んでいくという作業でしかありません。UIコンポーネントを再利用するといった考えもなく、行き当たりばったりにただ1つのCSSファイルにコードを書き連ねていくだけです。JavaScriptなどのいわゆるプログラミング言語では、MVCに代表されるアーキテクチャの概念や、機能ごとにモジュール管理するといった開発手法が採用されています。

　　こういった開発スタイルをCSSに取り込むためには、Sassのインポートは必要不可欠です。従来のCSSの`@import`はWebパフォーマンスに多大なダメージを与えるためほとんど使われていなかったのですが、Sassのインポートは1つのCSSにコンパイルするので、パフォーマンスに影響はありません。このため、CSSでもモジュール管理が現実的になっています。

APPENDIX

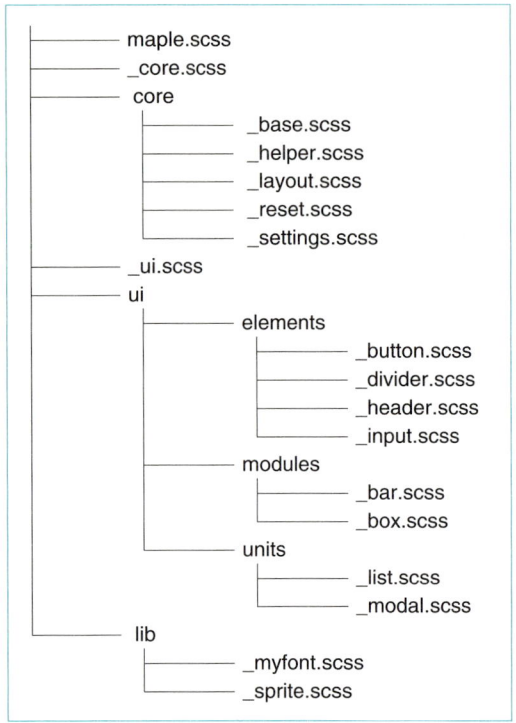

図A.1 CSSファイルのモジュール管理の例

このようにモジュールとして考えることで、ごちゃごちゃと混乱したコードにならずにスケーラブルなCSSを可能にする一歩となるので、ぜひ試してみてください。

最後に

SassとCompassについていくぶん否定的なことも述べてきましたが、失敗することで「なぜそうなるのか？」と考える機会を持つことは非常に重要なことだと私は思います。私自身、SassとCompassを導入するにあたって、多くの失敗をしたおかげで、それまでなんとなく書いていたCSSに関しても、「本来のCSSの役割とは？」「メンテナンス性の高いコーディングとは？」といったプログラミング的な考えを意識するようになりました。SassとCompassは非常に便利なツールではありますが、便利さゆえに間違った方向へ進むと痛い目にあいます。読者自身のペースで導入していってもらえれば幸いです。

INDEX

索引

■記号・数字

!	214
!default	77
#{ }	224
$	66
%	216
&	41, 71
*	213
+	73, 213, 215, 259
-	74, 213
/	213
/* */	80, 259
/*! */	259
//	80, 259
<	218
<=	218
=	259
==	218
>	73, 218
>=	218
@each	218, 227
@else	228
@extend	46, 86, 244
@font-face	150
@for	226
@function	223
@if	228
@import	53, 76, 78, 199, 259, 267
@include	43, 81, 259
@mixin	43, 81, 259
@return	223
_	77
~	73
960 Grid System	107

■A

abs関数	220
adjust-color関数	221
adjust-font-size-toミックスイン	117
all-<map>-spritesミックスイン	165
alpha関数	221
and	218

■B

backgroundミックスイン	149
Blueprint	57, 100
blueprint-gridミックスイン	105
blueprintミックスイン	104
blue関数	221
border-corner-radiusミックスイン	64
border-radiusミックスイン	63, 141
Bourbon	266
box-shadowミックスイン	143
Bundler	254

■C

ceil関数	220
change-color関数	221
comparable関数	220
Compass	18, 47
compass	20, 25, 50, 195
Compass.app	32
complement関数	221
CSS	37, 65, 79
CSS PIE	152
CSS3	65, 137
CSSスプライト	158
CSSリセット	52, 120

■D

delimited-listミックスイン	131
development環境	191

■E

ellipsisミックスイン	132
establish-baselineミックスイン	117

■F

false	218
floor関数	220
font-faceミックスイン	152
font-urlアセットヘルパー関数	183

■G

GitHub	255
global-resetミックスイン	55, 120
Google PageSpread	198
grayscale関数	221
green関数	221
Grunt	26
gzip圧縮	202

■H

horizontal-listミックスイン	129
hover-linkミックスイン	125
hsla関数	217
hsl関数	217
hue関数	221

■I

if関数	223
image-urlアセットヘルパー関数	183
inner-table-bordersミックスイン	61
invert関数	221

■J

join関数	223

■K

Koala	33

■L

leaderミックスイン	118
length関数	223
lightness関数	221
link-colorsミックスイン	124
lsticky-fotterミックスイン	135

■M

<map>-spriteミックスイン	165
Middleman	187
mix関数	221

■N

no-bulletsミックスイン	83, 128
no-bulletミックスイン	128
not	218
nowrapミックスイン	133
nth関数	223

INDEX

O
- or 218
- outer-table-bordersミックスイン 61

P
- padding-leaderミックスイン 118
- padding-trailerミックスイン 118
- percentage関数 220
- PIEミックスイン 154
- Pngcrush 203
- Prepros 34
- pretty-bulletsミックスイン 127
- production環境 191

R
- red関数 221
- replace-textミックスイン 134
- reset-html5ミックスイン 55, 122
- rgba関数 217
- rgb関数 217
- round関数 220
- Ruby 13
- RubyGems 21, 251
- Ruby on Rails 48

S
- Sass 36, 37, 65
- sass 195
- saturation関数 221
- scale-color関数 221
- SCSS 37, 257
- Serve 187
- sprite-background-positionミックスイン
  179
- sprite-dimensionsミックスイン 179
- sprite-positionヘルパー 179
- spriteヘルパー 178
- stretchミックスイン 136
- stylesheet-urlアセットヘルパー関数 .....
  183

T
- table-scaffoldingミックスイン 61
- text-shadowミックスイン 143
- trailerミックスイン 118
- true 218
- type-of関数 223

U
- unitless関数 220
- unit関数 220
- unstyled-linkミックスイン 126

W
- WebPagetest 198

Y
- YSlow 198

あ
- アセット 24, 204
- アセットURL 182
- 圧縮 202
- アドホックな拡張機能 234

い
- 色 217, 221
- インストール 13
- インデント構文 37, 257
- インポート 76

お
- 親セレクタ 41, 71

か
- 拡張機能 21, 233
- ガター 98
- カラム 98
- 関数 212, 219

き
- キーセレクタ 208
- キャッシュバスター 185
- 兄弟結合子 73
- 共有と再利用 230

く
- 繰り返しを避けよ 38
- グリッド 56, 94, 98
- グローバルリセット 120

け
- 継承 86, 264

こ
- コアスタイルシート 201
- 子結合子 73
- コマンドプロンプト 14
- コメント 80, 259
- コンテナー 98

さ
- サイレントコメント 80
- サンプルコード 18

し
- 式 213, 224
- 子孫結合子 71
- 剰余 216

す
- 数値 215
- スティッキーフッター 134
- スプライト 158, 266
- スプライトヘルパー 177
- スプライトマップ 159, 164, 177

せ
- 制御構造 212, 226
- セクションスタイルシート 201
- セレクタ 208
- セレクタグループ 72
- セレクタの継承 86

そ
- 相対アセット 188, 191

た
- ターゲットリセット 121
- タイポグラフィ 123, 150
- 単位 215
- 単一ページスタイルシート 201

て
- データURI 206
- データ型 214
- テーブルヘルパー 60
- デフォルト値 77, 85
- デプロイ 181, 190, 193
- テンプレート 248

INDEX

■ね
ネスト 69, 209, 261
ネストインポート 78
ネストセレクタ 40
ネストプロパティ 74

■は
パーシャル 77
バーティカルリズム 113
配布 250
パフォーマンス 197

■ひ
引数 84, 219

■ふ
ブール値 218
プラグイン 110
プルーニング 208
プレースホルダセレクタ 46
フレームワーク統合 48
プロジェクト 20, 50
プロトタイピング 181, 187
プロパティ 74

■へ
ベースライン 114
変数 39, 66, 265
ベンダープレフィックス 63, 138

■ほ
補間 224

■ま
マッチング 208

■み
ミックスイン 42, 81, 259, 262

■も
モジュール 53
文字列 214

■よ
余白 94, 117

■ら
ラウドコメント 193, 259

■り
リスト 217, 223
リンク切れ 184

■れ
レイアウトヘルパー 134

装丁	宮嶋 章文
編集・DTP	株式会社トップスタジオ

Sass & Compass 徹底入門
CSS のベストプラクティスを効率よく実現するために

2014年3月17日　初版第1刷発行

著者	Wynn Netherland（ウィン・ニーザーランド）， Nathan Weizenbaum（ネイサン・ワイゼンバウム）， Chris Eppstein（クリス・エプスタイン）， Brandon Mathis（ブランドン・マティス）
監修	石本 光司（株式会社 サイバーエージェント）
監訳・翻訳	株式会社 トップスタジオ
発行人	佐々木 幹夫
発行所	株式会社 翔泳社（http://www.shoeisha.co.jp）
印刷・製本	株式会社 廣済堂

＊本書は著作権法上の保護を受けています。本書の一部または全部について（ソフトウェアおよびプログラムを含む）、株式会社 翔泳社から文書による許諾を得ずに、いかなる方法においても無断で複写、複製することは禁じられています。

＊本書へのお問い合わせについては、002ページに記載の内容をお読みください。

＊落丁・乱丁はお取り替えいたします。03-5362-3705までご連絡ください。

ISBN 978-4-7981-3244-0　　Printed in Japan